国际时尚设计丛书·服装

U0162800

服装生产术语与过程

[美] 詹那斯·E. 布博尼亚 (Janace E. Bubonia) 著

郑国华 姜 蕾 译

中国纺织出版社有限公司

内 容 提 要

本书分为四篇：第一篇"服装生产概述"，第二篇"原材料和辅料"，第三篇"设计研发及产品规格"，第四篇"生产及质量控制"。各篇及其中各章节均以服装工业化生产工艺流程的形式呈现，每篇开始以图片形式简要介绍该篇所包含的章节及其之间的相互关联性。本书适合作为服装专业院校师生的教材及参考资料，也可作为行业从业人员以及对深入学习服装工业化生产有兴趣的消费者阅读参考。

原书英文名：Apparel Production Terms and Processes Second Edition

原书作者名：Janace E. Bubonia

© Bloomsbury Publishing Inc., 2017

This translation of Apparel Production Terms and Processes Second Edition is published by China Textile & Apparel Press by arrangement with Bloomsbury Publishing Inc. All rights reserved.

本书中文简体版经Bloomsbury Publishing Inc.授权，由中国纺织出版社有限公司独家出版发行。

本书内容未经出版者书面认可，不得以任何方式或任何手段复制。

著作权合同登记号：图字：01-2019-0860

图书在版编目（CIP）数据

服装生产术语与过程 /（美）詹那斯·E.布博尼亚（Janace E. Bubonia）著；郑国华，姜蕾译 . -- 北京：中国纺织出版社有限公司，2023.1

（国际时尚设计丛书 . 服装）

书名原文：Apparel Production Terms and Processes Second Edition

ISBN 978-7-5180-9844-6

Ⅰ.①服… Ⅱ.①詹… ②郑… ③姜… Ⅲ.①服装工业 – 名词术语 Ⅳ.① TS94-61

中国版本图书馆 CIP 数据核字（2022）第 165942 号

责任编辑：孙成成 施 琦 责任校对：王花妮
责任印制：王艳丽

中国纺织出版社有限公司出版发行
地址：北京市朝阳区百子湾东里 A407 号楼 邮政编码：100124
销售电话：010—67004422 传真：010—87155801
http://www.c-textilep.com
中国纺织出版社天猫旗舰店
官方微博 http://weibo.com/2119887771
北京华联印刷有限公司印刷 各地新华书店经销
2023 年 1 月第 1 版第 1 次印刷
开本：889×1194 1/16 印张：30
字数：490 千字 定价：138.00 元

服装行业的全球供应链是动态且不断发展的。由于技术和通信的进步，产品研发、生产和分销的方式也发生了改变。这些进步不断促使对现有术语的更新，并产生了新词汇的需求。本书为教育工作者、学生、行业专业人员，以及对更多的学习服装产品规模化生产所涉及术语和材料有兴趣的消费者提供参考。需要说明的是，本书不是为高级定制或家庭缝纫术语和技术使用的，这些方式在制作服装产品时，不会使用规模化生产技术。

课程组织

此次新版本分为四篇：第一篇"服装生产概述"；第二篇"原材料和辅料"；第三篇"设计研发及产品规格"和第四篇"生产及质量控制"。各篇和各章节以流程的形式呈现，即按照服装生产工艺流程或服装产品从原材料开始经过研发到完成的路线呈现。术语按在主题中的使用或应用情况进行分组。每篇开始以图片形式说明本篇的阐述过程，并对其中所包含的章节及其之间的相互关联性进行了简要介绍。章节以简短的介绍开始，随后按字母顺序（某些情况下，会在总标题下按字母顺序，或按过程的逻辑顺序）列出术语。对于有些多名称的术语，会标注出该术语的其他名称，例如："装饰松紧带（花式松紧带）""Decorative Elastic (Fancy Elastic)"。为更清晰地描述其应用场合，本书使用照片或绘图配合进行术语的定义和阐述。

照片、插图和表格伴随定义一起加强对术语的书面描述，为术语提供了可视化的解读。一些定义所使用的列表或例子，旨在为读者提供简便的方法去理解所述内容。由于篇幅所限，需要对每章所用资料作出判断。如果某个定义包含有助于读者理解的另一个术语，则该术语将用斜体表示。

本版新增内容

本书有几处新增内容。新增加的有关尺寸与合体性的章节，为读者提供了更便于理解如何确认、调整和控制服装尺寸与合体程度的内容。新的标签和安全法规，涵盖了产品进入商业流通领域的国际化要求。此外，ISO线迹与缝口分类与ASTM国际标准结合在一起阐述，可让读者看到两者之间的相似之处。检验作为目前与服装产品质量密切相关的一个重要方面，与新技术和术语一样贯穿全书。

行业资源指南已在书中做出了相应更新，以提供联系和收集额外信息的途径。指南根据书中内容结构，分成不同类别。书中相应内容包含了公制转换表，便于快速进行常规计算。在书的结尾，提供了最常用的ASTM和ISO线迹的索引，以及服装缝口类型和字母对应的参考索引，以便帮助读者寻找专业术语。

目　录

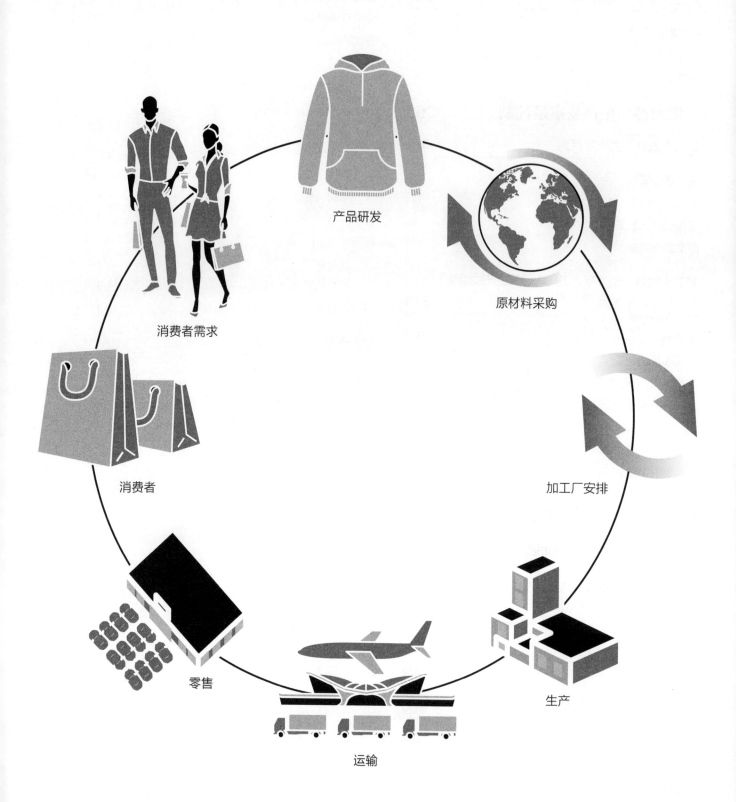

产品研发

原材料采购

消费者需求

加工厂安排

消费者

生产

零售

运输

第一篇
PART ONE

服装生产概述
Apparel Production Overview

服装生产业是快速、复杂且不断变化的行业。随着消费者对产品快速投放市场需求的增加，迫使供应链缩短，以便尽可能准确、敏捷地提供相应的产品。通过采用高效的供应链技术，服装公司满足消费者对时尚产品快速多变的需求成为可能。

本书第一篇将对全球供应链各环节进行概述。服装工业发展简史将揭示技术的演化和进步。对北美服装供应链分类体系的概述，有助于读者加深理解服装工业的结构。此外，还会提及品牌类别、价格等级以及服装产品种类。

第一章

CHAPTER **1**

全球服装生产范畴
The Global Scope of Apparel Production

目前，服装产品的生产遍及世界各地。全
球商品贸易显示，在发展中国家及相关地区，
服装生产持续增长。

全球供应链（THE GLOBAL SUPPLY CHAIN）

服装生产是将原材料转换成时尚、可以销售的服装产品，是一个劳动密集型产业。服装和纺织业是国际贸易中最活跃的一个领域。"全球时尚服装产业是世界各地在投资、收入、贸易和创造就业机会等经济项目中最重要的领域之一，"如时尚产品网站报道（由时装业制造商和批发供应商所主导的网站）对于许多公司来说，科技与全球贸易的发展使生产效率更经济且更高效。服装业全球供应链由以下环节组成：

· 纤维制造商、纺织工厂以及辅料制造商；
· 服装制造商；
· 时装产品经销和运输商；
· 实体店、专卖店、电视商城以及网络等零售商；
· 购买时装产品的终端消费者。

服装加工厂的缝纫工

工业革命（THE INDUSTRIAL REVOLUTIONS）

18世纪初期，在纺织生产机械化之前，手工生产方式是标配。人们购买原材料在家中通过手工的方式织造和缝纫纺织品。在这一时期，印度生产并出口了令人称赞的高质量织物。来自中国、日本、印度等国家的纺织品设计影响着西方文化。欧洲制造商开始仿造并生产亚洲风格的纺织品。特别是英国，生产了相当精致复杂的图案织物，比那些来自印度的进口织物更昂贵。但手工织造织物的劳动密集型工作，使英国很难与来自印度的进口低价商品竞争。

■ 第一次工业革命（First Industrial Revolution）

在18世纪的英国，煤、铁以及蒸汽机技术的提高和发展，引发了工业革命。纺织机械技术的进步和工厂的诞生，使纺织厂能够批量生产价格更具竞争力的纺织产品。在此期间，首个纺织业标志性的发明就是飞梭（如左下图片所示），通过使用机械驱动的飞梭增加织物产出，大幅提高了织造的速度，同时降低了劳动力成本。织造速度的提高，导致了对纺纱生产需求的增长。1764~1785年，大量的发明使纺纱和织造技术大幅提高。埃利·惠特尼（Eli Whitney）利用机械方式进行棉纤维清洗和分离的轧棉机，成为行业

手工纺纱

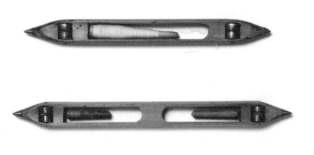

织造飞梭

珍妮纺纱机（Spinning Jenny）生产纱线

工业革命（THE INDUSTRIAL REVOLUTIONS）

锁式线迹缝纫机

革命的标志。在此期间，棉花是纺织品中使用最为广泛的纤维。在机械缝纫中，链式线迹和锁式线迹缝纫机均有使用。这些发明之后，出现了第一个用于商业化生产的服装纸样，以及第一个合成染料和纤维。第一次工业革命期间，纺织业革命性的发明见表1.1。

■ 第二次工业革命（Second Industrial Revolution）

第二次工业革命始于1870年，以化学、电力和钢铁为核心。有些学者认为这个时期是第一次工业革命的延续。1872年，蒸汽和电为动力的发明，使裁剪机实现了同时多层面料的剪切作业，使工厂的生产效率大幅提升。在第二次工业革命期间，发明者在合成纤维人造丝及黏胶人造丝的商业化生产中取得长足进

表1.1　第一次工业革命时期纺织业的发明

时间 （年）	发明者	主要发明
1733	约翰·凯伊（John Kay）	飞梭，大幅提高了织造的速度
1764	詹姆斯·哈格里夫斯（James Hargreaves）	珍妮纺纱机，采用一种提高旋转速度的轮子
1764	理查德·阿克赖特（Richard Arkwright）	喷水细纱机，第一台水力驱动可生产更高强度纱线的纺纱机
1779	塞缪尔·克朗普顿（Samuel Crompton）	可用于不同类型纱线生产的走锭纺纱机
1785	埃德蒙德·卡特赖特（Edmund Cartwright）	获得专利的动力织布机，由蒸汽驱动将纱线织造成面料
1790	理查德·阿克赖特（Richard Arkwright）	在英国开设了蒸汽动力纺织工厂
1792	伊莱·惠特尼（Eli Whitney）	轧棉机，通过机械从棉籽中分离出纤维的棉花清理机
1804	约瑟夫·玛丽·雅卡尔（Joseph Marie Jacquard）	提花织机附件，用于在织机上完成复杂织造设计的辅助装置
1813	威廉·霍罗克斯（William Horrocks）	变速筘座，可提高织机动力
1830	巴特勒米·莫迪尼耶（Barthelemy Thimonnier）	链式线迹缝纫机，实现机械化缝纫制作
1844	约翰·默瑟（John Mercer）	丝光棉
1846	伊利亚斯·豪（Elias Howe）	锁式线迹缝纫机，可实现更高质量的线迹和缝口锁边
1849	沃尔特·亨特（Walter Hunt）	保险销、安全钉
1851	艾萨克·辛格（Isaac Singer）	带有压脚、可解放手工操作的脚踏板式的升级版锁式线迹缝纫机
1855	乔治·爱彼（George Audemars）	人造丝
1856	威廉·亨利·珀金（Sir William Henry Perkin）	首次使用合成苯胺染料，实现色彩鲜艳的面料染色
1858	艾伦·德莫雷斯特（Ellen Demorest）	首次使用服装纸样
1863	埃比尼泽·巴特里克（Ebenezer Butterick）	第一次在服装上使用合体尺寸的纸样专利

（资料来源：Bellis, 2009a; Swicofil AG Textile Services, n.d.; Tortora & Marcketti, 2015）

表1.2　第二次工业革命纺织业的发明

时间（年）	发明者	主要发明
1872	佚名	蒸汽动力裁剪机，可实现多层面料同时裁剪
1872	亚伦·蒙哥马利·沃德（Aaron Montgomery Ward）	首个目录邮购
1874	查尔斯·古德伊尔（Charles Goodyear, Jr.）	滚边线迹制鞋机
1884	希莱尔·德·伯尼加德，夏敦埃伯爵（Hilaire de Berniguad, the Count of Chardonnay）	首个商业化的合成面料，由人造丝生产的夏尔多内人造丝
1890	佚名	电动裁剪机
1893	西尔斯罗巴克公司（Sears, Roebuck, and Co.）	升级版目录邮购
1893	惠特科姆·贾德森（Whitcomb Judson）	拉链
1894	弗雷德里克·温斯洛·泰勒（Frederick Winslow Taylor）	科学管理，工厂高效的流水线生产
1891/2	查尔斯·弗雷德里克·克罗斯，爱德华·约翰·贝文，克莱顿·贝多（Charles Frederick Cross, Edward John Bevan, and Clayton Beadle）	黏胶人造丝工艺，黏胶的首次商业化生产，1905年由考陶尔兹纤维制造而成

（资料来源：Bellis, 2009a; Swicofil AG Textile Services, n.d.; Tortora & Marcketti, 2015）

步。纺织品产量的增加使新的销售网点有了更多的商品销售方式。1894年，弗雷德里克·温斯洛·泰勒（Frederick Winslow Taylor）创建了流水线生产方式，通过将产品生产任务分解并限定作业时间，消除了作业中的浮余时间，极大地提高了生产效率。第二次工业革命期间纺织业卓有成效的标志性发明见表1.2。

女式大衣加工厂

■ 第三次工业革命（Third Industrial Revolution）

第三次工业革命关注于经济可持续性和气候变化，一些经济学家认为其最早可以追溯到1974年，以信息技术迅猛发展为主要标志；而其他人则声称它开始于21世纪初，重点发展绿色能源并关注全球变暖。《地下经济》（The Underground Economy）作者汉斯·森霍尔兹（Hans Sennholz）认为："第三次工业革命正在美国和其他工业化国家出现……这是一场'信息革命'，大幅扩展了可交易服务的范围，且有将大量服务业工作转移到海外，如印度、中国等其他劳动力更便宜的工业新兴国家的趋势"（2006年）。欧盟顾问、经济领域畅销书的作者杰里米·里夫金（Jeremy Rifkin）曾指出，近期工业革命的三个关键挑战是全球经济危机、能源安全和气候变化。与第一次和第二次工业革命一样，解决现代工业面临的问题需要花费时间和资源。

纺织品在纤维领域的发展一直延续至21世纪，包括纳米（直径小于0.5微米）、生物医学（能传递穿戴者生理状况信息的电子传感器）、高性能混合以及多功能（具有吸湿、排汗、抗菌功能）等的高科技复

工业革命（THE INDUSTRIAL REVOLUTIONS）

有机棉生产的面料

服装加工厂

杂纤维，如竹纤维、有机棉等可再生、可持续、可生物降解的纤维。这些智能纺织品通过改进性能，可调节体温，或提供审美上的变化，如改变颜色或灯光变

化，为消费者带来产品的附加价值。3D打印纺织品和服装的技术将不断提高，且会在21世纪持续占有重要地位。

全球化生产现状（GLOBAL PRODUCTION TODAY）

在过去的几个世纪，尽管科技的迅猛发展促进了生产不断革新，但时尚产品的加工方式依然属于劳动密集型。这迫使公司寻找低工资的员工，以保障产品的利润及在当今销售市场上的竞争力。随着关注全球气候变化意识的增强，一些公司和政府都在探索制造环境良好、考虑社会责任的产品生产方式。

法国力克公司（Lectra）全球时装市场总监阿娜斯塔西娅·查宾（Anastasia Charbin）认为，服装行业面临的最显著的挑战是"重组供应链，要实现对消费者需求做出更积极地响应，就必须紧密联接零售体系与生产，更快速地为市场带来高品质、风格独特的产品。快时尚创造性地从'推动模式'（即行业预测消费者想要的产品并推向市场的模式）改变为'拉动模式'，也就是对市场需求做出快速响应，抓住市场的需求去拉动企业生产相应的产品……如今，确保利润空间也是行业的一个大挑战……为保持盈利，供应链

需要找到创新的方法降低各环节的成本，尤其在最主要的服装生产领域，必须节省原辅材料、优化工艺、消除浪费；同时还要通过产品自身驱动创新。"（巴里，2015年）。各类社交媒体也借助提高消费者产品意识和需求驱动，给服装供应链增加了更多的压力。

电子数据联通EDI（electronic data interchange）、产品数据管理PDM（product data management），以及产品生命周期管理PLM（product life-cycle management）等信息技术的研发和发展，使全球供应链各环节之间，可以通过互联网或任何数字工具立即获得相关信息，极大降低了沟通交流时间。电子数据联通（EDI）让贸易伙伴、物流服务、供应商之间实现数据自动交换，共同建立和管理他们的供应链。利用软件可加快信息的传递速度，以减少产品上市的时间，提高数据的精准性。产品生命周期管理（PLM）涵盖与产品相关的供应链过程中所有信息的数据分析和管理，以及

从最初的概念、研发到最终消费者这个贯穿产品整个生命周期的产品数据管理。产品数据管理（PDM）是产品生命周期管理（PLM）的一个组成部分，它利用软件监视和跟踪与产品材料、设计、开发、制造等有关的工艺单信息，这一技术为公司提供了监控与产品生产过程相关的成本的方法。信息交流沟通领域的技术进步，使公司缩短了供应链整体时间，从而使为消费者快速提供时尚产品成为可能。随着公司寻求满足消费者需求、降低产品研发周期的方法，快时尚和加快产品上市速度显得越来越重要。

原文参考文献（References）

Barrie, L. (2015, April 1). *Apparel software trends 2015: Supply chain challenges*. Retrieved October 17, 2015, from http://www.just-style.com/management-briefing/supply-chain-challenges_id124803.aspx

Bellis, M. (2009a). *Industrial revolution: Timeline of textile machinery*. Retrieved December 21, 2009, from http://inventors.about.com/library/inventors/blindustrialrevolutiontextiles.htm

Bellis, M. (2009b). *Pictures from the industrial revolution*. Retrieved December 21, 2009, from http://inventors.about.com/od/indrevolution/ss/Industrial_Revo.htm

Bellis, M. (2009c). *19th century timeline*. Retrieved December 21, 2009, from http://inventors.about.com/od/timelines/a/Nineteenth.htm

FabricLink, 2006. *Fabric trademark and brand name index*. Retrieved February 11, 2010, from http://www.fabriclink.com/search/fabric-search.cfm

Fashionproducts.com. (n.d.). *Fashion apparel industry overview*. Retrieved December 21, 2009, from http://www.fashionproducts.com/fashion-apparel-overview.html

Gaddis, R. (2014, May 7). *What is the future of fabric? These smart textiles will blow your mind*. Forbes Lifestyle. Retrieved October 27, 2015, from http://www.forbes.com/sites/forbesstylefile/2014/05/07/what-is-the-future-of-fabric-these-smart-textiles-will-blow-your-mind/

Greenwood, J. (1997). *The third industrial revolution: Technology, productivity, and income inequality*. Washington, DC: AEI Press.

Hills, Inc. (n.d.). Polymetric nanofibers: Fantasy or future. Retrieved February 11, 2010, from http://www.hillsinc.net/Polymeric.shtml

Hoshi, T. (2009). *Second industrial revolution*. Retrieved December 21, 2009, from http://www.viswiki.com/en/Second_Industrial_Revolution

IPA. (2009). *IPA provides useful information about the apparel manufacturing industry*. Retrieved December 21, 2009, from http://www.internationalprofitassociates.net/stats/apparel.asp

Johnson, I., Cohen, A. C., & Sarkar, A. K. (2015). *J. J. Pizzuto's fabric science* (11th ed.). New York: Fairchild Books.

Lebby, M. S., Jachimowicz, K. E., & Ramdani, J. (2000). *U.S. Patent 6080690—Textile fabric with integrated sensing device and clothing fabricated thereof*. Retrieved February 11, 2010, from http://www.patentstorm.us/patents/6080690/fulltext.html

Netter, T. (2005, August). The new era of textile trade: Taking stock in the post MFA environment. World of Work, 54, 28–30.

Rifkin, J. (2009). *About Jeremy Rifkin*. Retrieved December 22, 2009, from http://www.foet.org/JeremyRifkin.htm.

Saheed, A. H. H. (2006, May 1). *New trends in the global apparel marketplace after first year of quota expiry*. Retrieved December 21, 2009, from http://www.allbusiness.com/asia/4089757-1html

Sennholz, H. F. (2006, April 3). *The third industrial revolution*. Retrieved December 21, 2009, from http://mises.org/story/2105

Swicofil A. G Textile Services. (n.d.). *Rayon Viscose*. Retrieved December 22, 2009, from http://www.swicofil.com/products/200viscose.html

Tortora, P. G., & Marcketti, S. B. (2015). *Survey of historic costume* (6th ed.). New York: Fairchild Books.

U.S. Department of Labor. (2009, December 17). Career guide to industries, 2010–2011 edition: Textile, textile product, and apparel manufacturing. Retrieved December 21, 2009, from http://www.bls.gov/oco/cg/cgs015.htm

第二章
CHAPTER 2

服装供应链
Apparel Supply Chain

服装工业全球供应链涵盖从纤维、面料研
发到服装生产、整理、包装以及运输到零售点
的所有过程。

VF公司信息和供应链系统副总裁艾伦·马丁（Ellen Martin）认为，"服装供应链是所有商业运营中难度最大的。"服装运营过程中的各环节增加了这种难度，如生产加工和运输依靠人工捆扎、缝制和整理；基于时尚和季节性趋势变化而不断更新的服装款式需求；以及公司致力于对来自全球各地的原材料、贸易措施、劳动力等成本的控制，这些都会最终影响供应链的时间和运输。高科技提高了纤维和面料生产、产品设计、样板研发及试样、色彩确认、铺料、裁剪，以及流水线生产加工、钉标签（钉吊牌）、追踪分销、翻单（再订购）的速度，以便缩短产品研发周期。

服装操作工

北美工业分类系统
[NORTH AMERICAN INDUSTRY CLASSIFICATION SYSTEM (NAICS)]

美国经济分类政策委员会（ECPC: Economic Classification Policy Committee）联合墨西哥国家地理和信息统计研究所（INEGI: Instituto Nacional de Estadistica, Geografia e Informatica）以及加拿大统计局（Statistics Canada）开发了一套将过程类似的行业纳入一个经济活动体的分类系统，进而创立了北美工业分类系统（NAICS）。美国、加拿大和墨西哥是北美自由贸易协定（NAFTA: North American Free Trade Agreement）的贸易伙伴，他们利用NAICS，将生产过程具有相似性的行业合为一组，以便在为这些国家生产的产品进行统计、比较和分析时提供合适的工具。为了与3个国家经济变化相对应，北美自由贸易协定（NAFTA）每五年会仔细研究并更新这个分类系统。北美工业分类系统（NAICS）采用6位数字标识：

· 前两位数字对应某领域；

· 第三位数字对应某细分领域；

· 第四位数字对应某行业组织；

· 第五位数字对应某NAICS行业；

· 第六个数字对应某个国家产业（如墨西哥、加拿大，如果其他国家与美国相同，则为0）。

NAICS将服装供应链划分为三个主要类别或领域，包括制造、批发贸易和零售贸易。

■ 生产制造（31~33领域）[Manufacturing (Sector 31–33)]

在生产制造领域有两个细分领域与服装产品相对应，即纺织厂（细分领域313）和服装生产（细分领域315）。

纺织厂的业务范围主要包含产品研发、把天然纤维或人造纤维转换为无纺布或将它们纺成纱线，用纺织或针织等方式织成成匹的织物。如NAICS所述，这一领域还包括诸如"漂白、染色、印刷（如辊筒印、网印、植绒、皱褶效果）、石洗和其他机械整理，如预缩、收缩、润湿预缩、轧光、丝光、拉毛、清洁、煮练，以及天然纤维和未加工纤维的制备"等整理过程。

纤维生产厂

（续）北美工业分类系统：纺织厂（NAICS: TEXTILE MILLS）

面料厂

面料整理和涂层厂

纤维、纱线以及缝线生产厂3131包含：

· 313110　纺纱厂（进行纱线加弹、加捻、卷绕），缝线厂，麻纱生产厂。

面料厂3132包含：

· 313210　宽幅机织物厂；

· 313220　窄幅机织物厂，刺绣、机绣厂；

· 313230　无纺布厂；

· 313240　经编(平)和纬编(圆)针织厂，进行编织和整理、生产加工、染色，以及蕾丝整理。

纺织物和纤维整理及面料涂层厂3133包含：

· 313310　纺织物和纤维整理厂，面料批发商；

· 313320　面料涂层厂。

北美工业分类系统：服装生产（NAICS: APPAREL MANUFACTURING）

服装生产细分领域315

服装生产业务范畴是将购买来的面料进行裁剪、缝制成服装成品，包括针织面料的裁剪、缝制成衣以及服装编织产品，综合了服装生产制造功能。这一领域包括传统制造商和生产所有或部分服装的承包商。

传统制造商（Traditional Manufacturers）：由一家公司拥有且独自运营的服装和纺织品生产厂，服装设计及加工所有环节在公司内部完成。

承包商（Contractors）：公司雇佣能提供生产服务的独立企业，可生产整件服装、提供生产线或完成部分完整的零部件环节。所有或部分服装加工过程外包，承包商包含：

· 批发商；

· 裁剪、样板绘制、整理（CMT）；

· 总承包商；

· 专业承包商。

服装针织厂3151包含

· 315110　袜厂；

· 315190　其他针织类服装厂（内衣、外套、睡衣）。

服装针织厂

服装裁剪承包商

服装缝纫承包商

服装裁剪、缝纫加工3152包含：

· 315210　服装裁剪和缝纫承包商；

· 315220　男士和男童服装裁剪、缝纫加工；

· 315240　女士、女童和婴儿服装裁剪、缝纫加工；

· 315280　其他类别服装裁剪、缝纫加工。

这些机构生产的产品包括：毛皮或皮革服装、绵羊衬里服装、团队运动制服、乐队制服、学术帽和礼服、牧师服装以及高级时装。

服装附件和其他的服装加工3159包含：

· 315990　服装配饰和其他的服装加工。

这些机构生产的产品包括：皮带、帽子、手套（医用、运动、安全防护用除外）、围巾以及领带。

北美工业分类系统：批发贸易（NAICS: WHOLESALE TRADE）

■ 批发贸易（Wholesale Trade）

42是批发贸易领域。在这部分只有一个细分领域涉及服装产品：

· 非耐用品商品批发商隶属于细分领域424。

商品批发商、非耐用品细分领域424

批发商（Wholesalers）：从事将织物、纺织品以及服装产品销售给零售公司，零售公司再次将商品销售给消费者。

非耐用品（Nondurable Goods）：自然生命周期三年及以下的服装、织物、纺织品。

服装、组件及小商品批发商4243包含：

· 424310　组件、小商品及其他纺织商品批发商；

· 424320　男士、男童服装和配件批发商；

· 424330　女士、儿童及婴儿服装和配饰批发商。

服装批发储运

北美工业分类系统：零售贸易（NAICS: RETAIL TRADE）

■ 零售贸易（Retail Trade）

44~45是专为零售贸易领域而设计的。这个领域有两个专业性的细分领域涉及服装产品：

· 服装及服装配饰商店448；
· 无店铺式零售商454。

零售商业务范围包含：从批发商处购买纺织面料、纺织产品以及服装商品后，再将产品售卖给终端消费者。

店铺式零售商（实体店）：通过吸引顾客进店来购买和销售产品。

无店铺式零售商：提供与实体店相同的服务，不同之处在于，他们通过互联网、印刷目录以及电视购物系统等，提供给消费者极为方便的产品购买和服务。

服装及服装配饰商店细分领域448

店铺零售商销售服装及其配饰相关产品，正如NAICS所描述的："在这个细分领域建立的机构，同样有类似的展示道具和工作人员，他们需要了解时尚趋势，并能根据顾客特点和品位，正确搭配服装和配饰的风格、颜色及组合。"

服装商店4481包含：

· 448110　男士服装商店；
· 448120　女士服装商店；
· 448130　儿童和婴幼儿服装商店；
· 448140　家居服装商店；
· 448150　服装配饰商店；
· 448190　其他类别服装商店，如婚纱店（定制店除外）、皮革服装店、戏剧服装店、内衣店、皮草服装店、泳装店、袜店、制服店（体育用品店除外）。

无店铺式零售商454

无店铺式零售商的销售方式包括：商品信息广告、直邮、印刷目录以及互联网等方式。

电子购物和邮购商店4541包含：

· 454111　电子购物；
· 454113　邮购商店。

店铺式零售商

无店铺式零售商

原文参考文献（References）

Garbato, D. (2004, May 1). Apparel vendors link a global chain. Apparel Magazine. Retrieved February 10, 2008, from http://www.apparel-mag.com/ME2/dirmod.asp?sid=50FC6DCEA75B4FCB95F591F342D4F3B1&nm=Thought+Leadership&type=Publishing&mod=Publications%3A%3AArticle&mid=8F3A7027421841978F18BE895F87F791&tier=4&id=5F48FD3CE1B0434CB767D77740F9D144

Executive Office of the President, Office of Management and Budget. (2012). North American industry classification system: United States. Baton Rouge, LA: Claitor's Publishing Division.

第三章
CHAPTER 3

批量生产的服装品牌分类与价格带细分

Brand Categories and Price Point Classifications for Mass-Produced Apparel

在市场上，服装产品在不同品牌名称下以不同的价格被认知或识别。品牌代表产品、产品线或公司的声誉，通过品牌形象、文字标记、标识、产品设计和质量、营销、促销、商品分销和客户服务来传达。

品牌分类（BRAND CATEGORIES）

对于批量生产的服装产品而言，主要有三种品牌类别，分别是品牌、自有品牌和特许品牌。其中，自有品牌和特许品牌之间有些许区别。

■ 品牌（Branded）

品牌、本地品牌、批发品牌：将产品冠以商标名称售卖给同时也销售其他品牌同类产品的零售商。例如：蔻驰（Coach®）、李维斯（Levi's®）、拉夫劳伦（Polo Ralph Lauren®），以及 Seven for All Mankind® 等，均属于该类品牌。销售品牌产品的零售商包括如塔吉特百货（Target®）、梅西百货（Macy's®），以及诺德斯特龙（Nordstrom®）、JC Penney® 等商店。

品牌、本地品牌

■ 自有品牌（Private Brand）

自有品牌：产品以零售商拥有的商标名称研发，以期与品牌产品竞争并增加利润。自有品牌商品的分销和销售仅限于零售商或开发自有品牌商品的公司。自有品牌由自有商标产品和商店品牌产品组成，它们的主要区别如下：

· 自有商标——由零售商研发并与品牌产品一起在其商店销售。此类品牌包括如在 JC Penney® 销售的 St. John's Bay®，在诺德斯特龙销售的 BP®，在 Federated Department Stores® 销售的 INC®，以及在沃尔玛（Walmart®）销售的 George®。

· 商店品牌——零售商以与商店同名商标研发产品，商店只销售自有品牌的产品。此类品牌如阿贝克隆比&费奇（Abercrombie & Fitch®）、安·泰勒（Ann Taylor®）、艾迪堡（Eddie Bauer®）、J. Crew®，以及维多利亚的秘密（Victoria's Secret®）。

自有品牌

■ 特许品牌（Licensed Brand）

特许经营或特许品牌：产品需通过两家公司签订合同协议后研发。合同协议授予制造商或零售商使用另一家公司的商标名称、标识、品牌形象、特征，或特有的品牌名称开发、生产和销售产品的独家许可。许可协议可以包括开发品牌产品、自有品牌产品或两者的结合产品。品牌的知识产权被许可使用，或者可以通过长期许可协议拥有或控制。特许品牌如：

· Paul Frank®，安德玛（Under Armour®），瑞秋·佐伊（Rachel Zoe®）；

· 梅西百货（Macy's®）旗下的 Martha Stewart Collection；

· 科尔士百货（Kohl's®）旗下的简单王薇薇（Simply Vera® Vera Wang）。

特许品牌

服装行业对批量生产的服装产品有6种基本的价格定位，价格是由卖方设定，是顾客为换取产品或服务而支付的费用。

价格带指的是，为市场提供有竞争力从最低到最高的产品价格范围。对于批量生产的服装产品而言，价格带应与价格定位（经济价位、中等价位、中高价位、轻奢价位、轻奢设计师价位、设计师价位）相匹配。产品在面料质量、外观、工艺技术和细节等方面应具有足够的特征，以便消费者能在价格定位中识别其之间的差异。

在所有价格带定位中均会找到品牌产品、自有品牌产品和特许品牌产品。同样，在服装产品风格和设计方面，从基础款到时尚前卫款都会出现在各种价格带中。

■ 低价格带或经济价位（Budget Price Point or Budget）

低价格带或经济价位主要是面向大众化细分市场的低价格带或低价位批量生产的服装产品。大众市场的宣传、价格驱动的产品以及低廉的价格，是经济型价格定位的服装品牌和零售商的主要特征。零售商品牌以塔吉特及沃尔玛为例。品牌如巧乐奇（Cherokee®），塔吉特旗下的 Liz Lange Maternity，George®，Mossimo Supply Co®，Joe Boxer®，Xhilaration®。

■ 中等价格带或中等价位（Moderate Price Point or Moderate）

中等价格带或中等价位是为满足中等收入家庭和个性需求的中等价位的批量生产的服装产品。与价格相关的广泛宣传、产品价值和质量，是这类产品价格定位的重要因素。零售商品牌以 Charlotte Russe®，JC Penney®，科尔士和 Limited® 为例。品牌如 a.n.a.®，Lands End®，Arizona®，李（Lee®），箭牌（Arrow®），妮可·米勒（Nicole Miller®）旗下的 Nicole，Chaps®，Style&co®。

低价格带

中等价格带

价格带划分（PRICE POINT CLASSIFICATIONS）

■ 中高价格带或中高价位（Better Price Point or Better）

中高价格带或中高价位是高于中等水平价格的批量生产的服装产品，消费者对产品的期望值更高，如更高品质的面料和更先进的工艺细节。零售商以安家（Anthropologie®）、狄乐（Dillard's®）、J.Crew®及梅西百货为例。品牌如A.B.S.®，New York®旗下的Jones、安妮·克莱恩（Anne Klein®），拉夫劳伦旗下的Lauren、玖熙（Nine West®）、INC International®、Polo Ralph Lauren®。

■ 轻奢价格带或轻奢价位（Contemporary Price Point or Contemporary）

轻奢价格带或轻奢价位在中高价位与设计师品牌价位之间，诺德斯特龙面向的是顾客追求时尚前卫，但价格低于设计师品牌的差异化服装市场。零售商以布鲁明戴尔百货店（Bloomingdale's®）、诺德斯特龙、萨克斯第五大道精品百货店（Saks Fifth Avenue®）和希尔瑞（Theory®）为例，品牌如凯特·丝蓓（Kate Spade®）、迈克高仕（Michael Kors®）、瑞格布恩（Rag & Bone®）、瑞贝卡·明可弗（Rebecca Minkoff®）、汤丽柏琦（Tory Burch®）。

中高价格带

轻奢价格带

■ 轻奢设计师价格带或轻奢设计师价位（Bridge Price Point or Bridge）

轻奢设计师价格带或轻奢设计师价位是介于中高价位和设计师价位之间的批量生产的服装产品。消费者期望具有高品质的面料和设计师元素，但价位低于设计师品牌的服装产品，目标市场的规模小于中高价位。零售商以布鲁明戴尔百货店，唐可娜儿（DKNY®）、Armani Collezioni®、诺德斯特龙和萨克斯第五大道精品百货店为例，品牌如安妮·克莱恩、Ellen Tracy®、Dana Buchman®、M Missoni®、Marc Jacobs®旗下的Marc、艾利·塔哈瑞（Elie Tahari®）、瑞贝卡·泰勒（Rebecca Taylor®）。

■ 设计师价格带或设计师价位（Designer Price Point or Designer）

设计师价格带或设计师价位是规模生产的服装产品中价位最高的一类（译者注：国内通常称为奢侈品），为特定的小众目标市场提供具有独特设计，高品质面料和工艺细节的服装产品。零售商以巴尼斯纽约精品店（Barneys New York®）、Bergdorf Goodman®、Fred Segal®和尼曼百货商店（Neiman Marcus®）为例，品牌如乔治·阿玛尼（Giorgio Armani®）、古驰（Gucci®）、路易·威登（Louis Vuitton®）、普拉达（Prada®）、爱思卡达（Escada®）、扎克·珀森（Zac Posen®）。

轻奢设计师价格带

设计师价格带

第四章
CHAPTER 4

服装产品分类
Apparel Product Categories

服装产品或商品分类主要用于区分功能、用途和风格相似的产品。某些产品类别综合了男性、女性和儿童服装；而有些则是针对某个性别分类，如男性服装；或以与身高和体重相关的年龄组分类，如婴儿服装。

服装商品（APPAREL MERCHANDISE）

在同一服装产品类别内的商品可以单品或组搭品出售。单款或单品是指有单独价格且可独立销售的服装产品，这类服装产品不是为了与产品线中其他款式搭配，但有时这类产品也可能会与其他产品搭配销售。搭配的单款产品是为各服装款式之间相互搭配而设计，也为顾客提供了更多的与产品线其他款式组合搭配的机会，搭配的单款产品也是单独定价。组搭款或组搭品是由两款或更多款作为一个整体定价的产品。

■ 婴儿服装（婴儿穿戴用品或婴儿装）[Infant Apparel (Infant Wear or Infants)]

婴儿服装是为满足各阶段婴儿，如新生儿、0~3个月、6个月、9个月、12个月婴儿以及18个月和24个月婴幼儿的需求而专门设计的服装产品。婴儿装产品包含以下品类：

- 鞋子和手套；
- 各类帽子；
- 大衣和外套；
- 尿裤；
- 有袜和无袜连体衣；
- 正式着装、西装、无尾礼服、洗礼服装；
- 长袍、婴儿全套服装（帽子、长袍、连体衣、衬衫、裤子、毛衣）；
- 连体衣、合体衣裤、连体裤；
- 长裤和短裤；
- 披风；

- 长袖和短袖衬衫；
- 睡衣；
- 滑雪服和外套；
- 袜和连裤袜；
- 毛衣；
- 泳衣；
- 衬衫和上衣外套；
- 内衣；
- 背心。

尽管有些婴儿装是单品销售的，但大多数婴儿装是典型的组搭品销售。

婴儿服装

幼童服装

■ 幼童服装（幼童穿戴用品或幼儿装）［Toddler Apparel (Toddler Wear or Toddlers)］

幼童服装是为满足已能走路但仍穿着尿裤的幼童需求而专门设计的服装产品。与婴儿装一样，幼童服装的规格尺寸有2T、3T和4T之分，分别与幼童的年龄、身高和体重相对应。幼儿装产品包含以下品类：

· 合体连衣裤；
· 大衣和外套；
· 尿裤；
· 正式着装、西装、礼服和洗礼装；
· 各式帽子和手套；
· 连体裤；　　· 打底裤；
· 睡衣和居家服；
· 长裤和短裤；
· 长袍和罩袍；
· 连衣裤和披风；
· 裙子、裙式短裤；
· 睡袍；
· 滑雪服和外套、袜和连裤袜；
· 毛衣；　　· 泳衣；
· 衬衫和上衣外套；
· 内衣和内裤；
· 背心。

幼儿装以单品或组搭品出售。

■ 儿童睡衣和内衣裤（Children's Sleepwear and Underwear）

男童和女童内衣裤、睡衣和家居服产品包含：

· 浴衣；
· 三角裤和平角裤；
· 睡袍、衬衫式睡衣、睡裙；
· 女式内裤；
· 保暖内衣；
· T恤（长袖和短袖）；
· 吊带衫。

儿童睡衣和内衣裤规格尺寸使用数字或英文字母标注，如XS、S、M、L和XL。

儿童睡衣和内衣裤

服装商品（APPAREL MERCHANDISE）

■ 服饰用品（Apparel Accessories）

为增加整体的美感或功能性而穿用的女式及儿童服饰包含：

· 腰带和背带；

· 各类帽子；

· 各式手套；

· 各种袜子（如长袜、紧身袜、高筒袜、连裤袜）；

· 领带和围巾。

服饰规格尺寸使用数字标注、中性号码标注和均码。有些物品如腰带、手套和帽子，多是基于身体围度数据标注尺寸。这些商品基本上是以单品销售。手套、连指手套和袜子是单品成对销售，其中袜子通常以多对包装的形式销售。

服饰用品

■ 运动服（运动休闲装、运动装、休闲服）
[Activewear (Active Sportswear or Athletic Apparel or Athleisure)]

运动服是为满足男士、女士和儿童运动休闲的需求而设计的服装产品。其中，有些人可能选择运动服只是作为休闲时穿着，并不一定在运动时穿着。运动服规格尺寸采用英文字母标注，如XXS、XS、S、M、L、XL和XXL等。运动服包含：

· 紧身连衣裤；

· 各式帽子；

· 运动夹克衫和连帽衫；

· 慢跑服；

· 女式打底裤和短裙；

· 长裤和短裤；

· 袜子；

· 女式运动文胸和背心；

· 泳装；

· T恤（长袖和短袖）；

· 吊带衫；

· 热身服和运动健美服。

运动服基本上是以单品销售的。

运动服

职业装

连衣裙

■ **职业装（合身的服装）**［**Career Apparel (Tailored Clothing)**］

职业装是男性和女性合体的商务服装。量身定做的服装包含西服套装（上衣、裤子、衬衫）、合身的和量身定做的衬衫、西服背心、女性衬衫和连衣裙。

职业装会以组搭品和单品出售。以单品销售的合身服装也会与休闲装混搭。职业装在日常穿着比休闲装更讲究和正式。职业装和合身的服装尺寸使用数字标注。

■ **连衣裙**（**Dresses**）

连衣裙是为女性设计的有裙摆的单件式服装产品，款式风格从休闲到正式。规格尺寸使用数字和英文字母尺码标注，如 XXS、XS、S、M、L 和 XL。

服装商品（APPAREL MERCHANDISE）

■ 正装礼服（晚装或特殊场合服装）[Formalwear (Eveningwear or Special Occasion)]

正装礼服是为特殊和仪式场合设计的服装。正装包含：

- 新娘装；
- 燕尾服；
- 晚礼服（裙）；
- 晚礼服（套装）；
- 节日服装；
- 舞会礼服；
- 无尾晚礼服。

女式礼服通常由更考究的特殊面料制成，如织锦、天鹅绒、蕾丝、塔夫绸、雪纺绸、绡、罗、缎以及亮片、串珠和刺绣织物。男式正装通常由精纺羊毛或混纺西装面料制成，也有与缎或编织装饰细节相搭配，天鹅绒和锦缎织物也有使用。正装礼服使用数字标注号码，精准合体的尺寸是正装礼服外型美观的关键。

正装礼服

系列男装

男西服套装

■ 系列男装（Men's Furnishings）

系列男装是为男性设计的服装和服饰。系列男装包含：

- ·浴衣和披肩；　　·皮带；
- ·内裤、平角短裤、比基尼内裤、泳裤和丁字裤；
- ·各类帽子；　　·袖扣；
- ·手套；　　·睡袍和衬衫式睡衣；
- ·围巾；　　·袜子；
- ·合体的正装衬衫（以领围及袖长尺寸标注）；
- ·领带、方巾、手帕；　·保暖内衣和裤子；
- ·T恤（长袖和短袖）；　·吊带衫。

男装尺寸使用数字和英文字母标注，如S、M、L、XL、XXL、XXXL和均码。有些产品如腰带、手套和帽子使用身体围度的数字尺寸标注。合体的正装衬衫用领围及袖长尺寸标注。系列男装通常是单品出售或搭配销售。

■ 内衣（家居服、睡衣或贴身衣物）[Lingerie (Loungewear, Sleepwear, or Intimate Apparel)]

内衣包含：

- ·娃娃装、衬衫、背心和休闲裤；
- ·浴袍和浴巾；　　·胸罩和紧身胸衣；
- ·塑身衣、束腰衣、束腰带；
- ·背心、吊带衫、T恤（长袖和短袖）；
- ·睡裙、睡衣裤、睡袍；
- ·平角短裤、比基尼三角裤、高腰和低腰三角裤、低腰裤、丁字裤；
- ·衬垫；　　·保暖内衣和裤子。

胸罩、紧身胸衣和有内置胸罩的产品规格尺寸多用数字标注，如胸围尺寸（胸宽尺寸加5英寸，如果胸围大于33英寸，则增加2英寸）和罩杯尺寸（例如29A、34B、39D）。其他睡衣和家居服大多采用英文字母标注，如XXS、XS、S、M、L和XL。

睡衣

外套

■ **外套**（Outerwear）

外套为穿着在其他衣服外面起覆盖和保暖作用而设计的男性、女性和儿童服装产品。外套产品包含：

·巴恩斯大衣（通常指男式羊绒羊毛大衣）；
·派克服、运动夹克；
·滑雪服和羽绒服；

·羽绒服；
·长披风和斗篷；
·风衣和大衣；

·女式大衣；
·套头衫；
·防风衣。

·裘皮和皮革大衣；
·风雨衣和雨衣；

·各种披肩；

休闲装

制服

■ 休闲装（Sportswear）

休闲装是为满足男性、女性和儿童介于休闲到正式场合之间需求而设计的服装产品，涵盖了基础款和时髦款。休闲装产品涵盖以下品类：

· 夹克、运动夹克和运动外套；

· 各类裤子、宽松裤和牛仔裤；

· 套头衫；　　　· 机织和针织衬衫；

· 裙子和裙裤；　· 毛衫；　· 合体或宽松短裤。

休闲装产品采用数字或英文字母标注。

单品休闲装（Separates Sportswear）：独立设计、与产品线中其他款式可以搭配也可以不搭配的服装产品，产品单独定价。

搭配款休闲装（Coordinated Sportswear）：为融入或搭配新研发的不同产品系列而设计的服装产品，产品单独定价。

■ 制服（工作服）[Uniforms（Work Wear）]

制服是为了满足统一的外观要求而设计的男装、女装和童装。制服适用于各种要求统一外观的专业性职业、娱乐活动、体育和学校等场合穿着。制服包含：

· 针织衬衫和上衣；

· 女式上衣；

· 夹克和大衣；

· 长裤和短裤；

· 外套；

· 半裙；

· 毛衣；

· 领带。

制服和工作服采用数字标注，也有的用英文字母标注，如XXS、XS、S、M、L、XL和XXL。

纤维原料

纱线

未整理织物

织物整理

纱线结构

整理后织物

熨烫修整

第二篇
PART **TWO**

原材料和辅料
Raw Materials and Components Parts

原材料和辅料是服装必不可少的部分，它们共同满足了服装的审美需求，更重要的是完成了服装的功能表现。因此，为了能够拓展服装功能、提升消费者满意度，在服装设计生产过程中掌握材料性能、正确选择材料成为关键的一环。本书第二部分将对服装材料进行说明，包括织物、纱线、辅料（保暖材料、支撑材料以及装饰材料等）。本部分也关注色彩在选择、沟通、管理方面的重要性；此外，还将讨论服装标签类型等内容。

第五章

原材料
Raw Materials

原材料是指工厂和生产商制造服装产品和配饰所使用的纤维、纱线和织物。天然纤维和化学纤维经过加捻、固化、收缩、膨胀等工艺纺成纱线，纱线以机织、针织、编结或毡合等不同的形式织成各种织物。

纤维（FIBERS）

纤维是织物的最小结构单元，纤维的最小长宽（直径）比是100∶1。在服装产品中使用的纤维来源于植物纤维素纤维、动物蛋白质纤维和合成化学纤维。纤维按长度分有长丝和短纤维两种。

长丝（Filament）：以米或码为单位测量，比较长的纤维织成长丝纱线，或切割成短纤维（丝束）来进行纺纱，形成针织物、机织物和非织造织物。丝是唯一的天然长丝纤维，其长度可达1463米（1600码），其余长丝均为化学纤维。

长丝

短纤维（Staple）：以毫米或英寸为单位测量，长度为5~500毫米（0.2~19.7英寸）。短纤维来源于天然纤维中的棉、麻等，也可由长丝纤维切割获得。短纤维可以用来纺制纱线或织成织物。

短纤维

纤维切割（Tow）：合成长丝纤维束被切割成长度为25~203毫米（1~8英寸）的短纤维，用以纺成纱线或织成织物。

纤维素纤维Cellulosic Fibers（Cellulose Fibers）：取自植物种子、叶、茎、韧皮细胞壁的纤维是纤维素纤维。常见的纤维素纤维如下：

· 棉；　　　　· 黄麻；　　　　· 亚麻；
· 苎麻；　　　· 大麻；　　　　· 剑麻。

蛋白质纤维（Protein Fibers）：取自动物毛发、羽毛、丝等的纤维是蛋白质纤维。常见的蛋白质纤维如下：

· 羊驼毛；　　· 马鬃；　　　　· 兔毛；
· 驼毛；　　　· 驼绒；　　　　· 马海毛；
· 山羊绒；　　· 丝；　　　　　· 羊绒；
· 骆马毛；　　· 绒羽；　　　　· 羊毛。

合成纤维（Synthetic Fibers）：由单体（可以化学聚合的分子）连接在一起形成的链式结构叫作聚合物。由化学聚合物形成的纤维被拉伸为长丝。常见的合成纤维如下：

· 丙烯酸纤维；· PLA纤维；　　· 芳纶；
· 涤纶T400；　· 聚丙烯纤维；　· 聚二烯烃纤维；
· PTT纤维；　　· 变性聚丙烯腈纤维；· 锦纶；
· 聚氨酯纤维；· 聚烯烃纤维；　· 赛纶；
· PBI纤维；　　· 氨纶；　　　　· PBT纤维；
· PVA纤维；　　· 聚酯纤维；　　· 维荣纤维；
· 聚乙烯纤维；· PET纤维。

天然纤维（Natural Fibers）：取自植物（主要成分为纤维素）或动物（主要成分为蛋白质）的纤维。

化学纤维（Manufactured Fibers）：以合成化学聚合物或改性的天然存在的聚合物制成的纤维，即由纤维以外的物质制成。这些聚合物通过喷丝头被挤压成纤维状。常见的化学纤维如下：

· 丙烯酸纤维；　　　　· 聚酯纤维；
· 聚丙烯酸酯类纤维；　· 聚乙烯纤维；
· 芳纶；　　　　　　　· PET纤维；
· 涤纶T400；　　　　　· 含氟聚合物；
· PLA纤维；　　　　　· 聚二烯烃纤维；
· 橡胶纤维；　　　　　· 聚丙烯纤维；
· 三聚氰胺纤维；　　　· PTT纤维；
· 聚氨酯纤维；　　　　· 锦纶；
· 聚氯乙烯纤维；　　　· 奈特利尔纤维；
· 橡胶；　　　　　　　· 聚烯烃纤维；
· 赛纶；　　　　　　　· 聚酰胺纤维；
· 氨纶；　　　　　　　· PBI纤维；
· 萨尔法尔纤维；　　　· PBT纤维；
· 聚乙烯醇纤维；　　　· 维荣纤维。

一些纤维素纤维经加工也可成为服装用人造纤维。取自改性的天然化合物的人造纤维如下：

· 醋酯纤维；　· 莱赛尔纤维；· 再生蛋白质纤维；
· 人造丝；　　· 竹纤维；　　· 黏胶纤维。

纱线（Yarns）：由短纤维或长丝捻合而成，再经过针织、机织、编结，或化学、物理、热黏合等方式形成纺织品。纱线的性质由纤维成分、纤维长度、股数和捻度共同决定。

单纱

单纱（Singles Yarn）：由纤维或多股长丝纤维捻合而成。纱线退捻时，纤维可从中抽出，单纱也可由一根连续长丝组成。

股线

股线（Ply）：由两根或两根以上的单纱捻合而成。股线质量取决于以下因素：

· 强度；

· 平滑度；

· 直径；

· 结构；

· 用途。

加捻（Twist）：纱线单位长度上的捻回数称为捻度。

Z捻

Z捻（Z-twist）：纱线的加捻方向。Z捻纱在垂直固定时，形成了从左下方到右上方的对角线，与字母Z（/）中间部分的线条类似。在相同的方向继续加捻，纱线会逐渐变紧。

S捻（S-twist）：纱线的加捻方向。S捻纱线在垂直固定时，形成了从右下方到左上方的对角线，与字母S（\）中间部分的线条类似。在相同的方向继续加捻，纱线会逐渐变紧。

S捻

每英寸捻回数，每米捻回数，每厘米捻回数［Turns per Inch(TPI), Turns per Meter(TPM), Turns per Centimeter (TPCM)］：纱线的一端保持静止，另一端持续旋转加捻，在纱线上形成的捻回数称为捻度。纱线的捻度有以下影响：

· 耐磨性——捻度越大，耐磨性越强，因为纱线的表面松散纤维较少；

· 外观——捻度越大，纱线表面越光滑，光泽度越好；

· 价格——捻度越大，纱线价格越高；

· 性能——捻度越大，纱线整体的坚牢度和性能均有提升；

· 强度——捻度越大，纱线的抗断裂强度越高。

长丝纱（Filament Yarn）：人造纤维或长丝纤维捻合形成长丝纱。长丝纱既可以是光滑的，也可以是有纹理的。

单丝纱（Monofilament Yarn）：由单根连续长丝纺成的纱线。

纺纱（Spun Yarn）：短纤维经过加捻形成纱线，纤维长度至少在5毫米（0.2英寸）以上才能纺纱。

花式纱线（Textured Yarns）：经热处理或化学处理的纱线产生松散或拉伸，形成花式纱线。花式纱线有不同的外观效果。

纱线细度（纱线尺寸）［Yarn Number(Yarn Size)］：纱线粗细的指标。纱线细度指标包括直接指标和间接指标。

纱线（YARNS）

直接纱线细度指标（Direct Yarn Number）：通过测量每单位长度纱线的质量来表示纱线细度的方法，纱线越粗，数值越大，此方法适用于长丝纱。直接纱线细度指标可进一步划分为以下类别：

- 旦尼尔（Denier）——用于表示长丝纱单位长度的重量（天然长丝或化学长丝，每9000米的克重）；
- 特克斯（Tex）——用于表示长丝纱单位长度的重量（天然长丝或化学长丝，每1000米的克重）；
- 千特克斯（Kilotex）——用于表示重磅长丝纱单位长度的重量（天然长丝或化学长丝，每1000米的千克重）；
- 分特克斯（Decitex）——用于表示细长丝纱单位长度的重量（天然长丝或化学长丝，每10000米的克重）。

间接纱线细度指标（Indirect Yarn Number）：通过测量每单位重量短纤维纱线的长度来表示纱线细度的方法，纱线越细，数值就越大，此方法适用于棉、亚麻和羊毛纱线。间接纱线细度指标可进一步划分为以下类别：

- 棉纱细度（Cotton Count）——用于表示纯棉纱或棉混纺纱线单位重量所具有的长度（每磅840码）；
- 麻纱细度（Lea）——用于表示亚麻纱线或亚麻混纺纱线单位重量所具有的长度（每磅300码）；
- 毛纱细度（Run）——用于表示纯毛纱或毛混纺纱线单位重量所具有的长度（每磅1600码）；
- 公制支数（Metric）——用于表示细纱线单位重量所具有的长度（每磅1000米）；
- 精纺纱线细度（Worsted）——用于表示精纺纯毛纱或毛混纺纱线单位重量所具有的长度（每磅560码）。

■ 纱线规格（YARN SPETIFICATIONS）

规格是用来详细说明各项标准的，以便于在服装生产制造过程中决定是否选择某种材料。规格根据产品（如纱线、饰边、织物或服装）而变化。纱线的详细规格很重要，因为它们涉及服装生产中的针织、机织、编结等过程。纱线规格包括纱线成分、特性和性能，以及生产中的颜色标准的相关说明。具体如下：

- 染料规格和颜色标准；
- 纤维含量；
- 纱线类型；
- 纱线结构；
- 纱线捻度；
- 每英寸的捻回数；
- 股线的股数；
- 纱线细度及其指标；
- 强度和伸长率；
- 纱线疵点等级和可接受的程度。

织物结构即纤维或纱线在纺制成布料的过程中所采用的工艺手段。织物有时也称为布料、材料、纺织品。织物按结构可分为机织物、针织物、非织造物和编织、打结材料。无论是出于功能性、装饰性或永久性定形目的，可以在生产过程中的任一阶段对纤维、纱线或织物进行整理加工。整理会对成品的手感、重量和质地产生影响。纤维、纱线和织物结构以及整理过程会决定成品的设计风格，如垂坠感等。服装用织物的选择受以下因素的影响：

· 服装的设计风格；
· 服装的品类；
· 服装的穿着目的、功能和用途；
· 服装的保养；
· 服装配饰；
· 服装制作方法。

■ 机织物（Wovens）

所有机织物都具有机织结构。经纱和纬纱成90°交织形成的织物称为机织物。纱线交织的方式决定了织物的结构。机织物基本组织包含以下三类：

· 平纹组织；
· 斜纹组织；
· 缎纹组织。

织物幅宽取决于织机的尺寸或制造商的设计规格。线束数量决定了机织物的结构。线束是织机上的一个部件，看起来像一个矩形框架，用于控制综丝、针状线材与纱线的交织。在机织物的纺制过程中，线束升高和降低形成了梭子穿过的路径。平纹织物需要两个线束；斜纹织物需要3个或3个以上线束；缎纹织物需要5~12个线束；提花织物多达40个线束。

更复杂的机织物，如纱罗织物、起绒织物以及双面织物等，与基本机织物相比，布料纹理更吸引人。由多臂机提花和色织设计织物图案也引起了人们的兴趣。

经纱［Warp（Ends）］：纱线平行于布边，也称为纵向纱（灰色纱线所示）。

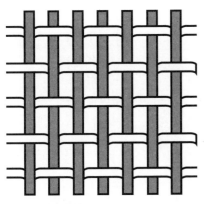

机织物中的经纱

纬纱［Filling（Weft）］：纱线垂直于布边，也称为横向纱（白色纱线所示）。

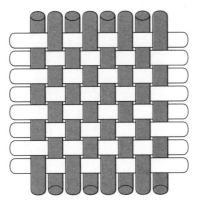

机织物中的纬纱

布边（Selvage）：成品织物窄而紧密的边缘，与经纱平行。

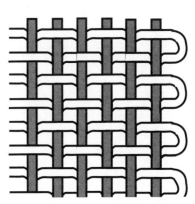

布边

织物：机织物(FABRICS: WOVENS)

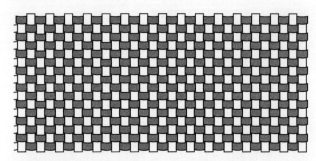

平纹组织结构

平纹组织（平衡结构）

平纹组织（不平衡结构）

平纹织物（Plain Weave）：机织物的基本组织织物，纬（经）纱在每根经（纬）纱的上方和下方各交织一次。平纹组织可以是平衡的或不平衡的。

·平衡结构（Balanced）——经纱和纬纱的数量、尺寸和类型均相同；

·不平衡结构（Unbalanced）——经纱与纬纱的数量、尺寸和类型不同，造成了织物表面的罗纹纹理。

采用平纹组织结构的织物包括以下几类：

·细亚麻布；	·纱布；
·罗缎；	·乔其纱；
·绒布；	·格子棉布；
·粗麻布；	·马德拉斯棉布；
·人丝结子粗绸；	·云纹绸；
·印花棉布；	·薄纱织物；
·帆布；	·蝉翼纱；
·印花薄型毛织物；	·欧根纱；
·青年布；	·粗横棱纹织物；
·棉布；	·高级密织棉布；
·雪纺绸；	·泡泡纱；
·印花棉布；	·茧绸；
·绉布；	·府绸；
·双绉；	·尼龙织品；
·硬衬布；	·篷布；
·锦缎；	·山东绸；
·点子花薄纱；	·被单布；
·塔夫绸；	·粗花呢；
·细帆布；	·罗缎；
·薄麻布；	·巴厘纱；

·法兰绒（可用平纹或斜纹组织制织）。

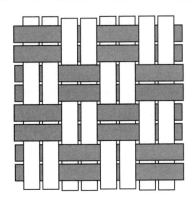

方平组织结构

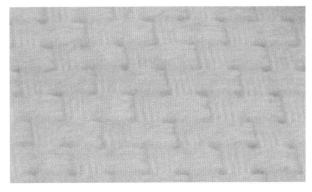

方平组织织物

方平组织（Basket Weave）：平纹组织的不平衡变化织物，两根或两根以上经（纬）纱在两根或两根以上纬（经）纱的上下交织。

方平组织织物包括以下几类：

· 席纹呢； · 尚布； · 牛津布。

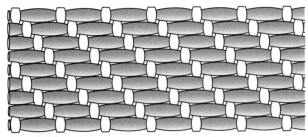

斜纹织物结构

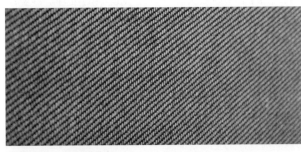

斜纹织物（右向斜纹）

斜纹织物（左向斜纹）

斜纹织物（Twill Weave）：机织物的基本组织织物之一，纬（经）纱在两根或两根以上经（纬）纱上下交织，浮线在布面构成左向或右向的斜向织纹。右向斜纹的纹路为左下方到右上方的对角线，左向斜纹的纹路为右下方到左上方的对角线。

· 双面斜纹（Even twill）——经纱上方和下方的纬纱数量相同（如3/3）；
· 单面斜纹（Uneven twill）——织物正面和反面的纱线数量不同。单面斜纹织物可分为经面斜纹织物和纬面斜纹织物；
· 经面斜纹（Warp-face twill）——经纱浮线在布面构成斜向织纹（如3/2）；
· 纬面斜纹（Weft-face twill）——纬纱浮线在布面构成斜向织纹（如2/3）。

斜纹组织织物包括以下几类：

· 骑兵呢； · 海力蒙；
· 丝光斜纹棉布； · 犬牙花呢；
· 牛仔布； · 哔叽；
· 粗斜纹布； · 鲨皮呢；
· 斜纹软绸； · 华达呢；
  · 马裤呢；
· 法兰绒（可用平纹或斜纹组织织制）。

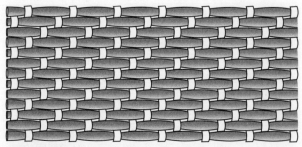

缎纹组织结构

缎纹织物

缎纹织物（Satin Weave）：在斜纹组织的基础上变化而来，纱线浮线更长，每四根或以上纱线与一根纱线交织。

- 经面缎纹织物（Warp-face satin weave）——织物正面呈现的经纱浮线多（如4/1，5/1）；
- 纬面缎纹织物（Weft-face satin weave）——织物正面呈现的纬纱浮线多（如1/4，1/5）。

缎纹组织织物包括以下几类：

- 疙瘩双面缎；
- 拉绒缎布；
- 查米尤斯绉缎；
- 绉绸缎；
- 素库缎。

- 双面横棱缎；
- 横贡；
- 缎布；
- 鞋面花缎；

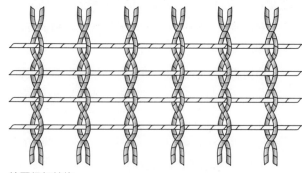

纱罗组织结构

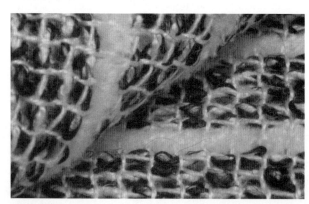

纱罗织物

纱罗组织（Leno Weave）：是一种先进的织造结构，在这种结构中，一对经纱前后缠绕，形成一个圈，在圈中纬纱被夹住并固定在适当的位置。纱罗织物包括以下几类：

- 紧捻纱罗织物；
- 薄罗纱。

这种织物在服装面料上的应用不如在日常织物上的应用广泛，它可以用来制作窗帘和农用纺织品等。纱罗组织可用来纺制雪尼尔纱，经机织或针织制成织物。

灯芯绒

起绒组织（Pile Weave）：是一种先进的织造结构，在织物表面形成环状的基部（底布）纱线上编织一组额外的经纱或纬纱而形成，环状部分可保留或切断。起绒组织织物包括以下几类：

· 灯芯绒；

· 毛圈织物；

· 平绒。

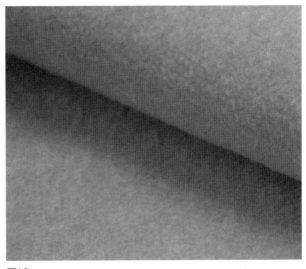

平绒

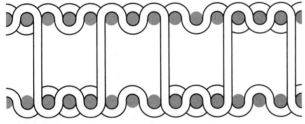

双层组织结构

麦特拉斯提花花式织物

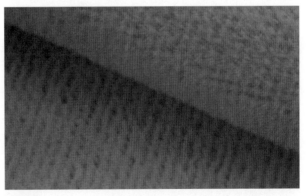

天鹅绒

双层机织物（Double Cloth Weaves）：是一种先进的织造结构，在同一织机上上下织造两层织物，由另一组纱线将两层织物交织在一起成为一种织物。双层组织织物包括以下几类：

· 双层织物；　　　· 麦尔登呢；

· 粗绒布；　　　　· 天鹅绒；

· 麦特拉斯提花花式织物。

织物：机织物 (FABRICS: WOVENS)

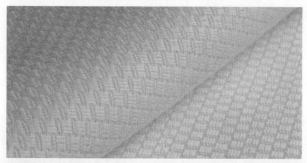

多臂提花组织织物（1）

多臂提花组织织物（2）

多臂提花组织（Dobby Weave）：是一种先进的织造结构，可在织物上形成几何图案。多臂提花组织织物包括以下几类：

· 凤眼布；

· 浮松布；

· 凹凸织物（可由多臂提花组织或提花组织制织）；

· 衬衫布；

· 蜂窝纹布。

锦缎

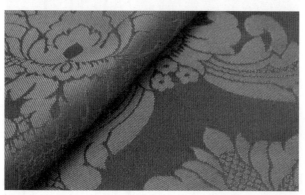

花缎

织锦

提花组织（Jacquard Weave）：是一种先进的织造结构，在织物上形成花式图案。提花组织织物包括以下几类：

· 锦缎；

· 凸花厚缎；

· 花缎；

· 凹凸织物（可由多臂提花组织或提花组织制织）；

· 织锦。

■ 针织物（Knits）

针织物是通过线圈环路联锁的过程构造的织物结构。针织物是由针串套线圈形成的。纱线或类似材料被弯成线圈，按一定的规律，一行行地相互串套，形成针织物。线圈形成的方向决定了针织物的结构，根据结构不同，可分为纬编和经编两种方式。

针织物中的经编织物和纬编织物可对应于机织物中的经面织物和纬面织物。经编针织物是纱线沿经向喂入织针形成的针织物；纬编针织物是纱线沿纬向顺序逐针形成的针织物。针型表示针织物中每英寸的针数、针织物的细度、用于制作针织物的机器中每英寸使用的针数和针迹的大小。

编织图案的变化是通过改变基本针法或线圈的排列来实现的。针织物结构的基本性质使得针织物具有机织物所不具备的可伸缩性。根据线圈的形成方向和复杂程度、针脚的尺寸（规格）和纱线的重量（旦尼尔），针织物的拉伸能力各不相同。根据使用目的，针织物可向经向、纬向或同时向经纬向拉伸。

针织机可生产各种宽度的管状或平面织物，这取决于机器的类型和制造商的设计规格。管状或平面织物经过切割、缝制，成为针织服装。平台式针织机可在针织过程中通过缝线的增减，生产出适合人体形状的全成型针织品。未成型的二维针织物衣片由针织机生产出来，缝合在一起制作针织服装。使用弹性链式针法对衣片边缘进行处理，服装制作工人须使用与衣片边缘相匹配的针迹将衣片缝合在一起。

针织服装也可以在一些平板针织机上生产。与全成型针织服装类似，某些平板针织机也可生产适合身体形状的三维针织服装，生产时不需要额外的缝制过程，去除了切割、缝纫和拼接等生产前和生产后的操作。这类服装即为织可穿服装。

针织物可使用以下四种针织法：

· 平针织法；   · 漏针织法；

· 反针织法；   · 集圈织法。

织可穿服装

织物：针织物（FABRICS: KNITS）

纬编针织物（Weft Knit）：通过织物上纱线线圈的形成过程来识别。一根纱线水平地穿过所有的针，在一段路线或一行中形成圈。每道新缝线都加在最后一行缝线上。这些针织品的特点是在横向上有中等或较强程度的弹力，纵向弹力与横向有异。纬编针织物容易从编织的最后一行或切断的地方脱散。

纬编针织物包括以下几类：

- 巴尔布里根棉织品；
- 双罗纹织物；
- 绞花针织物；
- 双面针织物；
- 人造毛皮；
- 绒头织物（引纬针织物）；
- 法式毛巾布（引纬针织物）；
- 棉毛布；
- 提花针织物；
- 平纹针织物；
- 双珠地针织物；
- 无光针织物；
- 单珠地针织物；
- 双反面针织物；
- 弹力织物；

- 圈绒针织物；
- 莱尔线织物；
- 平针织物；
- 罗马布；
- 罗纹针织物；
- 丝绒。

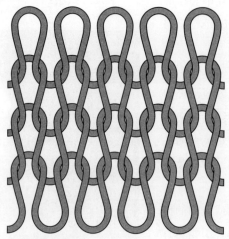

纬编针织物结构

罗纹针织物

引纬针织物（Weft Insertion Jersey）：编织的过程中，将一根横向的纱线插进线圈中所形成的织物。插入的纱线可以使织物的横向更为稳定，也可以给成品织物加以强度、装饰和绒毛。引纬针织物包括以下几类：

- 绒头织物；　　　·法式毛巾布。

法式毛巾布

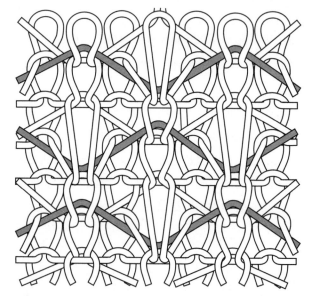

引纬针织物结构

经编针织物（Warp Knit）：通过织物上纱线的形成过程来识别。纵向排列的纱线同时沿经向喂入织针而形成的针织物。纵向上的每道针迹都是由不同的纱线织成的。织物由纵向相邻的线圈串套而成。这些针织品的特点是在纵向上缺乏弹性，横向弹力与纵向有异。经编针织物不易脱散。

经编针织物包括以下几类：

- 六角网眼纱；
- 钩针编织品；
- 方眼网纱；
- 薄纱；
- 错觉编织；
- 嵌花编织物；
- 蕾丝；
- 针织网眼布；
- 米兰尼斯经编织物；

经编针织物结构

- 波点网纱； · 针窿布； · 摇粒绒；
- 弹力网布； · 拉舍尔经编针织物；
- 五十针经编弹力面料； · 保暖针织物；
- 棱纹针织布； · 绢网。

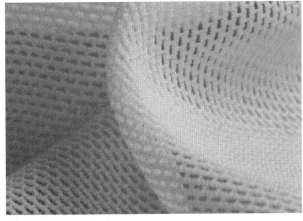

网眼布

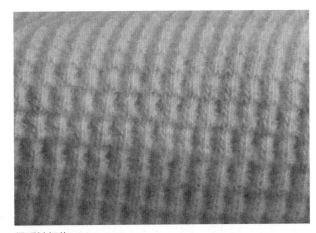

保暖针织物

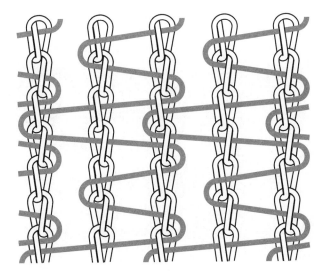

引经针织物结构

引经针织物（Warp Insertion）：在编织的过程中将一根纱线垂直地插入，形成经向线圈所制成的织物。插入的纱线使织物纵向更为稳定，可提高成品织物的强度，还具有装饰作用。

引经针织物包括以下几类：

· 马里棉绒布；
· 马里莫编织物。

织物：扭绞的织物结构（FABRICS: TWISTED FABRIC STRUCTURES）

■ 扭绞的织物结构（Twisted Fabric Structures）

扭绞的织物结构形成网眼织物，如蕾丝和网眼布，是将线经过扭曲、编结、串套、针织或缝合等工艺制作成一体的网状物。

花边（Lace）：通过扭曲和编结形成的网眼织物，可以有各种宽度、重量、纹理和图案，可形成装饰性边缘。设计的复杂性、密度、纤维含量、纱线细度和类型以及每平方英寸/米的纱线数量决定了织物的质量。

花边包括以下几类：

- 阿郎松针绣花边；
- 满地花纹花边；
- 粗线亚麻梭结花边；
- 巴藤贝克编带；

- 比利时花边；
- 梭芯蕾丝；
- 六角网眼纱；
- 布鲁塞尔花边；

- 尚蒂伊细花蕾丝；
- 克纶尼蕾丝；
- 粗丝线花边；
- 列维斯花边；

- 流苏花边；
- 诺丁汉花边；
- 饰带花边；
- 瓦朗谢讷花边。

大多数机织蕾丝属于拉舍尔经编针织物，其生产速度快，成本低。

尚蒂伊细花蕾丝

克纶尼蕾丝

网眼布（Net）：通过扭曲形成的不同宽度的网眼织物结构。网眼布包括以下几类：

- 六角网眼纱；
- 绢网。

机织网眼布多为拉舍尔经编织物，其生产速度快，制造成本低。

六角网眼布

■ 非织造布（Nonwovens）

　　非织造布是由纤维网而不是纱线制成的。纤维网可以借助黏合剂化学地或机械地通过纤维缠结以及通过纤维的热熔合构成。非织造布的制造方法随纤维的性质、网层的形成和黏结剂的使用而不同。根据不同的技术，纤维可以以平行、交叉或随机的形式铺设。非织造纤维网结构及其形成织物的过程包括：

· 干式和湿式纤维网，在这种结构中，针刺机械地将纤维集合在一起，或用化学黏合剂将纤维粘在一起。

· 水蒸或射流喷纤维网，高压水喷射将纤维机械地集合在一起。

· 熔融、纺黏、纺丝和膜化纤维网，利用热和压力将纤维黏合在一起。

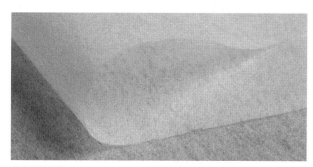

非织造织物

　　一些制造商使用上面提到的工艺，用于纤维网和非织造布的生产。

　　非织造布可以外涂一种可熔涂层，这种涂层可以使非织造布与其他织物热黏合。可熔非织造布在服装产品中作为衬里材料，用于造型上的需要。这些可熔非织造布有多种宽度，取决于辊道和制造商的设计规格。

　　复合材料（复合织物结构）[Composite（Compound Fabric Structures）]：将一种材料由黏合剂、泡沫熔融剂或热塑性剂与衬底或衬里层结合而成的织物。黏合或覆膜改变了布料外层的手感，增强了织物的稳定性，提升了表面的柔韧性，作为面料的支撑材料，有助于呈现稳定的造型特点。胶合织物包括表面和底层织物之间的泡沫，而黏合织物直接熔合到底层织物。复合织物还可充当保护膜。

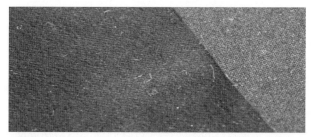

复合织物

黏合织物

毛毡

　　毡（Felt）：是一种非织造织物结构，通过对纤维网施加湿气、热量、搅拌和压力而形成一种缠结、均匀的毡状材料。与经纱、纬纱或织边不同，毛毡没有纱线系统。毛毡不会磨损或撕裂，根据不同的蒸汽箱和辊子或制造商的设计规格，毛毡的宽度为1.5~2.3米（60~90英寸）。服装用毡类织物毡合厚度在1.6~3.2毫米（1/16~1/8英寸）。用于生产毛毡的纤维有羊毛或马海毛等，可与棉纤维或人造丝混纺。

金属薄膜

层压薄膜

薄膜（Film）：由热塑性聚合物形成的透明或不透明的薄片。薄膜有各种纹理，从光滑到粗糙，从亮光到哑光，是可在织物表面形成的保护膜。薄膜有各种宽度可供选择，可单独使用或作为支撑材料，也可熔合或压制到机织物或针织物的反面，模拟皮革或麂皮。

薄膜的代表性品种有以下几类：

· 聚乙烯薄膜；　　　· 赛纶；

· 聚氨酯薄膜；　　　· 乙烯薄膜；

· 聚丙烯薄膜。

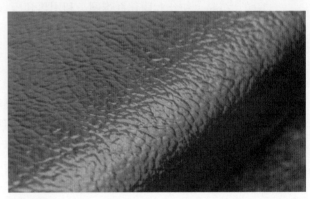

熔合薄膜

兽皮

■ 动物毛皮与皮革（Animal Skins）

某些服装和配饰材料不是机织物、针织物或非织造的人造纺织品制成的，而是由动物皮革制成。

毛皮（Fur）：是经过鞣制加工的动物毛皮，包括动物的皮被和毛板。

鞣制加工（Dressing）——用化学方法保存毛皮，保持皮质柔软，防止腐烂。

兽皮（Pelt）——未经化学方法加工的动物毛皮。

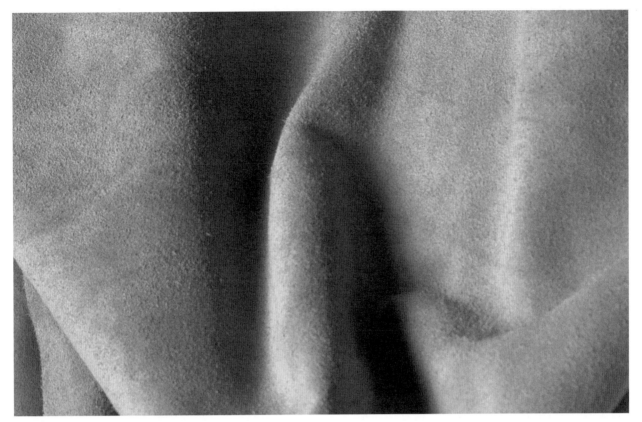

反毛皮

皮革（Leather）：用化学方法加工成各种外观、厚度和颜色的动物皮板。皮革有光滑皮革、麂皮或剖层革，每种皮革的大小、颜色和表面纹理不同。生皮加工后的皮革形状都是不规则的，按平方英尺出售。每块皮革都在尾部的反面作标记，表示它的总长度。皮革的厚度以一平方英尺等于多少盎司（克）来表示。化学处理可使皮革保持柔软，防止皮革腐烂。

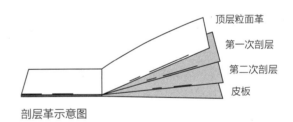

剖层革示意图

剖层革（Split Leather）——将较厚的兽皮剖层，加工成更薄的两面粗糙的薄皮。

反毛皮（Suede）——将皮的反面进行加工以获得柔软绒毛的皮革。

顶层粒面革（Top-Grain Leather）——将动物毛被去除后裸露的最外层皮板。

织物：3D打印纺织品（FABRICS: 3D PRINTED TEXTILES）

■ 3D打印纺织品（3D Printed Textiles）

设计师们已经对服装和配饰的3D打印进行了多年的试验，从2010年起，3D打印服装就开始出现在T台上。传统的3D打印机将合成材料逐层打印，形成无缝的成品。3D打印的服装通常由设计复杂的连接件构成，比如网眼或链锁，它们比较灵活，并允许服装以与传统面料类似的方式呈现。研发团队正致力于3D打印面料的研究，这种面料重量轻、柔韧，可以像机织面料一样使用。根据3D打印行业和3DPrint.com发表的文章，Electroloom是世界上第一台3D面料打印机，与其他传统3D打印机有很大的不同。它可以与电镀金属的工艺相比较，但是它被用于制造"现场导向加工（FGF）"。"FGF本质上是一个电子纺丝过程，将溶液转化为固体纤维，然后沉积在3D模具上。3D模具放置在一个带有内部电场的箱内，电场引导并将纤维黏结在模具上"（Tampi, 2015）。3D打印服装材料是由聚酯和棉花组成的微纤维或纳米纤维溶液制成的，丝绸和丙烯酸的混合物还在开发中。该电织机使天然纤维与合成纤维混合用于3D打印纺织品和服装产品。

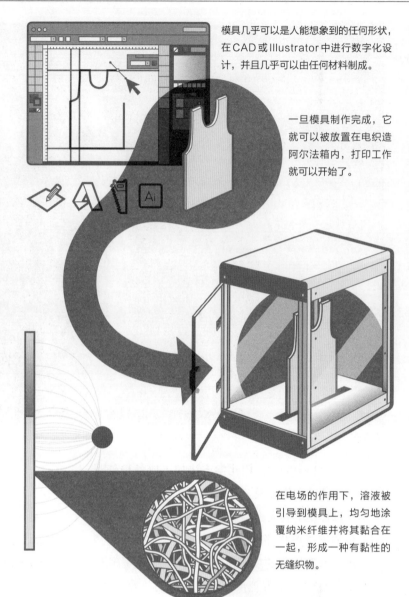

模具几乎可以是人能想象到的任何形状，在CAD或Illustrator中进行数字化设计，并且几乎可以由任何材料制成。

一旦模具制作完成，它就可以被放置在电织造阿尔法箱内，打印工作就可以开始了。

在电场的作用下，溶液被引导到模具上，均匀地涂覆纳米纤维并将其黏合在一起，形成一种有黏性的无缝织物。

从模具上拿下来后，这种独特的材料就可以像大家所熟悉和喜爱的布料一样能弯曲、悬垂和折叠。

现在已经创建了个性定制设计的未来织物。可以为接下来的打印再次使用、改造该模型或创建一个全新的模型。

3D打印纺织品

原文参考文献（References）

ASTM International. (2016). 2016 *ASTM International standards*: (Vol. 7.01) Textiles (1). West Conshohocken, PA: Author.

Bubonia, J. E. (2014). *Apparel quality*: *A guide to evaluating sewn products*. New York: Fairchild Books.

Celanese Acetate LLC. (2001). *Complete textile glossary*. Charlotte, NC: Author.

Hipolite, W. (2015, May 16). *The Electroloom becomes the world's first 3D printer of fabric – launches Kickstarter*. Retrieved November 1, 2015, from http://3dprint.com/65959/electroloom-3d-fabric-printer/

Humphries, M. (2009). *Fabric reference* (4th ed.). Upper Saddle River, NJ: Pearson Prentice Hall.

Johnson, I., Cohen, A. C., & Sarkar, A. K. (2015). *J. J. Pizzuto's fabric science* (11th ed.). New York: Fairchild Books.

Kaldolf, S. J. (2007). *Quality assurance for textiles and apparel* (2nd ed.). New York: Fairchild Books.

Kaldolf, S. J. (2010). *Textiles* (11th ed.). Upper Saddle River, NJ: Pearson.

Raviv, N. (2015, January 15). *3D printing: Future of eco friendly fashion*? Retrieved November 1, 2015, from http://blog.sproutwatches.com/index.php/2015/01/3d-printing-future-of-eco-friendly-fashion/

Shephard, R. (2003). *Lace classification system*. Retrieved November 1, 2015, from http://www.powerhousemuseum.com/pdf/research/classification.pdf

Tampi, T. (2015, May 16). *Electroloom, 3D printing, & the dawn of a new age of clothing*. Retrieved November 1, 2015, from http://3dprintingindustry.com/2015/05/16/electroloom-3d-printing-the-dawn-of-a-new-age-of-clothing/

第六章
CHAPTER 6

色彩
Color

颜色由光的吸收和反射而产生。人把这种电磁波解释成颜色。观察者的眼睛中有光感受器，可以将信息传递给大脑，然后大脑将光的视觉感知转换成颜色。没有光，颜色就不存在。

配色方案（COLOR SCHEMES）

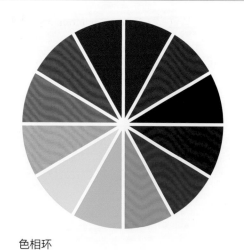

色相环

邻近色

视觉光谱由七种颜色组成：红、橙、黄、绿、青、蓝、紫。每种颜色分类都包含一个可视波长，该波长可以进一步分解为色相（Hue）、明度（Value）和饱和度（Saturation）。色相是一种颜色最纯粹的形式，它与颜色的波长直接相关。明度是通过亮色调、暗色调和中间色调传达颜色的亮度或暗度。此外，明度还可以用 Brightness 和 Luminance 这两个术语来表示。饱和度也被称为浓度或强度，通过颜色的锐度或暗度来衡量颜色的纯度。当色彩的色相、明度、饱和度相互结合使用时，就形成了配色方案。

配色方案的例子包括：

- 非彩色系；
- 邻近色；
- 互补色；
- 双补色或四补色；
- 单色；
- 中性色；
- 补色分割；
- 三色系。

互补色

双补色、四补色

补色分割

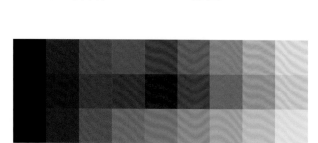

明度（暗色调和亮色调）

三色系

非彩色系

配色方案（COLOR SCHEMES）

非彩色系（或无彩色系）[Achromatic（or Colorless）]: 不含彩色的色系。非彩色系包括:

· 白色;

· 黑色;

· 不同明度、纯度的灰色。

中性色或单色调（Neutral or Monotone）: 单一中性色调值的色彩。色相环中没有的颜色，如米色、灰褐色和棕色，以及非彩色的颜色，如黑色、灰色和白色。单色举例如下:

· 淡褐色;

· 米奶油色;

· 乳脂糖色;

· 红糖色;

· 黑巧克力色。

色彩趋势（COLOR TRENDS）

时尚行业以色彩和设计趋势的不断变化和创新而闻名。色彩趋势是由趋势预测服务机构为特定季节预测的重要色调的选择方案，该服务机构对颜色进行市场研究，以确定趋势，为未来季节性色彩设计提供方向。《色彩纲要》的作者奥古斯丁·霍普和玛格丽特·沃奇认为:"尽管变化和多样性使色彩对人类更具吸引力，但人们对少数几种颜色的偏好始终是一致的。因此，颜色预测人员需要计算出准确的色调，以提供常年受欢迎的畅销色彩的设计。"在趋势预测服务机构的市场调研中，他们收集和分析消费者偏好和生活方式变化的数据;关注世界各国首都发生的事件;考虑政治、经济、文化和社会的影响;评估媒体的说服力。行业领先的色彩预测机构包括:

· 美国色彩协会（CAUS）[Color Association of the United States（CAUS）]: 成立于1915年，最初由8~10名行业专业人士组成委员会，在色彩指导方面体现专业性。春夏和秋冬色彩预测于每年3月和9月发布，适用于内衣、男装、女装和青年装。CAUS是美国最久的色彩预测机构，它的颜色和古典图案的档案可以追溯到1915年，可供会员使用。CAUS还提供继续教育项目，以加强行业专业人员的色彩理论和应用知识。该协会在流行季前20个月发布预测;

· 色彩营销组织（CMG）[Color Marketing Group（CMG）]: 成立于1962年，在全球拥有约400名会员，每半年举行一次会议，共同提供色彩指导。会议期间，色彩设计师们会在超过24个同时开放的工作室中开会，对色彩预测进行探讨。CMG每年发布两次色彩预测报告，这个非营利组织为许多行业提供色彩预测。该组织在流行季前19个月或更早发布预测;

· 全球色彩研究机构（Global Color Research）: 成立于1999年，由专家团队进行预测。他们的趋势报告《混合杂志》®，每年发表四次，指导时尚设计行业。该机构在流行季前24个月发布预测;

· 潘通色彩研究所（Pantone Color Institute®）: 成立于1963年，致力于研究颜色及其如何影响人类的情感、感知和身体状态。《潘通视图色彩规划》每年出版两次，为运动服、化妆品、工业设计、男装和女装提供秋冬和春夏色彩预测。该研究所在流行季前24个月发布预测。

色彩趋势（COLOR TRENDS）

　　预测机构根据主题开发5~7种颜色。设计师和产品开发人员从多个信息渠道评估色彩，并预测哪些颜色最适合他们的品牌和目标客户。

　　重点色（Accent Color）：在产品或色彩系列中很少使用以强调重点的颜色。

　　核心色（Core Color）：品牌的标志性色彩，应用于每个季节或特定的季节，如秋季、春季、节假日，或度假装中。

　　色彩混搭（Color Discord）：通过颜色碰撞，在视觉上形成冲突或干扰的颜色，色相环上除补色或三色系外，出现其他分离组合的不协调色。

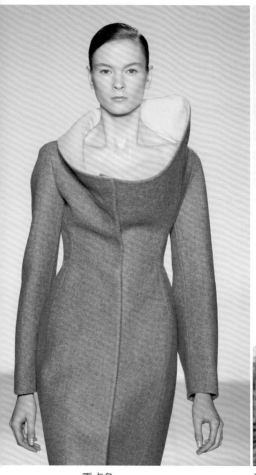

重点色　　　　　　核心色　　　　　　色彩混搭

　　色彩故事（Color Story）：系列服装中的颜色主题，由色板彰显主题。

13-0535 TC　　16-0230 TC　　17-1644 TC　　12-2905 TC　　13-2005 TC

色彩故事

色彩设计（Colorway）：颜色在服装中的设计运用，在印刷品、机织物或针织物中的组合排列。

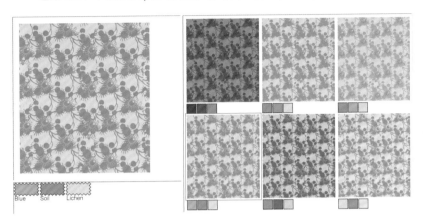

色彩设计

主色调［Dominance（Tonality）］：系列服装中的主打色，主打色在色彩设计中居主要地位，能够突显设计主题。两种颜色同时出现在服装上时，一种颜色居于主导地位，另一种颜色则居于次要地位；当使用两种以上的颜色时，就会有一种主打色，所有其他颜色都是从属色。

主色调

色彩管理（COLOR MANAGEMENT）

色彩是服装和纺织品研发中需要考虑的重要设计因素。它是吸引顾客购买特定商品的主要原因。人们对颜色的反应是基于他们的心理体验、文化环境和个人审美。准确的色彩传达在服装行业中至关重要，是比较、匹配、测量和承载色彩信息的基础。色彩管理是通过将数字光谱数据与实物或数字样品进行比对，准确传达色彩标准的过程，从最初的设计理念到生产过程，确保色彩规格与印染材料之间存在良好的色彩匹配性。在整个生产过程中必须对色彩进行管理和控制，以确保客户满意。

■ 色彩模式（Color Spaces）

定义色彩的方法有很多种。色彩空间，也称色彩模式，为电子输入和输出设备（如扫描仪、计算机显示器和打印机）的定义、命名和再现精确的颜色匹配提供精确的数字公式。色彩空间是指在数字环境中颜色的混合模式。在设计领域，它们用于创建和操作包含色彩的电子文件。色彩模式包括以下几种：

· RGB；　　　　· CMYK（CMY）；　　　· XYZ；
· HSV（HSL）；　　· L*a*b*。

RGB模式（RGB）：红、绿、蓝是RGB模式的三原色。托马斯·杨和赫尔曼·冯·赫姆霍尔兹在19世纪发表了三色视觉理论。他们确定人类的眼睛有三种光感受器锥，可对不同波长的光作出反应，并将信息传递到视网膜上。托马斯·杨和赫姆霍尔兹将这些视锥细胞分为红色区、绿色区和蓝色区（杨–赫姆霍尔兹三色学说，2009）。RGB使用了增色原则，这意味着原色以不同的组合混合来创建不同的颜色。两种原色以相等的比例混合产生副色。两种或三种原色以不同比例混合会产生其他色彩。当三原色以相等比例混合时就产生了白色，三原色全部缺失时产生了黑色。计算机显示器和扫描仪等输入设备使用RGB色彩模式。

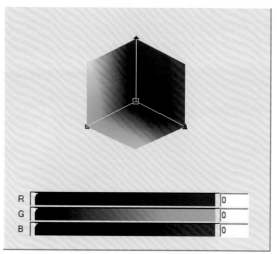

RGB模式

HSV模式（HSL）：HSV（HSL）色相、饱和度和明度模式使用与RGB相同的增色原则进行混色。赫尔曼·冯·赫姆霍尔兹（Hermann von Helmholtz）在1860年出版的《心理光学手册》（*Manual of Psychological Optics*）中引入了这3个变量来描述颜色。色相用来识别颜色，饱和度是用颜色的尖锐程度来表示纯度的变化，而明度指的是通过亮色调、暗色调和中间色调传达颜色的明暗。HSV（HSL）能比其他色彩模式更准确地定义色彩关系。

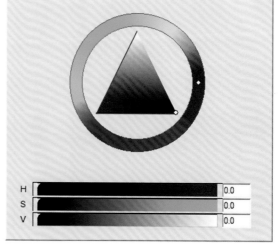

HSV（HSL）模式

色彩管理：色彩模式（COLOR MANAGEMENT: COLOR SPACES）

CMYK模式（CMY）：这个模式中的三原色是青色、品红色和黄色。CMYK模式运用了减色原理。使用减色法的颜色混合在一起会变暗。原色的缺失会产生白色。CMYK使用第四种颜色——黑色，是印刷时使用较多的一种颜色。织物和纸张的打印机等输出设备使用CMYK色彩模式。

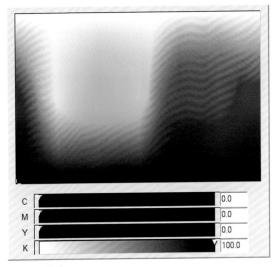

CMYK模式

L*a*b*模式（L*a*b*）：这个色彩模式的3个坐标是：L*，表示颜色的明度；a*，表示红色与绿色之间的位置（正值表示红色，负值表示绿色）；b*，表示黄色与蓝色之间的位置（正值表示黄色，负值表示蓝色）。与基于增减原理的色彩模式不同，这种基于色值的色彩模式描述了人眼可见的所有颜色，比其他色彩模式更接近人眼感知光线的方式。这个色彩模式由国际照明委员会（CIE）于1976年开发，源自1931年CIE标准色表或标准值系统。色彩公式是用XYZ色彩模式导出的简单公式计算的。分光光度计使用L*a*b*传递数字颜色读数。

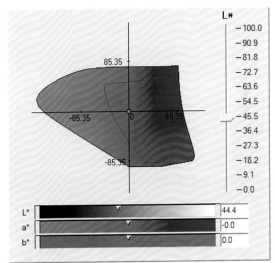

L*a*b*模式

XYZ模式（XYZ）：X、Y和Z坐标从数学角度阐释人眼如何感知颜色。颜色是用三个线性光分量来表示视觉感知的直接测量值。在RGB模式中，一些颜色可以用负值来表示，以达到指定的颜色。当RGB转换成XYZ时，所有颜色都表示为一组正值。国际教育委员会在1931年开发了XYZ色彩模式，最初称为CIE标准色表或标准值系统。

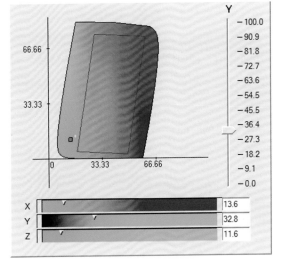

XYZ模式

色彩标准（COLOR STANDARD）

色彩标准用于确定纤维、纱线、织物、缝边和成品匹配的特定色调。蒙赛尔、潘通和SCOTDIC开发了颜色符号的标准系统，以帮助使用者进行颜色的信息沟通。

■ 蒙赛尔色彩系统（Munsell®）

第一个用于色彩交流的蒙赛尔色彩系统于1915年出版。在这个系统中使用的五大色系是紫色、蓝色、绿色、黄色和红色，使用三维模型表示。次要色调包括黄—红、绿—黄、蓝—绿、紫—蓝和红—紫。用于色彩沟通的模式是色相、明度、饱和度。色相用圆盘表示，明度位于中轴上，饱和度由点到中轴的距离表示。这个系统中有一百种颜色。

蒙赛尔色彩系统由全球领先的色彩测量和分析公司X-Rite拥有。各行业使用该系统进行精确的色彩传达。蒙赛尔准确地向工厂、印染厂和纺织品代理商传达对颜色的要求，以便精确地匹配纺织产品生产所需的颜色。

蒙赛尔色彩系统

■ 潘通色卡（Pantone®）

1963年，潘通色卡的创始人开创了一个系统用于指定颜色，今天潘通公司已是全世界公认的色彩领域的权威。潘通是一种标准化的配色系统，广泛应用于服装、纺织等行业，在产品开发和制造过程中对色彩进行指定和控制。这种用于色彩交流的标准化分类系统被称为"潘通时尚＋家居色彩系统"，它包含了1925种印在纸上或棉上的颜色。HSL色彩模式被用于潘通色卡的色彩传达。

设计师使用一种叫作分光比色仪的手持仪器，对平面物体进行数字测色，然后立即使用专门的软件找到最接近的潘通颜色匹配。该仪器减少了根据颜色标准匹配所需颜色的时间。

潘通公司与全球最大的纺织着色剂生产商科莱恩国际有限公司合作，为生产提供精确配色的染料配方和混合颜料。该色彩管理规范系统为设计师和产品开发人员提供了准确的色彩匹配，同时大幅降低了色彩开发过程的时间和成本。

潘通色卡

■ SCOTDIC色卡（SCOTDIC®）

SCOTDIC色卡运用于时尚产业和纺织工业中，是在产品开发和制造流程中指定和控制颜色的一个标准化的比对系统。SCOTDIC色卡利用蒙赛尔色彩系统作为色彩识别和沟通的基础。

SCOTDIC色卡有3种色彩系统可供选择，每一种色彩系统都供一种特定类型的纤维染色。棉布系统有2300种颜色可供选择，涤纶系统有2468种颜色可供选择，羊毛系统有1100种颜色可供选择。SCOTDIC色卡隶属于日本Kensaikan国际染料公司。自1982年问世以来，设计师们一直在使用SCOTDIC色卡进行面料的色彩搭配。

SCOTDIC色卡

着色剂（Colorant）：用于纤维、纱线、织物或服装，通过增加颜色来改变可见光的透射率或反射率的一种物质。着色剂包括以下几类：

·增白剂；　　·颜料；　　·染料；　　·浮色。

着色（Coloration）：织物设计中材料的色调或颜色的组合排列，在材料上添加颜色。

着色剂

色彩标准（COLOR STANDARD）

比色法（Colorimetry）：用仪器数字化测量颜色的方法。

比色法台式分光光度计

手持分光光度计

色彩保真度（Color Fidelity）：当使用不同的色彩模式或色彩系统时，颜色匹配的能力。

色彩索引（Colour Index）：色彩的国际参考指南。该索引由美国纺织化学师与印染师协会（AATCC）、英国染色家协会（SDC）发布。索引包括以下内容：
- 通用着色剂名称和化学配方；
- 用于识别着色剂的组分编号（化学分类号）；

- 可在市场上获得的商业产品的清单；
- 制造商列出的产品名称；
- 着色剂的物理形式（如粉末、液体、分散剂）；
- 用途。

色域（Gamut）：色彩模式中包含的颜色的容量。当一种颜色超出色域时，它不能由该色彩模式表示。

色彩评价（COLOR EVALUATION）

在设计开发和生产的不同阶段评估色彩的过程称为色彩评价。必须对色彩进行持续的监控，以确保配色一致，色彩准确。色度计和分光光度计是用来数字化测量沿可见光谱的每个波长反射的光的百分比的仪器，以提供颜色的数字化数据。这种色调的数字描述被称为光谱数据。在自然光谱中发现的颜色可以通过它们的光谱颜色曲线来识别。颜色标准被发送到转换器后，颜色匹配过程开始。织物样品经染色或印花以符合颜色标准。根据标准对这些被称为有色样本的色样进行评估，以确定它们的颜色是否匹配。当这种颜色的光谱数据与标准色彩的光谱数据相同或相近时，则认为色彩匹配成功。如今，有色样本既可以是计算机屏幕上带有数字数据的可视化的色彩和织物，也可以是在各种光照条件下由人评估的物理样本，均可确保色彩的一致性。

色彩评价（COLOR EVALUATION）

色彩确认（Color Approval）：当有色样本符合色彩匹配的指定要求时，即可申请确认。一旦颜色被确认通过，材料的生产就开始了。

色彩校正（Color Calibration）：将计算机屏幕上显示的数字色彩标准与打印机输出的色彩进行匹配，以确保准确一致的色彩传达。

色彩测量（Color Measurement）：通过使用色度计或分光光度计获得材料的光谱数据，该色度计或分光光度计提供颜色的数字表示。

色彩生产标准（Color Production Standard）：在生产中可重复使用的一种颜色标准，它确定了与纤维、纱线、织物、边饰和成品相匹配的特定色调，以确保

整个生产过程中颜色的一致性。服装不同部位不同材料的颜色匹配是一个挑战，因为每一种材料都可能需要不同的化学配方来达到相同的颜色，以确保它们匹配。

色彩规格（Color Specifications）：要求指定材料上的颜色和用于再制的染料或颜料配方相匹配，以获得所需的颜色标准，此要求标准被定义为色彩规格。

条件等色（Metamerism）：条件等色指当颜色在某些照明条件下匹配，而在其他条件下不匹配。例如，如果顾客买了一件海蓝色高领毛衣带回家，发现领口和袖口在白炽灯下颜色不匹配，但在零售店使用的荧光灯下却匹配。

原文参考文献（References）

AATCC. (2016). *Technical manual of the American Association of Textile Chemists and Colorists*. (Vol. 91). Research Triangle Park, NC: Author.

ASTM International. (2016). 2016 *International standards*. (Vol. 07.01). West Conshohocken, PA: Author.

Clariant International Ltd. (2007). *Color competence in cooperation with Pantone*: A SMART partnership for the textile market [Brochure]. Muttenz, Switzerland: Author.

Color Association of the United States. (2015a). *About the Color Association*. Retrieved October 31, 2015, from http://www.colorassociation.com/pages/2-about

Color Association of the United States. (2015b). *Color Standards*. Retrieved November 1, 2015, from http://www.colorassociation.com/pages/21-color-standards

Color Marketing Group. (2015). *About CMG*. Retrieved November 1, 2015, from http://www.colormarketing.org/about-cmg

Gilbert, D. (2005, November 15). Made in the shade. *WWD*, 6–7.

Global Color Research. (2015) *About Global Color Research*. Retrieved November 1, 2015, from http://www.globalcolor.co.uk/about/

Hermann von Helmholtz. (n.d.). Retrieved November 1, 2015, from http://www.wwd.com

Hope, A., and Walch, M. (1990). *The color compendium*. New York: Van Norstrand Reinhold.

Lilien, O. M. (1985). Jacob Christoph Le Blon, 1667–1741: *Inventor of three-and four-colour printing*. London: Hiersemann.

McLaren, K. (1976). The development of the CIE 1976 (L*a*b*) uniform colour-space and colour-difference formula, *Journal of the Society of Dyers and Colourists*, 92, 338–341.

Pantone Inc. (2015). *About us: Who we are*. Retrieved November 1, 2015, from http://www.pantone.com/about-us?from=topNav

Society of Dyers and Colorists, and American Association of Textile Chemists and Colorists. (2015). *Introduction to the Colour Index*[TM]: *Classification system and terminology*. Retrieved November 1, 2015. http://colour-index.com/introduction-to-the-colour-index

SCOTDIC (2015). *SCOTDIC: The world textile color system*. Retrieved November 1, 2015, from http://www.scotdic.com

X-Rite. (2015). *Munsell color*. Retrieved November 1, 2015, from http://www.xrite.com/top_munsell.aspx

Young-Helmholtz three-colour theory. (2015). *In Encyclopedia Britannica*. Retrieved November 1, 2015, from Encyclopedia Britannica Online: http://www.britannica.com/science/Young-Helmholtz-three-color-theory.

色板（COLOR PLATES）

色板1　染色

色板2　染色

　第二篇　原材料和辅料

色板3　平面印刷

色板4　彩印

色板5　协调色印刷

色板6　旋转注塑纽扣

色板7　组装、组合纽扣

色板8　刺绣

色板9　刺绣

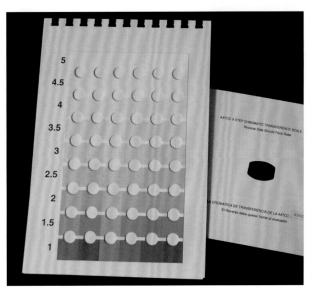

色板10　色彩渐变范围

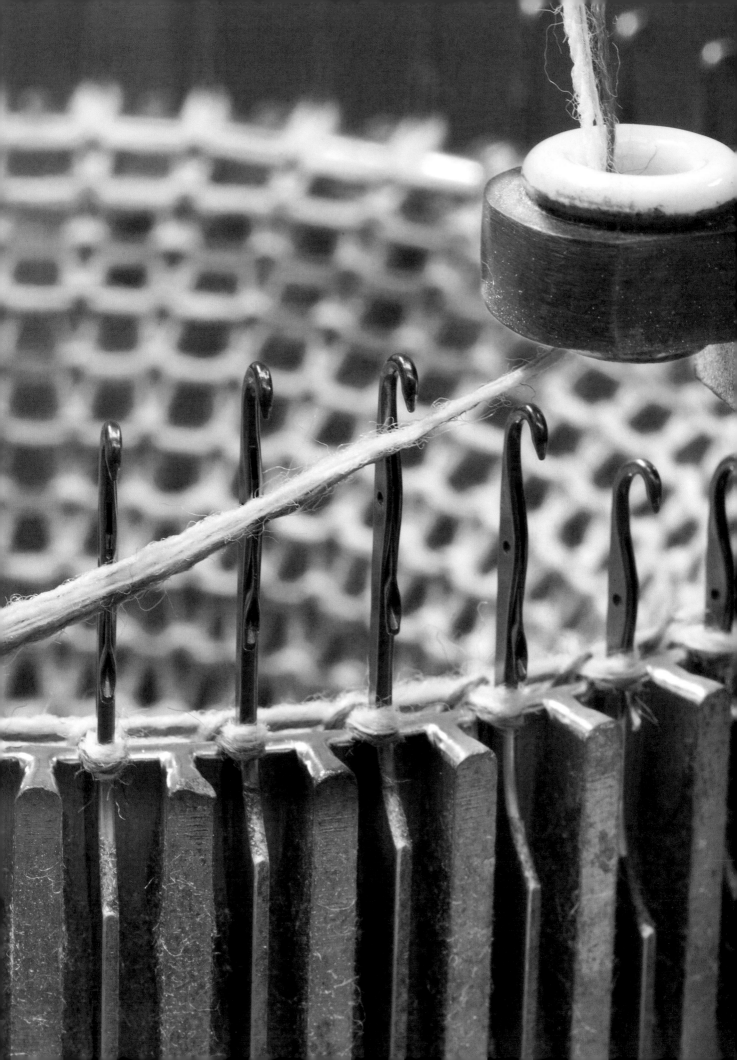

第七章

织物规格
Fabric Specifications

设计师在选择服装面料时会考虑很多因素。织物的类型和性能会影响服装的审美和外观，因此应根据服装的设计和预期用途合理选择织物。

织物类别（FABRIC CATEGORIES）

织物分为两大类：基本织物和新型织物。基本织物是设计师每季、每年所依赖的核心面料。基本织物通过改变颜色、纤维含量、图案或印染设计进行季节更新。基本织物通常比较便宜，因为它们的生产量和订购量比较大。这些织物通常使用基本材料。基本织物包括以下几类：

- 绒面呢；
- 丝光斜纹棉布；
- 灯芯绒；
- 牛仔布；
- 绒头织物；
- 华达呢；
- 双面布；

- 平纹针织布；
- 珠地网眼布；
- 牛津布；
- 摇粒绒；
- 府绸；
- 罗纹针织物；
- 保暖织物。

基本织物

新型织物是通过特殊的生产过程生产出来的独特材料，比基本织物贵。新型织物可能含有特殊的纤维或纱线，不寻常的针织或机织结构或独特的印花和图案设计。

新型织物

设计师和产品开发人员需要知道他们设计服装所用织物的重量，因为重量会影响服装的悬挂方式和悬垂性。用于计量织物重量的两种系统是国际单位制（SI）和英制单位制（US）。SI是国际上使用的公制计量单位的名称。US是指在美国使用的英制计量单位。

织物重量指一种材料的单位面积的质量。单位面积的质量可以表示为克/平方米（盎司/平方码）或克/米（盎司/码）。此外，织物重量可以用米/千克（码/磅）来表示。影响织物重量的因素包括纤维含量、纱线重量、机织物每25毫米（每英寸）经纱数和纬纱数，或针织物的经纬方向的线圈数。

设计师、制造商和供应商通常将织物重量区间的两端称为顶重或底重。顶重织物是那些203.43克/平方米（6盎司/平方码）或更轻的织物；底重织物重271.25克/平方米（8盎司/平方码）或更重的织物。常见织物的重量范围和用途如下：

- 超轻织物：33.91~101.72克/平方米（1~3盎司/平方码），用于薄衬衫、内衣、薄针织上衣和T恤。
- 轻型织物：135.62~203.43克/平方米（4~6盎司/平方码），用于衬衫、休闲衬衫、连衣裙、正装衬衫、针织上衣、睡衣、毛衣、T恤、内衣等。
- 亚重型织物：152.58~288.20克/平方米（4.5~8.5盎司/平方码），用于连衣裙、夹克、针织上衣、夏季或炎热气候下穿的套装、长裤。
- 中等重量织物：237.34~305.15克/平方米（7~9盎司/平方码），用于外套、长裤、连衣裙、夹克、牛仔裤、针织上衣、长裤、短裤、短裙、套装等四季穿着的服装，以及毛衣、运动衫、长裤。

- 重型织物：339.06~406.87克/平方米（10~12盎司/平方码），用于外套、皮大衣、牛仔服装、夹克、牛仔裤、长裤、厚套装、毛衣、运动衫、运动裤、长裤。
- 超重型织物：474.68~542.49克/平方米（14~16盎司/平方码），用于牛仔服、夹克、牛仔裤、裤子、毛衣、运动衫、运动裤、冬季大衣和派克大衣。

盎司/平方码（Ounces per Square Yard）：织物重量表示为单位面积的重量，等于一块36英寸×36英寸面积的织物的重量。

克/平方米（Grams per Square Meter）：织物重量表示为单位面积的重量，等于一块100厘米×100厘米面积的织物的重量。

盎司/码（Ounces per Linear Yard）：织物重量表示为单位面积的重量，等于一块宽度（英寸）一定，长度为36英寸的织物的重量。

克/米（Grams per Linear Meter）：织物重量表示为单位面积的重量，等于一块宽度（厘米）一定，长度为100厘米的织物的重量。

码/磅（Linear Yards per Pound）：织物重量表示为织物的长度，等于一块宽度（英寸）一定，重量为1磅的织物的长度。

米/千克（Linear Meters per Kilogram）：织物重量表示为织物的长度，等于一块宽度（厘米）一定，重量为1千克的织物的长度。

针织物成品率（Yield for Knitted Fabrics）：每磅织物的平方码数。

姆米（Momme）：用来测量丝绸重量的日本单位。丝绸织物的重量也可用克表示。28克等于1盎司，1盎司等于8姆米。

织物幅宽（FABRIC WIDTH）

织物平铺，在不受张力的情况下，测量从一侧布边到另一侧布边的距离，此长度称为织物宽度。织物宽度以厘米或英寸为单位，并以整数报告，如147厘米（58英寸）或一个数量范围147~152厘米（58~60英寸）。沿着织物的长度以不同的间隔进行测量，以提供最准确的幅宽信息。织物的幅宽根据织布机或针织机的规格和整理过程中可能发生的收缩量而变化。当提供的幅宽不是具体数值而是范围时，通常是由于整理过程中织物的收缩变化导致的，例如，织物的某些部分宽112厘米（44英寸），而另一些部分宽114厘米（45英寸）。

筒形针织物的织物宽度是通过测量筒形织物的直径来确定的。了解面料的宽度是很重要的，可以确定一件服装的面料需求量，合理排料裁剪，使面料得到最佳的利用，避免不必要的浪费及计算一件服装的面料消耗或成品率的成本。

由于面积相同时，较宽的织物比较窄的织物所需的米数（码数）更少，因此较宽的织物具有更好的利用率。机织物的宽度一般在30厘米（12英寸）到305厘米（120英寸）。用于服装的机织面料宽度大多数在114厘米（45英寸）到152厘米（60英寸）。针织物的宽度通常在91厘米（36英寸）到508厘米（200英寸）。宽度在91厘米（36英寸）及以下的织物被认为是窄幅织物。一些特殊的窄幅织物可能窄至30厘米（12英寸）。宽度在183厘米（72英寸）及以上的织物被认为是宽幅织物，用于软性家居产品和家具装饰。

织物包装（FABRIC PUT-UP）

织物包装是指纺织材料的包装方式。服装制造商通过工厂或中间商购买卷起来的布料。中间商购买未完成的织物，再由设计师或产品开发人员进行特殊织物整理。通常，织物被卷到一个硬纸管上，可容纳55~90米（60~100码）。平面或筒状针织物成卷包装，重15.9~22.7公斤（35~50磅）。为了提高大批量服装生产的效率，一些面料的长度为914米（1000码）。

未完成织物的包装形式

着色剂（COLORANTS）

着色剂用于给纤维、纱线、织物和服装上色。着色剂包括染料、颜料和荧光增白剂，以增强织物的外观效果。

■ 染料（Dyes）

染料是一种复杂的有机微粒，颜色鲜明，可溶解在水中。染料由两部分组成，分别是生色团和助色团，使染料溶解并黏结在织物上。大多数染料是独立染料，不需要黏合剂或媒染剂即可被纤维吸收。媒染剂帮助材料保持色泽。并非所有的染料都能为纤维上色。主要的染料类别如下。

染料

织物染色

染色后织物干燥机

着色剂：染料（COLORANTS: DYES）

酸性（阴离子）染料［Acid (Anionic) Dyes］：用于蛋白质纤维（如羊绒、丝和羊毛）以及合成纤维（腈纶和尼龙）上色。这类染料颜色丰富，色调明亮。酸性（阴离子）染料的色牢度试验性能等级如表7.1所示。

表7.1　酸性（阴离子）染料的色牢度性能

测试项目	性能等级
摩擦色牢度	良
干洗色牢度	优
水洗色牢度	差
日晒、光照色牢度	良
耐汗色牢度	差~良

（Celanese Acetate 有限责任公司，2001；Humphries，2009；Leonard，2007）

偶氮（显色、萘酚）染料［Azoic (Developed or Naphthol) Dyes］：用于为纤维素纤维（如棉花、亚麻和苎麻）上色。这类染料组合多样，色调有明暗之分，颜色丰富。偶氮（萘酚）染料的色牢度试验性能等级如表7.2所示。

表7.2　偶氮染料、显色染料或萘酚染料的色牢度性能

测试项目	性能等级
摩擦色牢度	深色染料差
水洗色牢度	良~优
日晒、光照色牢度	优

（Celanese Acetate 有限责任公司，2001；Humphries，2009；Leonard，2007）

碱性（阳离子）染料［Basic (Cationic) Dyes］：最初用于丝和羊毛纤维染色，现在用于腈纶、改性腈纶、尼龙和聚酯纤维的上色。这类染料色调强烈明亮，有些是荧光的。碱性（阳离子）染料的色牢度试验性能等级如表7.3所示。

丝和羊毛纤维使用其他染料染色，如酸性和活性染料，其色牢度性能更佳。

表7.3　碱性（阳离子）染料的色牢度性能

测试项目	性能等级
摩擦色牢度	优
水洗色牢度	优
日晒、光照色牢度	良
耐汗色牢度	优

（Celanese Acetate 有限责任公司，2001；Humphries，2009；Leonard，2007）

直接染料（Direct Dyes）：用于为纤维素纤维（棉、黄麻、亚麻、苎麻、人造丝）上色。这类染料色调有明暗之分。直接染料需要媒染剂使染料附着在纤维上。直接染料的色牢度试验性能等级如表7.4所示。

表7.4　直接染料的色牢度性能

测试项目	性能等级
摩擦色牢度	干态良，湿态差
水洗色牢度	差~良
日晒、光照色牢度	中

（Celanese Acetate 有限责任公司，2001；Humphries，2009；Leonard，2007）

着色剂：染料（COLORANTS: DYES）

分散染料（Disperse Dyes）：这种染料最初是为醋酸酯纤维和三醋酸酯纤维染色而发明的，也广泛用于为大多数化学纤维染色，如腈纶、改性腈纶、尼龙和聚酯纤维。这类染料除了黑色和深色外，其他的上染颜色很丰富。分散染料的色牢度试验性能等级如表7.5所示。

表7.5 分散染料的色牢度性能

测试项目	性能等级
摩擦色牢度	干态良，湿态差
干洗色牢度	良~优
水洗色牢度	腈纶、改性腈纶和尼龙良；乙酸纤维差；聚酯纤维优
日晒、光照色牢度	中~良
耐汗色牢度	良

（Celanese Acetate 有限责任公司，2001；Humphries，2009；Leonard，2007）

活性染料（Reactive Dyes）：用于纤维素纤维，如棉花、棉混纺、亚麻纤维上色，也用于尼龙、丝、羊毛纤维上色。这类染料有各种鲜艳的颜色。活性染料是一种阴离子染料。在染色过程中，碱离子会与纤维的羟基发生反应，在纤维和染料之间建立起连接。活性染料的色牢度试验性能等级如表7.6所示。

表7.6 活性染料的色牢度性能

测试项目	性能等级
摩擦色牢度	差~良
水洗色牢度	优
日晒、光照色牢度	优

（Celanese Acetate 有限责任公司，2001；Humphries，2009；Leonard，2007）

硫化染料（Sulfur Dyes）：主要用于棉等纤维素纤维的上色。这类染料颜色柔和，是广泛使用的黑色染料。硫化染料的色牢度试验性能等级如表7.7所示。

表7.7 硫化染料的色牢度性能

测试项目	性能等级
摩擦色牢度	差~良
水洗色牢度	优
日晒、光照色牢度	良~优

（Celanese Acetate 有限责任公司，2001；Humphries，2009；Leonard，2007）

还原染料（Vat Dyes）：用于纤维素纤维（棉、麻、人造丝）上色。这类染料的颜色组合有限，以暗色调为主。还原染料的色牢度试验性能等级如表7.8所示。

表7.8 还原染料的色牢度性能

测试项目	性能等级
摩擦色牢度	良
水洗色牢度	优
日晒、光照色牢度	优
耐汗色牢度	优

（Celanese Acetate 有限责任公司，2001；Humphries，2009；Leonard，2007）

着色剂（COLORANTS）

■ 颜料（Pigments）

颜料有别于染料。它们不浸透纤维，也不像染料那样是水溶性的。颜料需要黏合剂附着在纤维、纱线或织物的表面。它们提供有限的暗色调和荧光色。深色颜料有使织物变硬的趋势。由于颜料停留在织物表面不会渗透到纤维中，所以使用颜料来获得着色的外观是非常经济的。颜料的色牢度试验性能等级如表7.9所示。

表7.9　颜料的色牢度性能

测试项目	性能等级
摩擦色牢度	差~良
水洗色牢度	浅色到中等色调织物色牢度中~良，深色织物色牢度差~中
日晒、光照色牢度	优

（Celanese Acetate有限责任公司，2001；Humphries，2009）

■ 荧光增白剂（Optical Brighteners）

荧光增白剂，也被称为荧光染料或增白剂，是一种无色化合物，具有发光性质，可吸收光中的紫外线辐射，并在可见光中以较长的波长反射辐射，使其呈现出强烈的亮白色。用荧光增白剂处理过的织物在紫外线（黑色光）照射下会发光。荧光增白剂有3种类型：阴离子型、阳离子型和非离子型。阴离子荧光增白剂用于棉、尼龙、丝和羊毛纤维。阳离子荧光增白剂用于腈纶和聚酯纤维。非离子型荧光增白剂用于所有合成纤维。荧光增白剂、荧光染料或增白剂的色牢度试验性能等级如表7.10所示。

表7.10　荧光增白剂的色牢度性能

测试项目	性能等级
摩擦色牢度	优
水洗色牢度	良
日晒、光照色牢度	良~优

（Celanese Acetate有限责任公司，2001；Esteves，2004）

■ 着色剂的价格分类（Price Classifications for Colorants）

着色剂价格取决于纤维、纱线或织物使用的染料、颜料或荧光增白剂的类型。不同种类的染料、颜料和增白剂的价格如表7.11所示。

表7.11　不同着色剂的价格

价格	着色剂种类
经济、低价	直接染料、荧光增白剂、硫化染料
低价到中等价格	酸性（阴离子）染料、颜料
中等价格	偶氮（显色、萘酚）染料、分散染料
高于中等价格	碱性（阳离子）染料、还原染料
昂贵、高价	活性染料

印花设计及发展（PRINT DESIGN AND DEVELOPMENT）

纺织品印花是一种连续图案和色彩应用于织物的设计。色彩设计是指在特定季节的纺织品印刷中选择的颜色。纺织品印花可以分为平板印花和彩印。平板印花包含一种或多种设计或图案，这些图案与背景有清晰的不同颜色划分。图案的重复构成了印花设计。临近色印花的图案很难从背景中分辨出来。由于微妙的颜色变化，一个设计主题可能会与另一个主题融合在一起。彩印包括蜡染、扎染和水彩设计等。具有共同主题的图案设计称为系列印花。同个系列内的印花

设计是彼此独立的，不在一起使用；然而，在总体设计之间建立了统一的联系。

协调的印花设计是专门用来搭配一套服装的。色彩和图案是协调印花设计中重要的统一因素。设计师首先进行一个主印花设计，然后进行延伸印花设计，以配合和补充初始设计。延伸设计可以只包含一个主题，也可以只包含来自主设计的两种颜色。只要所有的印花设计协调一致，就可以在延伸设计中加入更多的图案。

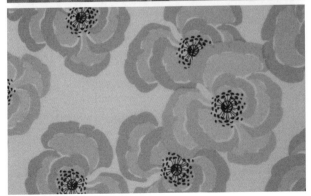

平板印花

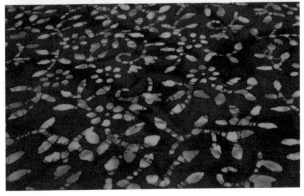

彩印

印花设计及发展（PRINT DESIGN AND DEVELOPMENT）

■ 连续印花纹样（Print Repeat Styles）

图案的排列或布局是一个图案挨着另一个图案的放置方式。在一个区域内一个或多个主题以特定的方式重复出现，不出现没有规律的图案。可重复使用的图案在织物上形成连续纹样。重复排列的图案彼此靠近，形成紧凑的布局。有间隔的连续纹样显示了重复图案的排列，背景与印花共同彰显了主题。开放和紧凑的图案布局显示了不平衡或不均匀分布的重复纹样。覆盖面即织物中被连续纹样占用的区域。例如，50%的覆盖率表示图案和背景之间的空间分布是相等的。

可重复的图案

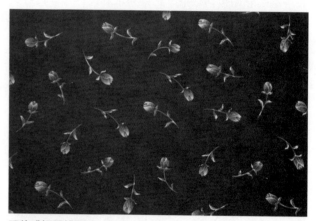

开放或间隔排列

密集或紧凑排列

开放又紧凑的排列

印花设计及发展（PRINT DESIGN AND DEVELOPMENT）

　　重复图案的定向排列会影响织物的设计和使用。单向设计包含的图案是正面朝上，并以相同的方向重复出现。双向设计包含两个方向排列的图案。四向设计包括四个方向排列的图案。

　　随机设计包含了各个方向排列的图案。随机设计是图案随意的布局，不受特定方向的限制。

　　图案连续是以特定的样式重复图案。连续的样式包括直线、上下、左右和多方向模式。图案样式包括边缘图案、适合图案和织物图案。

单向图案设计

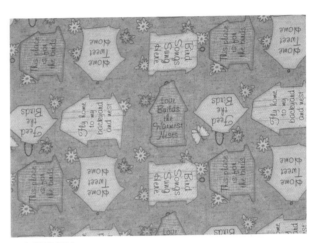

四向图案设计

双向图案设计

随机设计

印花设计及发展（PRINT DESIGN AND DEVELOPMENT）

直线连续（Straight Repeat）：图案连续对称地排在列和行中。

直线连续

上下连续（Drop Repeat）：在对角布局中显示的重复模式，图案出现在相邻图案的上面或下面。以12.7毫米（1/2英寸）的间隔上下重复的模式称为上下二方连续。

上下连续

左右连续（Slide Repeat）：在对角布局中显示的重复模式，图案被重复移动到相邻图案的左边或右边。以12.7毫米（1/2英寸）的间隔左右重复的模式称为左右二方连续。

左右连续

多方向连续（Allover Repeat）：随机的多方向的图案排列。

多方向连续

印花设计及发展（PRINT DESIGN AND DEVELOPMENT）

边缘印花（Border Print）：沿织物的一条或多条边缘印刷的图案纹样。边缘印花包含纯色块或图案的排列。

边缘印花

适合图案或特定图案（Engineered Print or Placement Print）：一种不会在衣片上重复的印刷设计，并且是为适应特定尺寸而设计的特殊图案。设计师为一件衣服的某一特定部位（如裙子的前面或后面、衬衫的前面、围巾）设计印花图案。特定图案沿着织物的布边每间隔一定距离进行一次印刷，每次印刷都互不干扰。

适合图案

直接在织物上印刷（Direct-to-Garment Print）：在织物上按特殊要求印花，然后裁剪成服装衣片。经印花处理后，织物可直接进行裁切。

直接到服装的印花

印花设计及发展（PRINT DESIGN AND DEVELOPMENT）

■ 图案的分类（Categories of Prints）

　　印花设计中重复使用的图案决定了纺织品图案的分类方式。写实的图案所蕴含的主题接近或反映真实生活的物象，而程式化的图案简单，蕴含一维的主题，似乎也更抽象。常见的印花图案包括情景对话式的，花卉、纪录片式的，传统的纹理设计和编织设计，以及抽象和几何设计。

写实图案

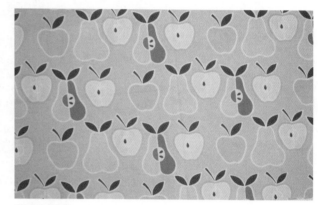

程式化图案

　　抽象图案（Abstract Prints）：形状和形式程式化的图案，不是可识别的具象的物体。

抽象图案

情景会话式图案（Conversational Prints）：含有可识别物体图案的织物设计。这些图案可能包含一个主题或一系列与讲述故事的中心相关的主题。隐性的情景会话图案通过其紧密排列的图案布局降低了主题的整体显性。情景会话式图案可以细分为以下类型和主题：

儿童图案设计

儿童图案设计（Juvenile Designs）——含有与吸引儿童的主题相关的图案，例如：

- 动物；   · 节日礼物；
- 糖果；   · 学校；
- 儿童游戏；   · 玩具；
- 神话故事；   · 汽车。

成年人图案设计

成年人图案设计（Adult Designs）——含有与吸引成年人的主题相关的图案，例如：

- 动物图案；
- 时事；
- 时尚装饰；
- 家居（如厨房用具、食品、家具）；
- 航海；
- 怀旧物品；
- 体育运动。

花卉图案（Floral Prints）：含有植物图案的织物设计，如花、叶或树。

花卉图案

几何图案（Geometric Prints）：图案设计包含线条和曲线，这些线条和曲线可以创建圆形、立方体、矩形、球体、正方形和三角形等形状。设计师可以单独使用某图案，也可以将图案重叠或交织在一起使用。几何印花还可以模拟条纹、格子布。

几何图案

肌理图案（Texture Prints）：图案设计包含肌理效果，会创造出微妙的表面纹样。肌理图案可以细分为以下几类：

有机纹理图案（Organic texture prints）——在自然界中发现的物体的图案。有机纹理图案的例子包括：

- 卵石或岩石；
- 树皮；
- 沙子；
- 云；
- 贝壳；
- 珊瑚；
- 海浪；
- 羽毛；
- 木头；
- 草；
- 动物和爬行动物的皮和毛皮。

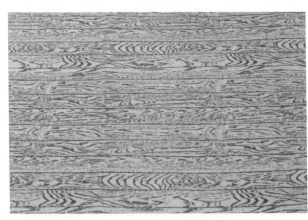

有机纹理图案

印花设计及发展（PRINT DESIGN AND DEVELOPMENT）

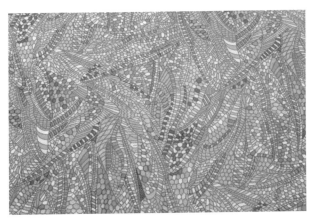

马赛克

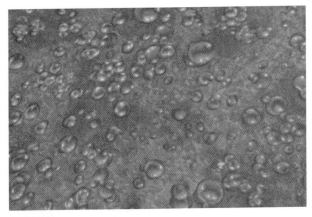

水滴效果

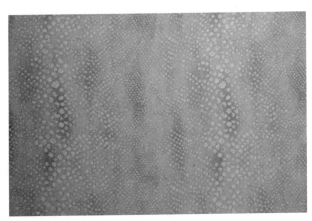

图形纹理

模仿艺术效果图案（Artificial Effects）——不规则的图案，为织物背景提供纹理。这些图案模仿艺术工具效果。模仿艺术效果的例子包括：

- ·喷枪；   ·飞溅笔刷；
- ·马赛克；   ·水滴效果；
- ·海绵。

图形纹理（Graphic Textures）——简单、程式化的几何形状，成为整体的织物背景纹理。

印花设计及发展（PRINT DESIGN AND DEVELOPMENT）

传统印花图案（Traditional Prints）：图案设计包含经典的元素，没有随着时间发生太大的变化。传统印花图案可分为以下五类：

印花布（Calico Prints）——紧密排列的花卉或几何图案，覆盖在织物上。

民俗风情印花图案（Documentary Prints）——特定文化、民族、历史时期、地理区域或国家的图案和颜色。这些图案可以是直接复制，也可以是间接诠释。

印花薄软绸(Foulard Prints)——包含小的经典图案，通常是几何形状，以特定的形式（如直线、上下或左右）重复排列，传达优雅的保守风格。

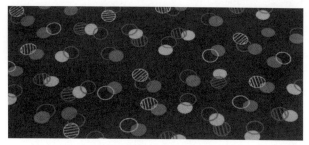

小而分散的印花图案（Little Nothing Prints）——图案的形状小、简单，如圆形、月牙形、线条、正方形、曲线和三角形，排列稀疏，不紧密。图案的颜色被简化为1~3种。

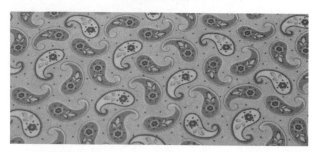

佩斯利图案（Paisley Prints）——形状像水滴的植物图案，灵感来自印度菩提树叶子。设计细节精致，色彩丰富。

模拟织物结构印花图案（Weave Prints）：以模拟机织或针织结构为主题的织物图案设计。模拟织物结构印花图案的例子如下：

- 方平组织；
- 钩针编织；
- 蕾丝。
- 斜纹组织；
- 草编结构；

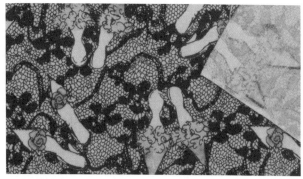

仿蕾丝图案

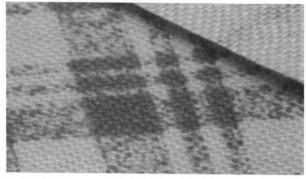

仿斜纹格子布

印花设计及发展（PRINT DESIGN AND DEVELOPMENT）

■ 纺织印花方法（Textile Printing Methods）

设计师设计印花图案，制造商生产织物样品。一些印刷方法需要人工操作，借助丝网版将印花图案转移到纺织材料上。丝网版安装完成后，制造商需进行预测试，检查印刷样品颜色的准确性以及与设计稿中颜色的一致性。匹配是指图案设计中各种颜色的协调。

织物最小印刷规格尺寸是指可以订购的最小织物印刷尺寸。根据用途和需要的尺寸，织物按不同的长度进行印刷。样品是一块很小的织物，长度为3米（3.3码），印刷后提交评估和审批。在批准生产之前，可以多次提交样品。在评估样本时，颜色的匹配是关键要素。为了达到美观和质量的要求，颜色必须精确匹配。连续印花样片是一块长度为30米（33码）的织物。可入库或可入册的织物长度为100米（109码）。一般来说，中小型品牌和服装制造商的织物生产印刷尺寸至少为100米（109码）。批量生产印刷的最小织物长度为300米（328码）。

纺织生产中最常用的印刷方法有平板丝网印刷、滚筒印刷和数码印刷，99%的织物是使用平板或旋转丝网印刷，目前，数码印刷正变得越来越重要。

平板丝网印刷（自动丝网印刷）[Flatbed Screen Printing (Automatic Screen Printing)]：一种间歇的印刷方法，丝网由尼龙制成。丝网上涂有一层光敏膜，经过处理，只在图案设计的部分去除该膜。丝网被固定在一个金属框架上，框架置于一个连续运转的印刷毯橡胶带上方。整卷织物一次装入并印刷。织物沿皮带移动并停在丝网下方，此时刮板经过丝网，将着色剂粘贴到织物上。每种颜色都需要单独的丝网。使用这种方法印刷的最大颜色范围是12~16种。平板丝网印刷的产量约为450米/小时（500码/小时），用于小规模生产或复杂的印刷工作。

平板丝网印刷

印花设计及发展（PRINT DESIGN AND DEVELOPMENT）

圆网印刷

圆网印刷（Rotary Screen Printing）：一种连续的印刷方法，滚筒由金属网制成。丝网上刻有图案。整卷织物一次装入并印刷。印花织物通过橡胶带被输送到不断运动中的圆网花筒下面，将图案印到织物上。

每种颜色都需要单独的丝网。使用这种方法印刷的最大颜色范围是12~16种。虽然圆网印刷工艺可以最大限度满足24~32种颜色范围，但这些工艺的准备工作非常烦琐，因此大大增加了织物成本。可以使用染料或颜料浆。使用颜料浆进行圆网印刷的最大输出速度为100米/分钟（120码/分钟）。使用染料时，最大输出速度必须降低到40~80米/分钟（45~90码/分钟）。圆网印花工艺用于大批量生产。连续纹样区域仅限于滚筒的直径。常见的滚筒直径尺寸包括635毫米（25英寸）、686毫米（27英寸）、813毫米（32英寸）和914毫米（36英寸）。

数码印刷

数码印刷（Digital Printing）：一种连续印刷方法，使用喷墨打印机直接将打印头中的染料喷到预处理过的织物上。使用CMYK（青色、品红、黄色和黑色）色彩模式打印颜色。喷头将微小的涂料滴喷到织物表面。数码印花技术的发展仍在继续，化学家们正在研究各种配方，以消除将颜色固定在织物表面所需的额外后处理过程，如色素和纳米着色剂（直径小于100纳米的染料或色素颗粒）。使用这种方法，织物可以打印几乎无限的颜色种类，无须重复操作。织物图案如照片一般精确细致地表现主题成为现实。数码打印机的最大输出速度小于100米/小时（120码/小时）。数码印刷也可以直接印刷到服装上。

印花设计及发展（PRINT DESIGN AND DEVELOPMENT）

■ 着色剂的使用方法（Colorant Application）

在纺织品印花中，染料和颜料被涂在织物（基材）的表面。除了某些化学着色剂不溶于染浴外，大部分着色剂都可用于不同类型的印刷。印花织物通常分为干法印花、湿法印花和数码印花。

干法印花（涂料印花）[Dry Prints (Pigment Prints)]：在干热环境中，粉状涂料用树脂黏合剂附着在织物上，完成印刷过程。采用平板丝网印刷或圆网印刷的方法将颜料印刷在织物上。干法印花或涂料印花的色牢度测试的性能等级如表7.12所示。

表7.12　干法印花、涂料印花的色牢度性能

测试项目	性能等级	测试项目	性能等级
磨损色牢度	差	水洗色牢度	良
摩擦色牢度	差	日晒色牢度	良

（EPA 1995；Humphries，2009；Maguire, Garland, Pagan, Nienke, 2009；Stefanini，1996；Thiry，2007）

湿法印花（Wet Prints）：液体染料变稠，形成用于印刷的浆料。湿法印刷需要在印刷后进行更多的操作工序，比如在织物上使用蒸汽进行陈化，然后进行洗涤和漂洗，以去除用于增稠颜料的药剂。使用平板丝网或滚筒印刷方法，将着色剂染到织物上。湿法印花的色牢度测试的性能等级如表7.13所示。

表7.13　湿法印花的色牢度性能

测试项目	性能等级	测试项目	性能等级
磨损色牢度	良	水洗色牢度	良
摩擦色牢度	良	日晒色牢度	良

（EPA 1995；Humphries，2009；Maguire, Garland, Pagan, Nienke, 2009；Stefanini，1996；Thiry，2007）

数码印花（Digital Prints）：打印机使用分散染料或颜料。数码印花在印刷后需进行陈化等工艺操作。染料或涂料的黏度决定了印刷后所需的加工流程，以达到可接受的色牢度水平。高黏度颜料含有黏合剂，而低黏度颜料不含任何黏合剂，因此印刷后需要单独使用黏合剂。数码喷墨打印机可将图案印刷到织物基底上。数码印刷品的色牢度测试的性能等级如表7.14所示。

表7.14　数码印花的色牢度性能

测试项目	性能等级
摩擦色牢度	良
水洗色牢度	良
日晒色牢度	良

（EPA 1995；Humphries，2009；Maguire, Garland, Pagan, Nienke, 2009；Stefanini，1996；Thiry，2007）

■ 印花的价格分类（Price Classifications for Printing）

纺织品印花的价格因染料或颜料的种类和用于织物印花的方法而异。以下是不同类型印花的价格。

经济的、低价的（Economical/Low Cost）

· 数码印花样片；

· 使用数码打印的低码数织物；

· 使用滚筒印刷的大批量织物（滚筒的设置和取样都很昂贵）。

一般价位的（Average Cost）

· 平板丝网的设置和取样；

· 使用数码打印的中到低码数织物；

· 使用平板丝网印刷的中到大码数织物。

昂贵的、高价的（Expensive/High Cost）

· 滚筒的设置和取样；

· 采用滚筒印刷的小批量码数织物；

· 采用数码印刷的大批量织物。

印花设计及发展（PRINT DESIGN AND DEVELOPMENT）

■ 专属面料（Exclusive Fabrics）

为一个服装系列选择和订购面料时，设计师要考虑很多因素。一些设计师直接采购随时可装运的大宗面料，一些设计师与工厂合作开发定制专属面料。所开发的面料采用定制规格，为一个品牌提供独家面料。开发的面料包括定制印花和色织图案。

定制印花（Confined Prints）：公司拥有的专为其使用而定制的印花设计。

大宗印花（Open Prints）：织物制造商拥有并可供大量出售的印花图案面料。

织物结构设计（Structural Fabric Design）：将针织或机织结构设计融入织物设计中，专为服装制造商或品牌提供定制设计。

具有多种机织物组织结构的织物设计

嵌花针织物（Intarsia Knit）：织入织物的结构中，利用多种颜色的纱线或结合不同的纱线风格设计出一幅图画或图像。

嵌花针织物

费尔岛针织布（Fair Isle Knit）：将带状或成排的几何图案编织到织物结构中，可以作为服装的整体图案或镶边。

费尔岛针织物

色织织物（Yarn-Dyed Fabrics）：将不同颜色的纱线编织到织物结构中。色织面料可以是大宗面料也可以是定制面料。

色织机织物　　　　色织针织物

纺织品整理（TEXTILE FINISHES）

　　整理是对纺织品进行的一种化学或机械加工，其目的是改变材料的性能，使产品的最终用途满足预期的效果。物理上改变织物外观的机械过程称为干整理。液态或泡沫化学品被应用于织物，然后进行干燥或固化，以此种方式改变纺织品性能特征的过程被称为湿整理。对性能特征的整理可以改变织物的外观、手感或悬垂性。外观整理包括压光、植绒、缩绒、丝光、起毛和起绒、柔软、剪切、软化、强化和洗涤。

　　压光（Calendaring）：在高压气缸下高速熨烫或压烫纺织品的机械过程。气缸的表面和织物通过气缸的速度决定了织物表面光洁度的效果。有些织物也会通过树脂或蜡的处理，以达到预期的效果。压光整理可获得以下外观：

　　·压花外观；

　　·釉面外观；

　　·轻微光泽至高光泽；

　　·波纹效果。

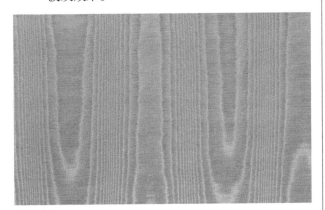

波纹效果

在高压气缸下压制纺织品

　　植绒（Flocking）：利用黏合剂将微小纤维颗粒附着在织物表面的机械过程。如果纤维微粒带有静电，它们就垂直地附着在织物上；否则，它们会以随机的方向附着。植绒整理可产生以下外观：

　　·获得一个图案或整体凸起的均匀表面；

　　·表面纹理类似麂皮或天鹅绒。

植绒织物

喷胶植绒机

缩绒（Fulling）：在湿度、热度和摩擦力可控的环境下对羊毛进行毡化的机械过程。摩擦力的大小决定了毡化的等级。缩绒整理可获得以下外观：

· 改善织物的手感；

· 增加织物密度和厚度；

· 光滑的表面纹理；

· 柔软度增加。

缩绒织物

丝光（Mercerizing）：在张力控制下用碱溶液化学浴处理织物的过程。丝光处理为织物提供了美观的光洁度和实用的性能。丝光整理可获得以下外观：

· 增强光泽；

· 增大强度；

· 增加染料渗透的亲和力；

· 改善织物悬垂性和手感。

丝光织物夹克

起毛和起绒（Napping and Sueding）：通过刷毛或砂洗在织物表面拉出纤维的机械过程。在起毛过程中，织物在旋转的圆柱体之间移动，圆柱体表面由弯曲的细钢丝构成。在起绒过程中，织物在旋转的圆筒之间移动，圆筒表面是类似砂纸的金刚砂。一些织物在经过这些处理后需进行剪切，以保证织物表面的一致性和均匀性。起毛和起绒整理可获得以下外观：

· 磨砂表面；

· 改善织物手感；

· 改善柔软度；

· 增加绝缘性能。

起毛、起绒织物

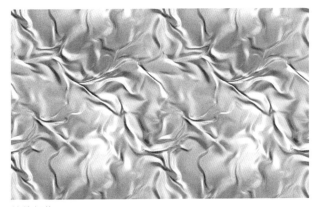

缩绉织物

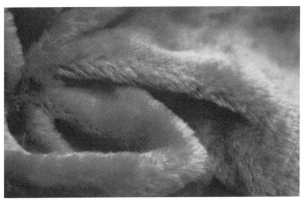

剪绒整理

缩绉（Plissé）：在织物上涂上氢氧化钠化学浆料，使浆料涂附区域收缩的过程。柔软的织物经缩绉加工有起皱的效果。

剪绒（Shearing）：对织物表面的纤维进行裁切，将织物表面纤维修整成绒毛的机械过程。剪绒整理使织物表面的纤维长度保持一致和均匀。

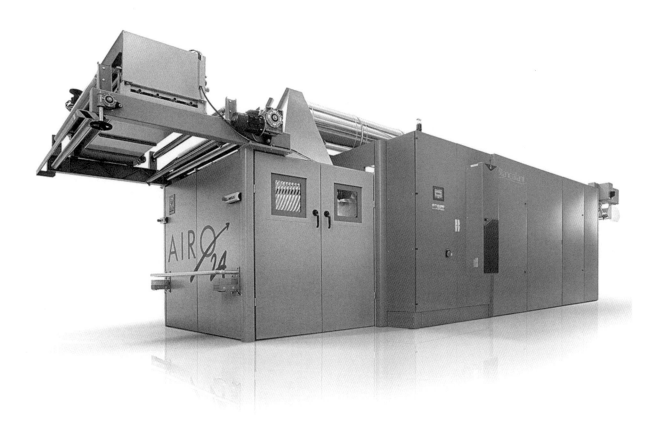

软化机

软化（Softening）：用于软化织物，改善其悬垂性和手感的化学或机械过程。常用的方法包括使用硅酮、乳化油和蜡或阳离子洗涤剂。

纺织品整理（TEXTILE FINISHES）

强化（Stiffening）：将淀粉或酸性的化学溶液涂在织物上，然后干燥或固化的过程。强化整理可使织物变硬变脆。

对衬衫面料进行强化整理

洗涤（Washing）：用酶、石头或漂白剂对织物表面进行大规模清洗的过程。用酶清洗时，纤维素酶作用于纤维素纤维，使其变柔软并去除表面的绒毛。在石洗过程中，浮石会擦伤织物表面。在酸性洗涤剂中，浮石被次氯酸钠的氧化物浸湿，在洗涤过程中用于磨损和漂白织物。水洗在牛仔布产品中应用最广泛。洗涤整理可获得以下外观：

·做旧的、褪色的或磨损的外观；　　　·改善柔软度；　　　·颜色变浅。

石洗

酸洗

功能性整理（Functional Finishes）：功能性整理改变了织物的性能特征。功能性整理包括抗菌、抗静电、抗皱、抗压、阻燃、防虫、防缩、去污、防水、防污等。

防腐或抗菌（Antimicrobial, Antiseptic, or Antibacterial）：化学溶液浸入织物或在其生产过程中浸入纤维，目的是：

· 控制细菌、疾病的传播，降低感染风险；

· 抑制细菌、真菌和霉菌的生长；

· 防止损坏和腐烂；

· 防止尘螨和昆虫腐蚀；

· 防止散发气味。

抗静电（Antistati）：化学溶液浸入织物或在其生产过程中浸入纤维，目的是：

· 增加湿度；

· 消除或减少静电积聚。

抗皱（Crease-Resistant）：用化学树脂溶液处理织物，以避免穿用时起皱。经过这种整理的服装仍然需要熨烫。

抗压（永久抗压或抗皱）[Durable Press (Permanent Press or Wrinkle-free)]：使用氨或树脂对织物进行化学处理，然后进行固化或热定型，使织物能抵抗或消除皱纹。

阻燃（Flame-Resistant）：化学溶液浸润织物，然后经固化或干燥，使织物在引燃火焰时着火速度降低，点燃时降低燃烧速度。

防虫（驱虫或杀虫）[Insect Control (Insect Repellant or Insecticide)]：在染色过程中，化学溶液作用于织物上，使织物不受昆虫或幼虫腐蚀，如地毯甲虫、蟋蟀、蟑螂、蛾子、蠹虫、蜘蛛和其他昆虫等。

防缩（Shrinkage Control）：用于控制织物收缩的机械或化学过程。施加压力防缩整理是一种机械加工方法，用于纤维素纤维纺织的机织物和针织物。树脂或化学溶液用于毛纤维或一些纤维素纤维织成的织物。制造商使用热定型来控制尼龙、聚酯纤维和腈纶织物的收缩。

去污（Soil Release）：使用化学树脂增加织物的润

用于织物的阻燃整理

湿性（吸油性），以促进洗涤过程中的去污效果。

防水、防污（Water and Stain Repellant）：使用化学乳剂、溶液或蜡，使织物耐污或防水。

防水（Waterproof）：在织物上覆以薄膜涂层，防止水通过织物。

并非所有的整理都能产生持久的效果。整理分为永久性、耐久性、半永久性和暂时性。

纺织品整理（TEXTILE FINISHES）

永久性整理（Permanent Finish）：织物经过化学或机械整理，在服装的使用寿命内保持永久稳定的特性。永久性整理包括：

- 压光整理；　　・剪切整理；　　・缩绒整理；
- 强化整理；　　・丝光整理；　　・洗涤整理；
- 起毛起绒整理；・防水整理　　・缩绉整理。

耐久性整理（Durable Finish）：织物经过化学或机械整理，以保持特定的性能或特性。每一次清洗都会削弱整理的特性。在服装的使用寿命接近尾声时，整理的效果可能会消除。耐久性整理包括：

- 抗菌、杀菌、防腐整理；　　・压光整理；
- 耐久压烫、免烫、抗皱整理；・阻燃整理；
- 防虫、驱虫整理；　　　　　・去污整理；
- 防水、防污整理。

半永久性整理（Semi-Durable Finish）：织物经过化学或机械整理，以保持特定的性能或特性。经过几次清洗后，整理效果几乎消除。有些半永久性的整理在干洗或水洗时可重新获得特定的性能。半永久性整理包括：

- 防静电（纤维）整理；
- 抗皱整理；
- 阻燃整理；
- 软化整理。

暂时性整理（Temporary Finish）：织物经过化学或机械整理，以保持特定的性能或特性。一次清洗后，即可消除特性。暂时性整理包括：

- 防静电（纤维）整理；
- 压光整理；
- 软化整理；
- 强化整理（上浆）。

织物规格（FABRIC SPECIFICATIONS）

缝制产品的美观和物理性能在很大程度上取决于纺织品的规格。织物规格包括描述纤维含量、纱线组成、织物结构、重量、特性和性能要求、整理和生产中的颜色标准的详细说明。织物规格包括：

- 纤维含量、尺寸和长度；
- 纱线类型；
- 纱线结构；
- 纱线捻度和每英寸捻回数；
- 纱线股数（单股或多股）；
- 纱线数量；
- 针织或机织类型；
- 纱线支数；
- 织物重量；
- 织物宽度；
- 织物密度；
- 残疵等级；
- 色彩标准；
- 供应商的色卡、染料或颜料规格显示的颜色信息；
- 整理；
- 外观要求及容差；
- 磨损要求及容差；
- 尺寸稳定性要求及容差；
- 易燃性要求及容差；
- 强度和拉伸要求及容差；
- 热性能要求及容差；
- 耐化学品要求及容差：
  - 酸性；　・水洗；　　・碱性；　・矿物酸；
  - 漂白；　・回潮率；　・干洗；　・有机溶剂；
  - 昆虫和微生物。
- 色牢度要求及容差：
  - 大气污染物；　・漂白；　・摩擦；　・干洗；
  - 水洗；　　　　・日晒；　・汗水。

原文参考文献（References）

ASTM International. (2016a). 2016 *ASTM International standards*. (Vol. 07.01). West Conshohocken, PA: Author.

ASTM International. (2016b). 2016 *ASTM International standards*. (Vol. 07.02). West Conshohocken, PA: Author.

Celanese Acetate LLC. (2001). *Complete textile glossary*. Charlotte, NC: Author.

BASF. (2015). *Optical brighteners*. Retrieved November 1, 2015, from https://www.dispersions-pigments.basf.com/portal/basf/ien/dt.jsp?setCursor=1_556358

EPA. (1995). 4.11 Textile fabric printing. In AP 42: Chapter 4, *Evaporation loss sources* (Vol. 1, Ed. 5). Retrieved November 1, 2015, from http://www.epa.gov/ttnchie1/ap42/ch04/final/c4s11.pdf

Esteves, F. (2004, June 22–24). *Optical brighteners effect on white and colored textiles*. World textile conference: 4th AUTEX conference. Retrieved November 1, 2015, from http://repositorium.sdum.uminho.pt/bitstream/1822/2021/1/Optical.pdf

Fisher, R., & Wolfhal, D. (1993). *Textile print design*. New York: Fairchild.

Glock, R. E., & Kunz, G. I. (2005). *Apparel manufacturing sewn product analysis* (4th ed.). Upper Saddle River, NJ: Pearson Prentice Hall.

Humphries, M. (2009). *Fabric reference* (4th ed.). Upper Saddle River, NJ: Pearson Prentice Hall.

Johnson, I., Cohen, A. C., & Sarkar, A. K. (2015). J. J. *Pizzuto's fabric science* (11th ed.). New York: Fairchild.

Kadolph, S. J. (2010). *Textiles* (11th ed.). Upper Saddle River, NJ: Pearson.

Leonard, C. (2007, September). Dye classes: The basics. *AATCC Review, Magazine for Textile Professionals*, 7(9), 28.

Maguire King, K., Garland, G., Pagan, L., & Nienke, J. (2009, February). Moving digital printing forward for the production of sewn products. *AATCC Review: Journal for Textile Professionals*, 9(2), 33–36.

Provost, J. (2009). *Textile ink jet printing with pigment inks*. Retrieved November 1, 2015, from http://provost-inkjet.com/resources/Textile+Ink+Jet+Printing+with+Pigment+Inks.pdf

Regan, C. L. (2008). *Apparel product design and merchandising strategies*. Upper Saddle River, NJ: Pearson Prentice Hall.

Stefanini, J. P. (1996, September). Jet printing for the textile industry. *AATCC Textile Chemist and Colorist*, 28(9), 19–23.

Thiry, M. C. (2007, September). Pretty as a picture: Traditional screens and newcomer digital vie to print beautiful fabrics. *AATCC Review, Magazine for Textile Professionals*, 7(9), 22–27.

第八章

纱线规格
Thread Specifications

缝纫线是一种由纤维或细丝、黏合线或单丝、纱线制成的柔韧、结实、细长的股线，可穿过工业缝纫机机针高速缝纫，形成均匀的针脚，满足缝制产品的用途。

缝纫线是服装衣片缝合、毛边加工、装饰细节的重要组成部分。正确选择缝纫线是很重要的，应根据织物的类型和缝制织物纤维含量、接缝结构的类型和要求的接缝强度、缝纫机和设备的类型、产品的最终用途，以及性能和寿命来选择。这些因素影响成品外观、成本和性能以及生产过程中缝纫的效率。

构成纱线的纤维种类（TYPES OF THREAD FIBERS）

天然纤维、人造纤维和合成纤维均可作为服装生产的缝纫线。缝纫线最常用的天然纤维是棉纤维，其他用于特种线生产的天然纤维包括大麻、黄麻、亚麻、苎麻、丝和羊毛。天然纤维的长度一定，并且不像合成纤维具有一定的均匀性和强度。虽然天然纤维受气候变化的影响较大，但它们具有良好的耐热性，可用于过染（为色织织物或服装衣片额外上染以创造独特颜色的过程）或服装染色。天然纤维不易褪色、耐磨损、耐化学物质。

除天然纤维外，人造纤维和合成纤维也可制成缝纫线。缝纫线所用的人造纤维是人造丝。这种再生纤维素化合物被挤压成细丝，以长丝形式或切成短纤维长度使用。人造丝具有中等强度，但伸长率低（施加力时的长度增加率）。与天然纤维素纤维制成的纱线一样，人造丝也受到气候变化的影响，具有良好的耐热性、不褪色、耐磨损和耐化学物质的性质。人造丝线光泽度好，是刺绣的理想用线。

由化学聚合物制成的合成纤维被挤压成细丝，可以按长丝使用，也可以切成短纤维长度。缝纫线最常用的合成纤维是尼龙和涤纶。由芳纶和氨纶纤维制成的缝纫线用于特殊性能要求的服装，如阻燃、耐热或弹力服装。合成纤维强度高，不褪色，耐磨损和化学物质，伸长率高。涤纶线用于大多数服装，而尼龙线则更广泛地用于鞋类、手袋和皮箱等配饰。

纱线纺制方法（THREAD CONSTRUCTION METHODS）

短纤维或长丝经纺纱或挤压、黏结和捻合形成股线。没有加捻的纺纱过程产生单丝纱。服装用的缝纫线纺制方法有气流（锁链）法、包芯法、单丝法、捻合法和变形法。其他用途的缝纫线纺制方法包括单丝法和复捻法。

气流（喷气或锁链）纱［Air–Entangled (Air Jet or Locked) Thread］：连续的涤纶长丝通过高压空气射流缠绕长丝纤维，然后将纱线捻合成气流纱。

气流纱

包芯纱（Core Spun Thread）：用棉纱（或其他天然纤维）或涤纶短纤维包缠的连续的涤纶长丝。然后将两根或两根以上的单纱捻合在一起形成纱线。这种纱线包在棉纤维里，棉纤维可洗掉或去色。衣片缝合、包边、锁扣眼、钉纽扣等常采用包芯纱。对于绣花线，涤纶芯用镀金属的涤纶包覆。

包芯纱

单捻纱（Monocord Thread）：连续的尼龙纤维细丝捻合在一起，形成单根扁平的纱线。单捻纱通常不用于服装产品，可用于鞋类、手袋和皮箱等重型缝纫结构中。

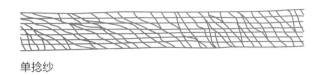

单捻纱

单丝纱（Monofilament Thread）：单根连续的尼龙长丝纤维构成的纱线，常用来暗缝服装的边缘。

单丝纱

股线（Spun Thread）：棉或涤纶短纤维捻合形成纱线，两根或两根以上的纱线捻合，形成股线。制造商通常使用这种类型的纱线进行衣片缝合、包边、锁扣眼和钉纽扣。

股线

变形纱（Textured Thread）：连续的聚酯纤维或尼龙纤维长丝经热处理，形成膨胀体积的纱线。这种类型的线通常用于缝合衣片、包边、锁扣眼、钉纽扣。变形纱因其良好的延伸性广泛应用于针织面料。

变形纱

复捻纱（Twisted Multifilament Thread）：由两股或两股以上的单纱（由连续的尼龙或涤纶长丝捻合而成）捻成的合股纱。用于缝纫，如鞋类、手袋、行李箱，家居用品的缝纫也使用这种类型的线。刺绣产品可使用涤纶长丝或人造丝单纱捻成的股线，以呈现哑光或亮光的外观。

复捻纱

以捻合的纱线数量确定股线为单纱、两股线、三股线、四股线或六股线。纱线强度由股线的尺寸、捻度、平衡度、纱线光洁度、层数以及纤维固有特性决定。单纱通常为S捻，而合股纱为Z捻。大多数合股缝纫线是Z型捻线，因为S型捻线在缝纫过程中容易松脱。

平衡捻纱（Balanced Twist）：股线中的单线为S捻，合股线为Z捻。每个捻向均包含25.4毫米（每英寸）特定的捻回数，以平衡纱线。平衡纱线的捻度可防止在缝纫过程中发生扭曲。绣花线的不同之处在于单纱和股线在生产过程中都为Z捻，防止由于多向缝线而在刺绣表面形成漏针和环路。

股间黏合力（股间附着力）［Ply Security (Ply Adhesion)］：纱线的完整性，即保持其结构的能力，在缝纫过程中不会散开。

纱线尺寸（THREAD SIZE）

纱线尺寸指的是纱线的直径。纱线尺寸通常由号数表示，号数是指定的数值，用于指定纱线每单位长度的线密度或质量。这个数值是用特克斯表示的，指每1000米未染色或成品线的克数。特克斯是一种直接的纱线尺寸指标，用于估计纱线中存在的纤维的最小数量。较大的数值，如T-90或T-105，表示较粗的纱线，包含更多的粗纤维。较小的数字，如T-18或T-24，表示含有较少粗纤维的细纱线。纱线制造商使用号数来指定纱线大小并表示纱线中有多少纤维。依据ASTM D 3823—2007《测定缝纫线号数的标准操作规程》可将纱线号转换为号数。纱线通常按长度而不是重量出售。

缝纫线常用的线号特克斯与对应的织物重量如表8.1所示。

表8.1　用于各种织物重量的缝纫线的号数

纱线号数	织物重量
T-18、T-21、T-24	67.81~135.62克/平方米 （2~4盎司/平方码）
T-24、T-27、T-30	135.62~203.43克/平方米 （4~6盎司/平方码）
T-30、T-35、T-40、T-50	203.43~271.25克/平方米 （6~8盎司/平方码）
T-50、T-60、T-70	271.25~339.06克/平方米 （8~10盎司/平方码）
T-80、T-90、T-105、T-120、T-135	339.06~474.68克/平方米 （10~14盎司/平方码）

（American & Efird，有限公司，2009a）

缝纫针尺寸（Sewing Thread Needle Size）：针的公制直径，以百分之一毫米为单位。例如，65针直径为0.65 mm，120针直径为1.20 mm。针眼的大小与线的粗细成正比。为了形成合适的针脚，缝纫线必须以一定的拉力穿过针眼。针的尺寸必须根据织物的类型和重量以及纱线的尺寸和类型进行适当的选择。最小公制针径应与纱线号数匹配，服装生产用缝纫线与针号的匹配如表8.2所示。

表8.2　缝纫线对应的最小公制针号与纱线号数

缝纫线类型	缝纫线号数	公制针号
气流纱 （锁链纱）	T-21	70
	T-27	75
	T-40	90
	T-45	100
	T-60	110
	T-90	120
	T-135	150
包芯纱	T-16	65
	T-18	70
	T-24	70
	T-30、T-35	80
	T-40	90
	T-50、T60	110
	T-80	120
	T-105	125
	T-120	130
	T-135	140
股线	T-16	65
	T-18~T-21	65~75
	T-27	75
	T-30	80
	T-40~T-45	90
	T-60~T-70	110
	T-80~T-90	120
	T-105	125
	T-120	130
	T-135	140
变形纱	T-18	60
	T-24	65
	T-35	75
	T-50	90
	T-70	110
	T-105	140

（American & Efird，有限公司 2009b, c;外套，2015）

梭芯线

圆柱形包装

锥形包装

宝塔形包装

梭芯线（Ready-Wound Bobbins）：缝纫机梭芯线是用与平缝机缝纫针相匹配的股线绕合而成的。

缝纫线卷（Thread Package）：用于缠绕缝纫线的支撑物有纸筒、塑料筒或支架。缝纫线卷包括以下三类：
·圆柱形包装；
·锥形包装；
·一头为锥形的宝塔形包装。

染色（DYEING）

颜色批量染到成卷的纱线上。在染色过程中，缠绕的线卷放置在有孔的轴上，然后下降到一个加压室中，染料在压力下通过线卷从内到外穿透纱线。棉线或人造棉线可使用下列染料中的任何一种染色（按染色牢度排列，从优到差）：

·还原染料；
·活性染料；
·偶氮染料或萘酚染料；
·显色染料；
·直接染料。

从纱线制造商提供的色卡上获得的纱线颜色应与经认证的实验室获得的颜色标准进行匹配评估，以确保纱线、织物、饰边和成品之间颜色的良好匹配。从市场上现有的颜色中进行选择会减少成本和上市时间。染色匹配（DTM）通常是在现有纱线色彩无法满足设计需求时进行的。染料配方是专门为客户配制的，以匹配客户需要的颜色标准。由于服装面料纹理的多样性，制造商不能仅依靠分光光度计读数来匹配纱线颜色。当缝纫线应用到织物上时，织物表面吸收或反射光线的方式会影响线的颜色。

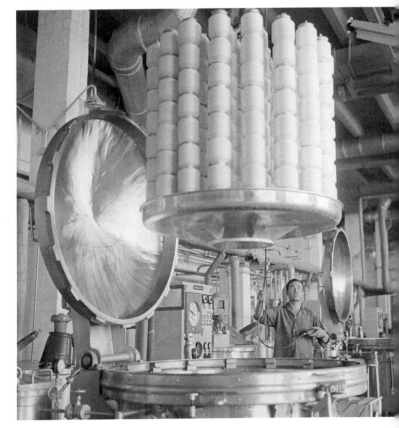
纱线染色

染色（DYEING）

染色前准备［Prepared for Dyeing (PFD)］：棉缝纫线等在用于缝制衣服前先经过染色。纱线与坯料均经过染色前准备，然后同时染色，以达到配色的目的。缝纫线在染色前不经过整理，不使用光学增白剂或浆料（淀粉），因为这些工序可能干扰染色。

准备染色［Ready for Dyeing (RFD)］：用于缝制服装的涤纶或尼龙线等进行染色。纱线和服装面料同时染色，以达到颜色匹配的目的。缝纫线在染色前不经过整理，不使用光学增白剂或浆料（淀粉），因为这些工序可能干扰染色。

整理过程（FINISHING PROCESSES）

对纱线整理可提高纱线的使用质量。纱线整理包括涂层整理、烧毛、上光和丝光。

涂层整理（Bonded）：在尼龙或涤纶长丝纱线上涂树脂，使其表面形成光滑、牢固的涂层。涂层整理适用于以下纱线结构：

· 复捻丝；

· 单丝。

有涂层的纱线主要用于缝制使用涂层面料的服装和用重型面料制作的手袋、箱包和鞋子。

烧毛（Gassed）：棉线在火焰中高速移动，以减少纤维末端的凸出或棉线表面的起毛，提高光泽。棉线在丝光前先经过此处理。烧毛整理经常用于股线。

涂层纱

烧毛纱

上光纱

丝光纱

上光［Glacé (Glazed)］：在热控制条件下将淀粉、蜡或特殊化学物质刷在纱线表面，以产生持久的、有光泽的表面。上光减少了缝纫过程中纱线脱散的可能性。上光整理经常用于股线。

棉纱经过上光整理强度大增，通常不用于缝制服装，但用于缝制鞋类、手袋和行李箱。

丝光（Mercerized）：在张力控制条件下将棉纱浸泡到碱溶液中，可增强棉纱的光泽感和强度，同时提高其染色渗透性。

丝光纱广泛用于服装生产中。

软化纱

润滑纱

软化（Soft）：将纱线润滑，便于缝纫，是纱线纺制过程中的整理工序。软化纱广泛用于服装生产中。软化适用于以下纱线结构：

· 气流纱；　　· 变形纱；　　· 包芯纱；

· 股线；　　· 单纱。

润滑（Lubrication）：纱线经硅树脂整理，在缝纫过程中可减少摩擦。这类纱线包括：

· 棉或涤纶短纤维包缠的包芯纱；

· 棉或涤纶短纤维捻合的纱线。

纱线的使用和消耗（THREAD USE AND CONSUMPTION）

用于服装生产的缝纫线质量应与面料和服装类型相匹配。一件设计合理的衣服，缝合线的质量是在布料寿命终止或撕裂之前，线就会断裂。选择纱线应考虑以下因素：

· 与织物纤维含量的匹配性；

· 织物类型和重量；　　· 服装缝制方法；

· 使用的机器；

· 车缝类型、每英寸针脚数、位置、清晰度或特征（明缉线）；

· 服装类型及用途；　　· 衣物护理及寿命；

· 成本；　　　　　　· 需要达到的质量要求。

用线量（Thread consumption）：用线量是缝制成衣产品过程中使用线的估计量，包括不可避免的耗费量在内。根据缝纫操作、接缝结构和需要的接缝强度、针迹类型、每英寸针脚数、边缘整理、成本以及衣服不同部位所需的针迹应使用不同类型和尺寸的线。为了降低服装的整体用线成本，面线和底线可以不同。当使用不同的面线和底线时，面线通常比较昂贵。一般服装产品的用线量见表8.3。

表8.3　男装、女装、童装用线量

男装品类	用线量	女装品类	用线量	童装品类	用线量
运动裤	90米（98码）	运动裤	90米（98码）	女童衬衫和上衣	50米（56码）
运动短裤	60米（67码）	运动短裤	60米（67码）	男童衬衫	75米（82码）
内裤和内衣	50~55米（55~60码）	宽松衬衫	85米（92码）	内裤和内衣	40米（44码）
平角裤	110米（120码）	文胸	58米（63码）	平角裤	80米（87码）
户外衬衫	100米（109码）	内裤和内衣	65米（71码）	礼服衬衫	92米（101码）
长袖正装衬衫	117米（128码）	户外衬衫	100米（109码）	裙子	90~108米（98~118码）
短袖正装衬衫	90米（98码）	女用紧身衣	55米（60码）	牛仔裤	130米（142码）
无衬里夹克	200米（219码）	无衬里裙子	129~190米（141~208码）	针织Polo衫	90米（98码）
有衬里夹克	351米（384码）	有衬里裙子	298米（326码）	睡衣	165米（180码）
牛仔裤	180米（197码）	针织Polo衫	120米（131码）	裤子	150米（164码）
牛仔夹克	210米（230码）	无衬里夹克	200米（219码）	宽松裤子	100米（109码）
针织Polo衫	150米（164码）	有衬里夹克	351米（384码）	大衣	165米（180码）
外套	610米（667码）	牛仔裤	180米（197码）	短裙	70米（77码）
睡衣	190米（208码）	牛仔夹克	210米（230码）	短裤	35米（38码）
大衣	240米（262码）	外套	315米（344码）	泳衣	40米（44码）
雨衣	285米（312码）	睡袍	123米（135码）	背心	25米（27码）
衬衫	120米（131码）	睡裤	190米（208码）	T恤	25米（27码）
休闲短裤	70~85米（77~93码）	大衣	240米（262码）		
定制短裤	138米（151码）	雨衣	270米（295码）		
两开身套装	480米（525码）	休闲短裤	70~85米（77~93码）		
三开身套装	530米（580码）	定制短裤	138米（151码）		
毛衣	60米（66码）	短裙	181~365米（198~399码）		
汗衫	190米（208码）	套装	100米（109码）		
泳衣	50米（55码）	毛衣	50米（55码）		
宽松裤装	270米（295码）	汗衫	190米（208码）		
运动背心	35米（38码）	泳衣	75米（82码）		
短袖T恤	45米（49码）	宽松裤装	160米（175码）		
长袖T恤	120米（131码）	运动背心	35米（38码）		

续表

男装品类	用线量	女装品类	用线量	童装品类	用线量
背心	55米（60码）	短袖T恤	40~45米（44~49码）		
		长袖T恤	120米（131码）		
		背心	55米（60码）		

（American & Efird, 2012; 外套, 2015）

纱线规格（THREAD SPECIFICATIONS）

缝制产品的外观和性能在很大程度上取决于纱线规格。纱线规格包括详细描述一件服装的每一次缝纫操作所用的纱线尺寸和成分、特征和性能要求，以及生产的色彩标准。纱线规格包括以下内容：

· 色彩标准；
· 供应商色卡提供的色彩识别信息或染料规格，以匹配染料；
· 纤维含量；
· 纱线类型；
· 纱线结构；
· 捻度；
· 25.4毫米（每英寸）的捻回数；
· 单股或多股纱线；

· 特克斯，纱线支数；
· 纱线尺寸或号数；
· 整理；
· 热性能要求和容差；
· 耐化学品要求和容差：碱质；漂白；干洗；昆虫和微生物；水洗；无机酸；回潮率；有机溶剂；
· 强度和伸长率要求和容差；
· 耐磨损要求和容差；
· 色牢度要求和容差：漂白色牢度；磨损色牢度；干洗色牢度；水洗色牢度；日晒或光照色牢度；耐汗渍色牢度。

原文参考文献（References）

American & Efird Inc. (2009a). *Selection logic charts*. Retrieved November 1, 2015, from http://www.amefird.com/wp-content/uploads/2009/10/1ThreadSelection-Guide-for-Apparel-2-15-10.pdf

American & Efird Inc. (2009b). *Thread science*. Retrieved November 1 2015, from http://www.amefird.com/technical-tools/thread-education/thread-science/

American & Efird Inc. (2009c). *Thread selection guides*. [Brochure]. Mount Holly, NC: Author.

American & Efird Inc. (2012). *Estimating thread consumption*. Retrieved November 1, 2015, from http://www.amefird.com/wp-content/uploads/2012/09/Estimating-Thread-Consumption-.pdf

ASTM International. (2016). 2016 *international standards* (Vol. 07.02). West Conshohocken, PA: Author.

Celanese Acetate LLC. (2001). *Complete textile glossary*. Charlotte, NC: Author.

Coats. (n.d.). *World of Coats astra product information*. [Brochure]. Charlotte, NC: Author.

Coats. (n.d.). *World of Coats dual duty product information*. [Brochure]. Charlotte, NC: Author.

Coats. (n.d.). *World of Coats epic product information*. [Brochure]. Charlotte, NC: Author.

Coats. (2015). *Apparel sewing: Product search*. Retrieved November 1, 2015, from http:// http://www.coatsindustrial.com/en/products-applications/apparel

Thiry, M.C. (2008, November). In stitches. *AATCC Review: International Magazine for Textile Professionals* 8, 24–26, 28–30.

第九章
CHAPTER 9

支撑和保暖材料
Support and Thermal Materials

服装组成包括所有的面、辅材料，内部材料和装饰材料也包含其中，影响服装成品的耐磨损性、外观和性能。支撑材料是服装制作过程中不可缺少的组成部分，是独立应用的织物层。它们通过支撑的方式使服装硬挺，达到特定的轮廓或其他效果。它们也可以是独立的部件，连接到服装的内部，便于清洁。设计师在选择支撑材料时要考虑与服装类型、最终用途、织物重量、表面纹理、纤维含量、光洁度和护理方法相匹配。此外，织物和支撑材料必须在收缩性、延伸性、外观保持度、耐磨性、色牢度等方面相匹配。

衬料（INTERLININGS）

衬料是具有一定厚度的，置于面料与里料之间或成品服装两层面料之间的服装材料，可为服装提供稳定性和保存热量。衬料被裁剪成与衣片相匹配的形状，并黏附于衣片的反面，在服装生产过程中，衣片和衬料作为一个整体处理。当使用易熔衬时，将一整卷面料或面料的一部分与衬黏合（称为卷对卷黏合）。因此，裁剪服装部件后就可以进行缝制了。衬料有如下功能：

- 防止所处区域的拉伸和起皱，如领口、门襟、育克、腰带、口袋等部位；
- 支持立领、翻领、袖口、口袋和袋盖等的形状；
- 为定制西装、连衣裙和外套的主体部位提供廓型支持；
- 为夹克和外套的肩部造型提供支撑；
- 增加纽扣和扣眼区域的强度；
- 在裙摆和袖口提供边缘强度；
- 增加背带和腰带的硬度；
- 增加服装保暖性；
- 提供稳定的刺绣或压花效果。

服装生产中使用各种不同类型的衬料，重量从1.36克/平方米（0.04盎司/平方码）到135.62克/平方米（4盎司/平方码）。衬料大类可分为易熔材料和补缝材料，然后按基材进行细分类。通过加热、时间和压力的精确组合，黏合衬可以黏合在面料的背面。黏结剂是由聚乙烯或聚酰胺制成的树脂涂层，以浆糊印刷、胶点印刷、分散涂覆或喷雾烧结涂料的形式应用于机织、针织或非织造基材上。

浆糊印刷（Paste Printing）：采用圆筒丝网印刷法将树脂膏（胶粉、水等润湿剂的混合物）以细小均匀点的形式涂在基材织物上。印刷后，加热蒸发残余水分，使树脂凝固，黏在基材上。浆糊印刷衬料质量上乘，用于衬衫领子和其他轻薄服装和透明面料。

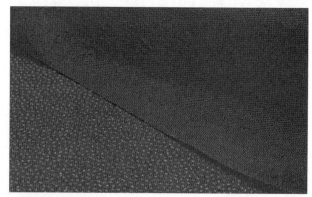
浆糊印刷黏合衬

胶点印刷（Dry-Dot Printing）：基布通过加热辊和刻有小圆点的印花辊，热量使树脂软化，穿过辊上的小圆点并黏附在基材上。这种类型的黏合衬可应用于各种重量的织物和服装上。一般来说，轻薄、光滑的面料需要很多小的黏合点，这样树脂才能尽可能多地渗透到面料的表面，达到令人满意的黏合强度。另外，重型面料需要更大但更少的黏合点。每平方厘米的黏合点数可以为2~9个。粉点印刷黏合衬比分散或烧结涂层黏合衬质量更高。

胶点印刷黏合衬

喷涂涂层［Scatter (Spray Sintered) Coating］：传送带移动基材，上方的喷雾器将树脂喷洒在基材上。涂覆的基材经过烘箱，使胶黏剂软化并压入基布中。这种类型的树脂涂层黏合衬适用于各种重量的织物和服装。喷涂黏合衬是最经济的衬料，其均匀性和质量不及胶点印刷黏合衬。

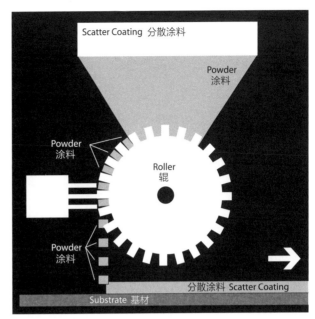

喷涂涂层黏合衬

衬料制造商为每一种产品提供详细的规格表，说明它们在服装使用寿命中拥有的附着力和性能。Gerry Cooklin在《黏合技术》一文中说，"每种类型的树脂都有自己的特征，选择树脂时应考虑以下因素：①服装的风格；②面料和处理要求；③工厂中可用的黏合设备；④黏合的基布；⑤综合成本；⑥水洗或干洗耐久性"在生产过程中，缝合式衬里必须缝在面料上。黏合衬和缝合衬均可采用机织面料、针织面料或非织造布。非织造黏合衬是最常用的衬里，因为它们比缝合式衬里使用更快捷，而且更经济。衬料成卷包装，规格长度为50米（50码），宽度有50.8厘米（20英寸）、91.4厘米（36英寸）、1.14米（45英寸）、1.52米（60英寸）、1.68米（66英寸）和定制宽度，可根据需要进行裁剪。

缝合式机织衬

针织衬（Knit Interlining）：经编针织衬用尼龙、人造丝、涤纶等纤维或多种纤维混纺制成，以使服装的特定部位保持稳定。为了与服装面料相匹配，能很好地搭配针织或机织服装，衬料有多种重量可供选择。针织衬常用的规格是100米（或50码、100码）的衬卷。卷的尺寸取决于所选衬的类型。典型应用包括：

·用于腰带，保持形状，防止拉伸；
·定制服装，如夹克的正面、肩膀、立领、翻领、袖口、口袋、袋盖和门襟等，以保持形状和防止拉伸；
·用于纽扣和扣眼部位，增加强度；
·用于下摆和袖口部位，保持形状。

衬料（INTERLININGS）

经编衬（Tricot Interlining）：结构紧密的针织经编衬，有黏合衬和缝合衬两种类型。经编衬可用于针织和机织服装，可改善垂感和弹性。

黏合衬

缝合衬

引纬衬（Weft Insertion Interlining）：横向线圈插入纬纱的针织衬，可在横向上增加强度和稳定性。莫尔效应是在斜纹织物中应用引纬衬的常见问题。莫尔效应指的是由于黏合部分和衬里插入的纬纱对齐而在服装面料表面出现条纹或水波纹。典型应用包括：

· 用于腰带，保持形状，防止拉伸；
· 用于定制服装，如夹克的正面、肩膀、立领、翻领、袖口、口袋、袋盖和门襟等，以保持形状和防止拉伸。

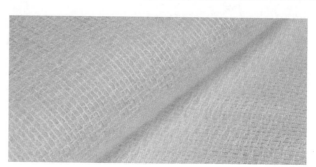

引纬衬

机织衬（Woven Interlining）：由各种纤维如棉、人造丝、涤纶、马海毛、羊毛或多种纤维混纺制成，为服装特定部位提供强度和稳定性的机织黏合或缝合衬。机织衬有多种重量可供选择，与服装面料相容性好。机织衬须沿布纹线或斜向裁剪，以避免机织服装变形，有黏合式和缝合式两种类型。机织衬的常用卷筒是100米（或50码、100码）。典型应用

包括：

· 用于腰带，增加松紧度，保持形状，防止拉伸；
· 定制服装，如夹克的正面、肩膀、立领、翻领、袖口、口袋、袋盖和门襟等，以保持形状和防止拉伸；
· 用于纽扣和扣眼部位，增加强度；
· 用于下摆和袖口部位，保持形状。

机织衬（1）

机织衬（2）

腰衬（Ban-Roll Interlining）：用硬材料制成的机织结构的衬里，在缝进腰头时不会起皱或卷起来。一些腰衬有拉伸性。腰衬宽度有2.54厘米（1英寸）、3.18厘米 $\left(1\frac{1}{4}英寸\right)$、3.8厘米 $\left(1\frac{1}{2}英寸\right)$、5厘米（2英寸）。腰衬可用于裙子、短裤、裤子的腰头，提供结构稳定性。

腰衬

腰头衬（Waistband Curtain）：腰头衬是采用机织结构制成的腰带插入物，可裁剪到合适的长度，并缝在定制西裤、裤子和裙子的腰头内部，提供结构稳定性。腰头衬可作为大货生产，也可根据客户要求定制尺寸、结构、细节，如嵌边、印花、有品牌或标志的花纹、特殊针脚等。一些腰头衬使用弹性纱线或表面有橡胶纹理，以防止男性衬衫在扎进裤子时松脱。典型的应用包括定制的裙子、短裤、裤子和西裤的腰头，可以为服装提供结构稳定性和干净的边缘外观。

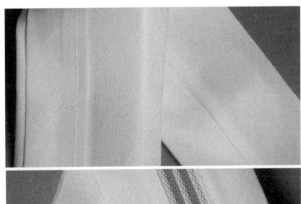

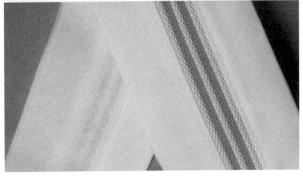

腰头衬

衬料（INTERLININGS）

维根衬（Wigan）：由棉、人造丝、涤纶或多种纤维混纺而成的机织或非织造衬。维根衬宽度有5厘米（2英寸）、6.35厘米（$2\frac{1}{2}$英寸）、7.62厘米（3英寸）、10.16厘米（4英寸）等，100米（或100码）一卷，可以直纹或斜纹裁剪。维根衬常用于袖口折边，可增强结构稳定性。

维根衬——非织造黏合衬

维根衬——机织缝合衬

非织造衬（Nonwoven Interlining）：由人造丝、涤纶、尼龙和腈纶纤维或多种纤维混纺而成的非织造的缝合衬或黏合衬。其他纤维，如烯烃、维纶、棉和醋酸酯纤维也可以用来制作非织造衬。非织造衬有多种重量可供选择，手感也不尽相同，与服装面料匹配性良好，可用于针织面料服装和机织面料服装。当需要特定方向的强度或材料成为关键的成本因素时，可选择单向或多向非织造衬。在大规模生产中，黏合衬比缝合衬成本更低，因为它们与织物的适应性更强。非织造衬成卷包装，长度为100米（或50码、100码）。非织造衬可用于衣领、口袋、腰带、夹克胸部等，使生产过程更为简易。典型应用包括：

· 用于腰带，增加稳定性，保持形状，防止拉伸；
· 定制服装，如夹克前片、肩部、立领、翻领、袖口、口袋、袋盖和门襟，保持形状，支撑轮廓；
· 用于纽扣和扣眼部位，增加强度；
· 用于下摆和袖口部位，保持形状；
· 用于有保暖要求的成衣。

非织造衬

缝编衬［Stitch Reinforced Nonwoven Interlining (Stitched through Nonwoven Interlining)］：非织造衬可进行针迹缝合以提供稳定性，增加强度。本产品是一种性价比高的机织缝合衬替代品。典型的应用包括：

· 用于腰带，增加稳定性，保持形状，防止拉伸；

· 定制服装，如夹克前片、肩部、立领、翻领、袖口、口袋、袋盖和门襟等，提供定向力量，保持形状，并支撑轮廓；

· 用于纽扣和扣眼部位，增加强度；

· 用于下摆和袖口部位，保持形状。

缝编衬（1）

缝编衬（2）

非织造黏合衬条（Nonwoven Fusible Seam Tapes and Stays）：特定长度和宽度的非织造黏合衬，用于服装需要加强稳定性的长度区域。非织造衬条也可以进行针缝以增加稳定性和强度的要求。典型的应用包括：

· 加强接缝，防止织物撕裂或断裂；

· 弯曲部位，如裤裆和袖窿；

· 有里子无袖衣服的袖窿部位；

· 无里子衣服的接缝处，以盖住布料防止皮肤受摩擦刺激；

· 斜向接缝或边缘，以防止拉伸；

· 前襟、衣袖、拼贴布的转角处，增加强度。

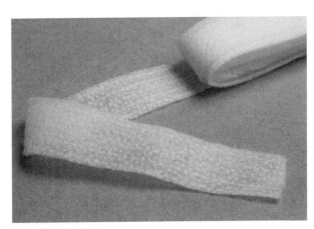

非织造黏合衬带

衬料（INTERLININGS）

可剪除的非织造衬（Cut-Away Nonwoven Interlining）：在刺绣过程中提供稳定和支撑的非织造衬，刺绣完成后可将多余的衬布剪除。

可撕掉的非织造衬（Tear-Away Nonwoven Interlining）：用于衣服反面的非织造衬，在刺绣过程中起到稳定和支撑的作用，可在刺绣后将其撕去。

可剪除非织造衬

可撕非织造衬

刺绣反面用以固定并可剪除非织造衬

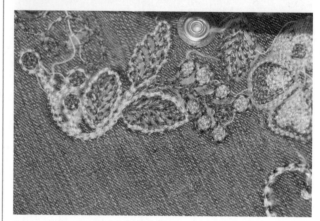

刺绣反面用以固定并可撕非织造衬

水溶衬（Water-Soluble Stabilizer）：在刺绣、贴花和装饰明辑线的工艺过程中使用的具有稳定作用的透明非织造黏合衬，遇水溶解。

水溶衬

里料是与服装面料配套使用的，以相同的方法或相似的轮廓裁剪缝合。里料的种类和质量的选择由面料的种类和质量、服装的款式、价格等决定。里料可由醋酸纤维、棉、尼龙、涤纶、人造丝、蚕丝和羊毛纤维织成。里料可部分覆盖或完全覆盖在服装面料反面。里料的选择很重要，里料应与服装的面料、服装类别和最终用途相匹配。

服装里料有机织材料或针织材料。机织里料因其稳定、光滑的表面而成为服装中最常用的材料。大多数定制有里料的服装都会选择机织面料制作。当面料中含有氨纶时，里料应具有与面料相同的拉伸性，当面料拉伸超过里料时，穿着者的运动就会受到限制。针织里料可以提供宽度方向的拉伸，或根据服装的需要在宽度和长度方向提供拉伸。针织里料被缝进针织服装中，可拉伸是舒适性和形状保持的重要因素。

里料可以永久地与服装面料缝在一起，也可以使其分离。里料的重量和整理方法必须与所有服装部件相匹配。里料的重量应比服装面料轻，以免影响服装的整体外观和结构。里料的图案是单独设计的。服装里料是单独缝制的，在加工过程中与服装的一些部位连接在一起。里料有如下作用：

- 将毛边和结构细节隐藏在衣服里面；
- 方便穿脱；
- 防止面料与身体直接接触，造成皮肤刺激；
- 保暖；
- 延长服装穿用寿命。

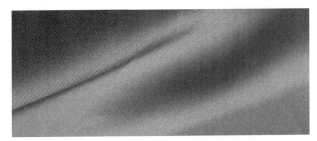

本伯格铜铵丝里料

聚酯缎里料

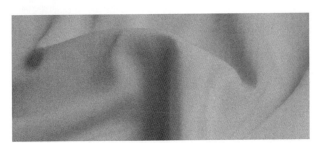

醋酸里料

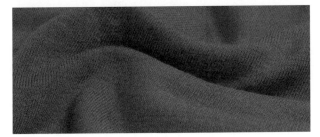

棉针织里料

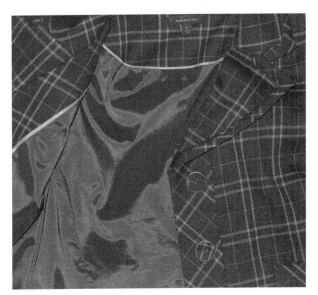

全里夹克

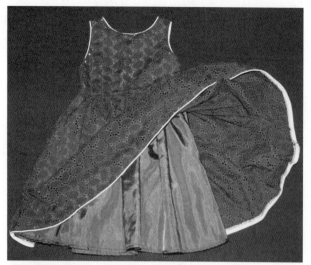

自由悬垂衣里

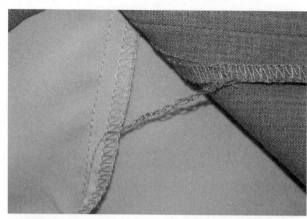

线辫固定

自由悬垂衣里（Free-Hanging Lining）：与服装面料匹配，以相同的方法或类似的轮廓裁剪缝合，衣里不是缝在下摆上，而是通过纽扣固定在接缝处。自由悬挂的衣里缝合在连衣裙、半身裙、裤子、夹克、外套和毛皮服装的面料接缝处。

线辫固定（Swing Tack）：通常以3.8厘米（$1\frac{1}{2}$英寸）长的线辫将衣里与服装面料的接缝处固定。线辫固定的作用有：

· 防止自由悬垂的衣里向上翘起；
· 允许衣里移动，同时限制衣里从下摆露到衣服外面。

半衣里（Partial Lining）：衣里与服装的部分轮廓类似。半衣里的作用有：

· 保持衣服某部位的形状，如裙子、裤子的臀部或裤子的膝盖处；
· 隐藏定制夹克和外套的肩部结构细节。

半衣里

可拆卸的衣里（Detachable Lining）：衣里通过纽扣或拉链与服装面料连接，去掉衣里后服装可以单独穿着。可拆卸衣里常用于：

·风衣、雨衣和外套；

·全天候服装。

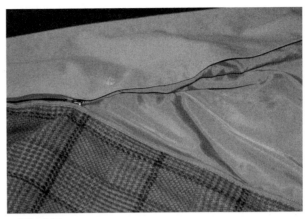

可拆卸衣里

原文参考文献（References）

Brown, P. & Rice, J. (2014). *Ready to wear apparel analysis*. (4th ed.). Upper Saddle River, NJ: Pearson.

Bubonia-Clarke, J. (1998). Bond strength, dimensional stability, and appearance of fused fabrics after professional cleaning [Doctoral dissertation, Texas Woman's University, 1998]. *Dissertation Abstracts International*, 59, no. 05B, 148.

Cooklin, G. (1990). *Fusing technology*. Manchester, United Kingdom: Trafford Press.

The Freudenberg Group. (n.d.; a). *Freudenberg nonwovens: Engineered for performance bonding technology* [Brochure]. Chelmsford, MA: Author.

The Freudenberg Group. (n.d.; b). *Fronts and facings* [Brochure]. Chelmsford, MA: Author.

The Freudenberg Group. (n.d.; c). *Tapes and stays* [Brochure]. Chelmsford, MA: Author.

The Freudenberg Group. (1992). *Fusing glossary* [Brochure]. Chelmsford, MA: Author.

Precision Custom Coatings Inc. (n.d.). *The fusible interlining handbook*. Totowa, NJ: Author.

WAWAK. (n.d). *Waistband curtain*. Retrieved November 1, 2015, from http:// store.atlantathread.com/wael.html

第十章

支撑和造型材料

Support and Shaping Devices

支撑材料为服装的造型提供帮助。选择用于服装构造和增加强度的支撑材料时，要考虑服装的整体外观审美及合身性、服装的类型和风格以及预期的最终用途。设计师需要考虑适合服装缝纫方法和服装整理的支撑材料类型。

垫肩（SHOULDER-SHAPING DEVICES）

垫肩是一种三角形或矩形圆弧形状的垫料，沿一条边保持最大体积，厚度向两侧逐渐减小。用棉、涤纶和其他合成纤维构成内部的垫片，经过模压、针刺或缝制，与非织造布构成的外层共同制成垫肩。露在外面的肩垫上覆盖着一层材料，比如经编针织物或塔夫绸，而那些完全包裹在衣服里面，从外面看不见的肩垫通常是裸露的或未加工的。垫肩可以缝合在衣服上，也可以用尼龙搭扣固定和拆卸。垫肩有各种尺寸、形状、厚度和重量可供选择，最低起售数量为100对。垫肩适用的服装部位及类型：

·连肩袖、插肩袖、绱袖；

·袖山；

·未包覆的（未加工的）、包覆的；

·缝合在服装上的、可拆卸的；

·耐多次洗涤、干洗的产品。

垫肩的用途：

·强调或夸大肩部轮廓；

·支撑衣服的肩部以达到完美的形状；

·维持定制外套和夹克的肩部造型。

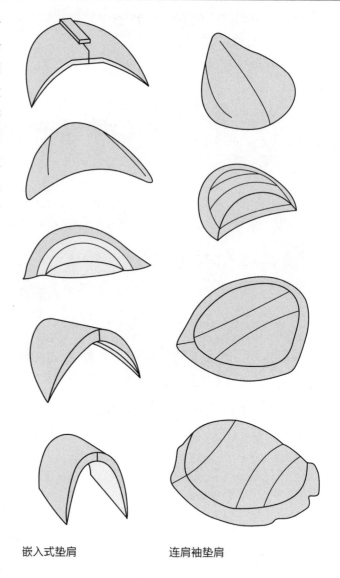

嵌入式垫肩　　　　　连肩袖垫肩

袖窿衬（Sleeve Head）：由一窄条非织造的棉絮材料制成的肩部支撑物，用来支撑和塑造袖窿的顶部。

泡泡袖衬（Sleeve Puff）：由一种薄的非织造材料制成的支撑物，其强度相当于或略高于面料的强度，以支持和形成一个泡泡袖的设计。

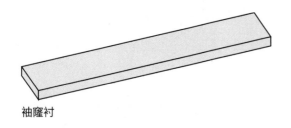

袖窿衬

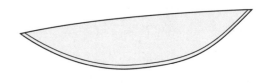

泡泡袖衬

躯干支撑和造型材料 (TORSO SUPPORT AND SHAPING DEVICES)

胸部或躯干其他部位内置塑型和支撑的材料，在今天的服装市场很受欢迎。

罩杯（Bra Cups）：是由泡沫、乳胶或合成棉压制或缝制成的圆锥形产品。罩杯可以是裸露的或有外层包裹，它可以作成分离的罩杯也可以与文胸缝制为一体。罩杯的大小与文胸相同，最低起订量为100对。

罩杯有以下款式：

·全杯；	·填充型罩杯；	·上托聚拢全杯；	·水滴状罩杯；
·半杯；	·无缝上托聚拢罩杯；	·上托聚拢半杯；	·带钢圈文胸；
·无缝圆形罩杯；	·运动文胸和泳装文胸；	·聚拢型罩杯。	

罩杯的功能如下：

·塑造泳装上衣和文胸的形状；　·支撑无肩带服装的形状；　·在脱下文胸会影响衣服外观的地方支撑衣服。

 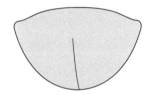  

无缝圆形罩杯　　　　聚拢型罩杯　　　　　半杯　　　　　　　泳装垫

内衣钢圈（Lingerie Underwire）：不锈钢圈或塑料圈形状成U形，插入文胸和内置文胸的服装中，为塑造胸部形状提供坚实的支撑。钢圈是和文胸罩杯尺寸相匹配成对整批出售的。

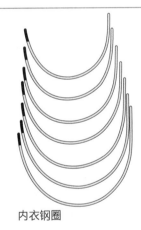

内衣钢圈

可拆卸内衣撑条（Lingerie Separating Wire）：不锈钢丝或塑料鱼骨制成U形、V形，两端有封口，可插入到一些文胸、泳装、晚装胸部前中心位置，为其提供强有力的胸部造型支撑，也可用于无肩带服装的领口，塑造性感的女性魅力。可拆卸撑条按长度和宽度整批出售。

 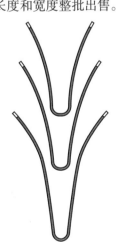 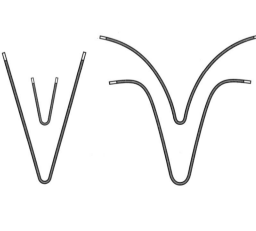

可拆卸内衣撑条

躯干支撑和造型材料（TORSO SUPPORT AND SHAPING DEVICES）

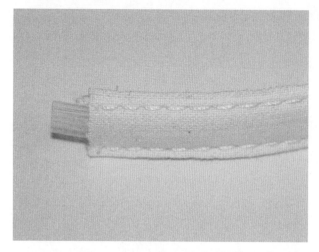

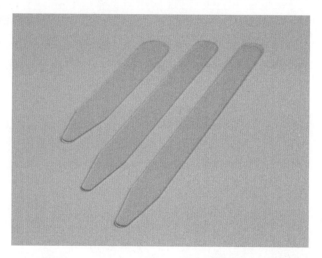

鱼骨［Boning（Stay Strip）］：宽度为3.2~19毫米（$\frac{1}{8}$~$\frac{3}{4}$英寸）的不锈钢或塑料条状物，较平坦，重量较轻，用于支持服装胸部或躯干造型。鱼骨可放置在公主线接缝、刀背缝、前中心线、后中心线接缝、衣领或其他服装接缝处。鱼骨的长度可定制，或装在137米（150码）的轧辊上。鱼骨的功能如下：

· 支撑无肩带紧身胸衣，提升腰围线，塑造立领形状；

· 防止腰带变形和起皱；

· 保持紧身胸衣的形状；

· 保持整圆裙夸张的轮廓；

· 在衬裙、晚装和新娘礼服中制作环状裙廓。

领插片（Collar Stay）：平坦狭窄的塑料或金属片，一端圆滑柔软，装入衬衫领子底部的面料夹层中。领插片可以打印品牌名称或标志，整批出售。领插片的功能如下：

· 保持衬衫领口的形状；

· 防止领角扭曲、转动、卷曲；

· 支撑和保持立领的形状；

· 支撑和保持袖头的形状。

织带和嵌条（FABRIC TAPES AND STAYS）

织带和嵌条（Seam tapes and stays）：是预先确定长度和宽度的条状材料，适用于需要稳定的服装部位。织带和嵌条有黏合、缝合等种类，其功能如下：

· 加强受拉力部位的接缝，防止织物撕裂或断裂；

· 加强裤子和短裤弯曲的裆缝；

· 稳定袖子的曲线接缝（如蝙蝠袖和插肩袖）；

· 盖住接缝处，以确保无衬里衣物的舒适性和可穿性，因为布料可能会刺激皮肤；

· 防止斜向接缝或边缘拉伸；

· 稳定贴边和服装结合的部位；

· 加强斜线、前襟、衣袖折边的拐角；

· 防止腰围方向的拉伸和变形；

· 固定裙子的腰围，方便后续生产工艺。

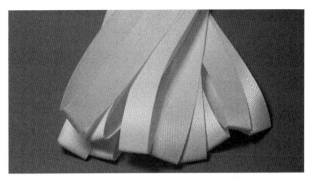

包边条（Bias Tape）：斜裁的平纹织物，两边向中间折回6.4毫米（$\frac{1}{4}$英寸），多种宽度可供选择，可用于衣服的下摆，防止卷边。包边条由棉纤维、人造丝、丝或合成纤维织成，一边折叠或两边同时折叠，折叠后宽度为9.5~38.1毫米（$\frac{3}{8}$~1$\frac{1}{2}$英寸），成品长度为100码或100米，成卷出售。包边条用于：

· 接缝和下摆，隐藏面料的原始边缘，防止脱散；

· 需要弹性的边缘；

· 由厚重的面料制成的衣服，面料本身折叠起来太厚重。

斜纹带（Twill Tape）：结构紧密的斜纹机织织带，宽度为6.3~25.4毫米（$\frac{1}{4}$~1英寸），由天然纤维或合成纤维织成，成品长度为100码或100米，成卷出售。斜纹带用于：

· 增加接缝处的强度；

· 增加一片式面料折叠处、口袋、切口接缝或直裁闭合处的稳定性。

蕾丝花边（Lace Seam Binding）：可拉伸或不可拉伸的花边缎带，品种繁多，宽度为5厘米（2英寸），适用于下摆，同时起装饰作用。蕾丝花边由天然纤维或合成纤维织成，与服装面料相匹配，100码或100米卷装销售。蕾丝花边用于：

· 代替斜纹带用于下摆；

· 装饰面料边缘；

· 用于衣服边缘装饰或用于装饰服装细节。

滚边缎带（Ribbon Seam Binding）：天然纤维或合成纤维制成的轻量级的窄缎带，宽度大约为1.3厘米（$\frac{1}{2}$英寸）。滚边缎带种类繁多，与服装面料相容性好。它弹性好，可以轻松地在弯曲的边缘进行缝合，100码或100米卷装出售。滚边缎带用于：

· 下摆边缘，直裁边缘和接缝处；

· 增加接缝处强度；

· 保持接缝处和腰围的形状；

· 用于聚拢和缩缝；

· 保持折边或接缝处形状。

松紧带（ELASTIC）

松紧带是指具有弹性和柔韧性的线、绳、编织带或织带。使用氨纶、乳胶丝或橡胶丝，经切割、挤压或包芯、缠绕、编结或机织而成，它也可以由平坦的、薄型未覆盖外层的带状材料制成。可拉伸的芯材可以不加工，也可以用棉纤维、尼龙、聚酯纤维、聚丙烯纤维或混纺纱缠绕覆盖。松紧带的弹性取决于纤维的含量、芯材、机织或编织的方法和预期用途。机织弹性织带在拉伸时保持原有宽度，而编织松紧带在拉伸时会变窄。这两种类型的松紧带均可以广泛应用于服装。松紧带可以通过锁边、Z字形缝合或包缝链式针法直接应用于服装上，也可以用套管包裹。有弹性的缩褶由多排松紧带制成。睡衣、休闲服、泳装和内衣都需要特殊用途的松紧带。松紧带应依据以下因素进行选择：

- 服装结构；
- 松紧带的回弹力；
- 服装用途；
- 松紧带宽度；
- 织物重量及兼容性；
- 服装护理；
- 服装纤维含量；
- 服装类型及风格；
- 人体外形或体型。

装饰性弹力带（Decorative Elastic Band）：成品宽度为2.5~7.6厘米（1~3英寸）的机织或编织松紧带，裁剪成预定长度，并用于服装边缘，可拉伸。有纯色、印花和几何图案，长度为100米或100码，卷装出售。弹性的程度会因纤维、组织、编织和制造方法的不同而不同。装饰性松紧带常用于：

- 设计细节处，如腰头、袖子边缘、领口、短裤或裤腿底部、裙子下摆；
- 内置于腰带中；
- 适用于跨多个尺码范围的成衣。

松紧编织带（Elastic Braid）：预先测量长度的弹性带状编织物，用于保证服装的拉伸度以适应身体尺寸。松紧带宽度为0.6~7.6厘米$\left(\frac{1}{4}~3\text{英寸}\right)$，长度为100米或100码，卷装出售。松紧带的类型和尺寸是根据服装的款式和面料来选择的。纱线的弹性程度、类型和织造方法决定了松紧带的预期应用。松紧带有软的和硬的两种，常用于：

- 内置于腰带中、外覆于面料上或直接缝合在服装上；
- 用于没有分割线的衣服或超过一定尺寸范围的衣服；
- 在衣服边缘或衣服分割部分作为装饰设计细节。

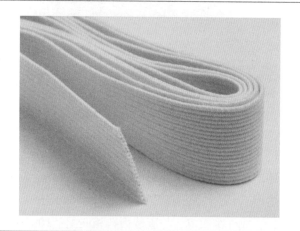

无芯松紧带（Nonroll Ribbed Elastic）：天然纤维或合成纤维没有包覆合成橡胶或氨纶织成的松紧带，宽度为1.9~5.1厘米$\left(\frac{3}{4}~2\text{英寸}\right)$，长度为100米或100码，卷装出售。松紧带常用于：

- 隐藏的腰带或直接使用于衣服上；
- 独立使用或包裹在套管内。

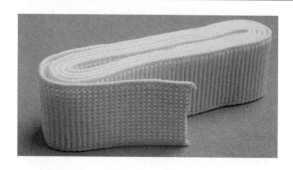

橡皮筋（Elastic Cord）：圆形或椭圆形的有凹槽的弹性线，直接缝在衣服上或穿在有凹槽的机器针脚上。橡皮筋有多种直径，弹性大小不一，长度为100米或100码，卷装出售。橡皮筋常用于：

· 衣袖、裤腿或腰头的边缘；

· 有褶皱或荷叶边效果的衣服；

· 单行或多行橡皮筋可产生缩褶的设计；

· 一片式服装的腰围；

· 婴儿服和童装的领口、下摆和腰带；

· 紧身胸衣的衣褶。

装饰性松紧带（花式松紧带）[Decorative Elastic (Fancy Elastic)]：将包芯纱经编织、针织或机织织成各种宽度和图案的弹性带。花式松紧带可以沿着一条或两条边的边缘编织成环状装饰，也可以做成有弹性的花边图案。这种松紧带比其他松紧带更柔软，因此使用限制较少。花式松紧带常用于：

· 婴儿服、童装和贴身服装的腰围和腿部开口部位；

· 文胸、紧身衣和塑形服的镶边。

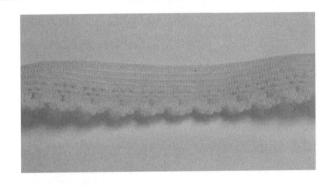

弹性织带（Elastic Edging）：将包芯纱经编织、针织或机织织成的条状织带，织带的一条边或两条边有圆齿、环圈或其他装饰。这种装饰弹性带可以应用在衣服的外面或里面，使服装的边缘得以延伸。弹性织带的宽度为1.6厘米（$\frac{5}{8}$英寸），长度为100米或100码，卷装出售。弹性织带常用于：

· 替代其他会影响衣服舒适性的弹性带；

· 没有适用的封装弹性带的套管；

· 装饰腰部、颈部、袖子或裤脚等边缘。

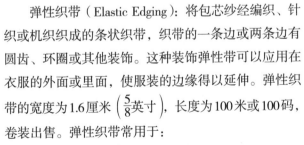

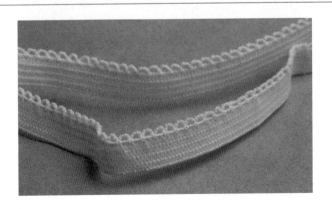

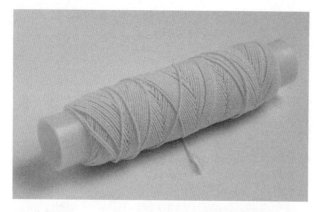

弹力线（Elastic Thread）：芯纱为橡胶或氨纶，覆盖有棉纱、合成纱、混纺纱或金属的可拉伸线。该弹性线坚固柔韧，具有较大的拉伸和回复性。它被缠绕在圆锥体上，用重量而不是码来计量。弹性线可单行或多行使用，具有以下功能：

· 产生装饰性的缩褶、华夫格，腰围处的弹性或装饰性碎褶。抽褶的数量取决于针脚的长度；弹性线的类型和拉伸性；针脚平行线的数目和间距及其与织物的相互关系；
· 适用于尺寸范围较大的服装。

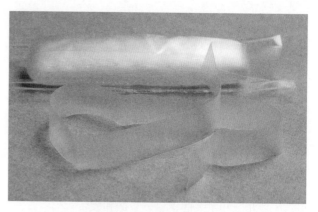

透明松紧带（隐形松紧带）[Clear Elastic (Invisible Elastic)]：在接缝处提供支撑和稳定，但不影响服装外观的透明弹性带。这种松紧带弹性较小。成品透明松紧带宽度为6.4~9.5毫米（$\frac{1}{4}$~$\frac{3}{8}$英寸），长度为100米或100码，卷装出售。透明松紧带常用于：

· 薄型针织服装的肩部或领口；
· 用来固定衣服的衣架；
· 衣服上的隐形肩带，因为面料肩带会影响衣服的外观。

弹性织带（Elastic Webbing）：柔软的弹性编织带，成品宽度为19~32毫米（$\frac{3}{4}$~$1\frac{1}{4}$英寸），可织成预定的长度，一般长度为100米或100码，卷装出售。弹性织带常用于：

· 拳击运动员短裤、运动短裤、睡衣的腰部；
· 尺寸范围较大的衣服。

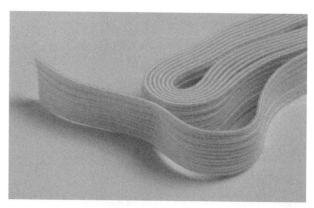

泳装用松紧带（Elastic for Swimwear）：尼龙或聚酯纱线包裹氨纶芯编织成的弹性带状材料，边缘带装饰或不带装饰。松紧带有各种宽度和尺寸，适用于泳装的腿部、腰部、领口和文胸。松紧带宽度是根据服装使用的位置和用途选择。此类松紧带用于泳装的领部、腰部、裤腿的边缘，以保持服装在湿态时的弹性。

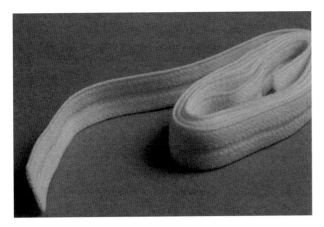

带扣眼的松紧带（Buttonhole Elastic Tape）：带扣眼的松紧带，扣眼与成品织带的边缘平行，间隔一定距离。无论扣眼间距大小，此松紧带都可以与缝在腰带上的纽扣扣起来。带扣眼的松紧带宽度为12.7~25.4毫米 $\left(\dfrac{1}{2}\sim1$ 英寸 $\right)$，长度为100米或100码，卷装出售。带扣眼的松紧带用于调节童装或孕妇服的腰围。

细弹性绳（Drawstring Elastic）：中间插入一根细弹性绳的带状织物，长度为100米或100码，卷装出售。细弹性绳通常在制作合适的腰围之前预测腰围的大小时使用。

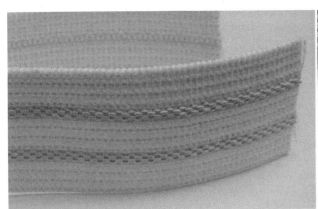

防滑弹性带（Non-Slip-Backed Elastic）：表面有橡胶纱线，或使用压纹及树脂印花，经机织或针织而制成的防滑弹性带。防滑弹性带用于裤子和裙子的腰头，以保持衬衫扎在下装里不会脱散。

原文参考文献（References）

CTS USA. (2015a). *Products: Elastic*. Retrieved November 2, 2015, from http://www.ctsusa.com/_e/dept/02/Elastics.htm

CTS USA. (2015b). *Products: Tapes*. Retrieved November 2, 2015, from http://www.ctsusa.com/_e/dept/04/Hanger_Tapes_Twill_Tape.htm

Richard the Thread. (2013). *Product catalog*. Retrieved November 2, 2015, from http://www.richardthethread.com/index.php?src=gendocs&link=catalog&category=Main

Steinlauf and Stoller Inc. (2002). *Products*. Retrieved November 2, 2015, from http://www.steinlaufandstoller.com/products.htm

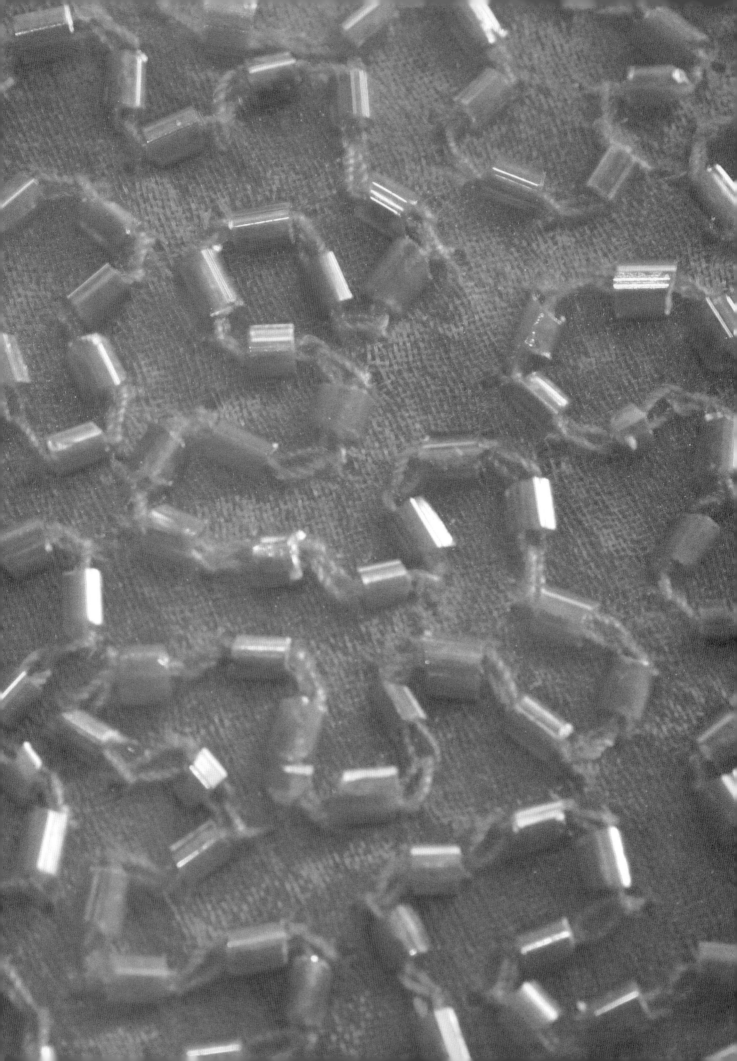

第十一章

饰边和表面装饰
Trim and Surface Embellishments

设计师和产品开发人员运用饰边和其他类型的装饰材料，以增加服装产品的细节趣味性。流行趋势常常影响装饰在服装中的应用。

饰边（TRIMS）

装饰服装的线状材料称为饰边。它们附着在衣服的表面或接缝处，增强服装的设计感和整体美感。饰边可以提高服装的品质，可用于：

· 装饰衣领、袖口、口袋、公主线、腰带、育克等；
· 产生立体效果；
· 强调服装局部；
· 在服装表面形成装饰效果。

多种形式的饰边均可用于服装设计。所选用饰边的类型、宽度、形状取决于：

· 服装类型；　　　　· 服装款式设计；
· 服装用途；　　　　· 服装护理；
· 结构制作方法；　　· 服装纤维特点；
· 与服装品类、色彩、号型的相容性；
· 成本。

编织带（Braid）：由花式纱线编织而成的具有装饰图案的饰边。编织带有多种颜色、图案和宽度可供选择。

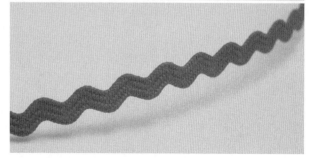

绳带（Cording）：由棉纤维、纤维素纤维、合成纤维捻合而成的直径在3.2~25.4毫米（$\frac{1}{8}$~1英寸）的螺旋状或柱状绳带，可缝在服装接缝处或表面。绳带的材料、编结方式、尺寸有多种可供选择。绳带能够增加服装的重量和硬挺度，在下摆边缘使用产生造型效果，在服装其他部位使用起强调和突出作用。

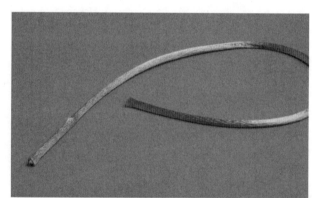

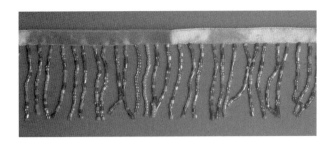

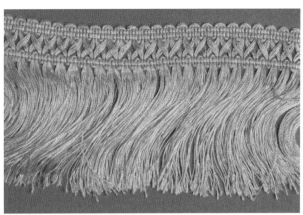

流苏（Fringe）：用自由悬挂的线或珠子做成的穗或带子。流苏可缝在服装的表面或接缝处。流苏有多种款式、颜色和宽度可供选择。流苏常用于：

· 延长边缘；

· 装饰水平结构线；

· 突出服装穿着时的动感。

花边（Lace）：捻合纱和打结纱织成的一种具有透明图案的织物，其宽度、重量、质地和图案多种多。花卉图案是最常见的设计。花边边缘形状不一，有的如扇贝（边缘有突出的弧形饰边），有的如倒钩状（微小的水滴环状饰边）。设计的复杂性和密度、纤维含量、纱线尺寸和类型以及每平方米（每平方英寸）的纱线数量决定了花边质量。花边有助于营造柔美的效果。

装饰带（Passementerie）：编织带、绳带、流苏和缨穗。

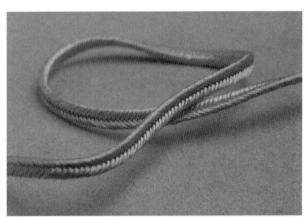

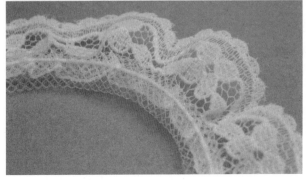

饰边（TRIMS）

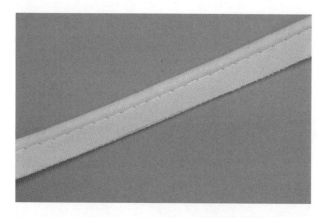 

绲边条［Piping（Cordedge）］：内含或不含填充线材，缝制时缝份插入衣片结构线中，饰边显示在服装表面。有多种不同材质、结构、填料和尺寸的绲边条可供选择。绲边条可以增加服装重量和硬挺度，用在下摆边缘可凸显造型效果，在服装其他部位使用起强调和突出作用。

织带（Ribbon）：采用平纹、缎纹或有小环装饰边缘织成的窄而牢固的织物。有多种不同编织结构、宽度、颜色和印花的织带可供选择。织带的类型包括：

- 罗缎；
- 蕾丝；
- 提花织带；
- 薄纱缎带；
- 单面或双面缎带；
- 单面或双面天鹅绒带。

织带可用于：

- 在针织衫领口内侧缝织带，以增加装饰和稳定感；
- 缝制完成的衣片边缘；
- 增加重量和硬挺度，在下摆边缘突出效果；
- 形成花卉、蝴蝶结等效果。

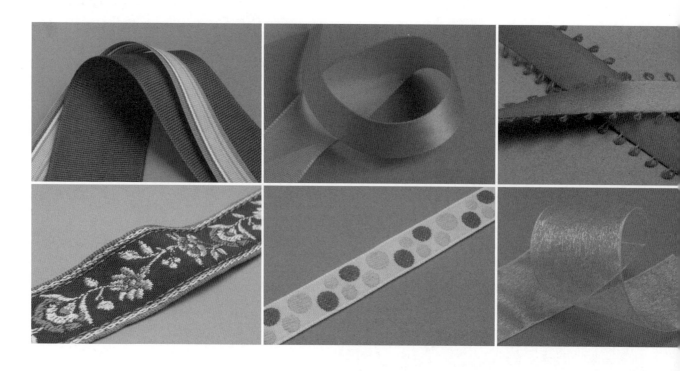

表面装饰（SURFACE EMBELLISHMENTS）

表面装饰，是附着在服装表面的物件，以改变服装的美学外观。运用表面装饰来改变一件服装的美学外观，会因设计师的想象力和运用它们的技能受限制。珠饰、刺绣或丝网印刷会在同样的衣服上产生不同的效果。

各种形式的表面装饰运用于服装产生的作用：

· 装饰服装；

· 设计细节；

· 产生立体效果；

· 在衣领、袖口、口袋和褶边产生装饰效果；

· 强调服装配饰；

· 产生设计点。

选择表面装饰的类型、形状和使用位置取决于：

· 服装款式设计；

· 服装类型；

· 服装用途；

· 服装护理；

· 装饰的附加方式；

· 形状、颜色、尺寸与服装的匹配性；

· 成本。

组合装饰（Appliqué）：基本织物与纱线、织物、珠饰、亮片、水钻组合而成的装饰。

珠饰（Beads）：有孔的小圆球、管状或其他形状的珠子。可将珠子串起来然后固定到服装上；也可将珠子单独缝在服装上；或者将珠子先缝合在衬料上形成一定的图案再缝合到服装上。珠饰是由丙烯酸材料、玻璃、坚果、贝壳、石头或木材制成的。

轧花（Embossing）：以特殊的无纺布或针织易熔衬作底布，采用合成橡胶模具设计和热压形成的表面凸起纹理。对服装施加热和压力时，可熔衬会获得模具设定的形状。

表面装饰（SURFACE EMBELLISHMENTS）

刺绣（Embroidery）：在服装表面用线缝制成特定图案。刺绣常用于：

· 服装底边或局部添加装饰图案；

· 为服装增加标识、文字或表面装饰；

· 使服装更有个性，增加定制感。

金箔薄片（Foiling）：使用热压机将合成薄膜制成有金属光泽的亮片。当热量和压力施加到薄膜上时，它便永久地黏合到服装上。

水钻（Rhinestones）：多面体玻璃或塑料制成的仿宝石，有多种颜色和尺寸可供选择。服装上的水钻具有闪光效果。

丝网印刷（Screen Printing）：将颜料涂到有图案的筛网上，使用压力将图案转移到织物上。一种颜色需要一个丝网。另一种更经济的可替代丝网印刷的技术是热转印（也称为热转移）。热转印的质量较差，不耐磨损和清洗。

圆形亮片（Sequins）：塑料制成的小而薄的圆或正方形薄片，表面哑光或有光泽，中间有孔。亮片可以串成一串缝在服装上，也可以单独缝在服装上，或者先缝合在衬料上形成一定的图案再缝合到服装上。有多种规格和颜色可供选择。亮片可产生闪闪发光的效果。

提花垫纬凸纹布（Trapunto）：一种绗缝物，图案是用两排或两排以上的平缝针缝出的，然后在底面加入衬垫物，以达到凸起的效果。

第十二章
CHAPTER 12

紧固材料
Closures

紧固材料，即扣紧材料，是用来将服装一些部位连接、固定在一起的扣合件。它们是为各种特定功能设计的。紧固材料具有装饰性和功能性。设计师可以将它们作为服装的设计亮点，以增加创意和审美。

功能性紧固材料可设计为隐藏式或外显式物件。选择紧固材料时需考虑以下因素：

·服装款式设计；
·服装类型；
·服装闭合方式；

·服装用途；
·服装护理；
·闭合材料的位置；
·闭合材料的使用方法；
·织物的重量、类型和质地。

纽扣（BUTTONS）

纽扣是一种圆盘状、结子或其他三维形状的扣合件，可以从扣眼、扣襻或狭窄的开口中穿过去，用来扣合服装或服装的局部。

纽扣有多种规格可供选择，其尺寸由"莱尼"（L）表示，莱尼是表示纽扣直径的单位。一莱尼等于0.025英寸（0.635毫米），因此，直径为1英寸（25.4毫米）的纽扣也可表示为40莱尼（40L）。表12.1是常规纽扣的尺寸。

纽扣批量生产，最小数量是144个，即12打；大批量生产时其数量可达1728个，是小批量生产的12倍。

纽扣大小不一，形状各异，包括扁平的、圆的、半球体和圆球体。纽扣表面可以是光滑的、凸起的、有图案的或有装饰的。纽扣兼具功能性和审美性，形状、尺寸、图案不规则的新颖纽扣可用于装饰服装。

扁平纽扣　　　　　　圆顶纽扣　　　　　　半球体纽扣　　　　　　球形纽扣

服装工业中，各种各样的天然材料和人造材料被用来制作纽扣。纽扣可以由骨头、玻璃、动物的角、皮革、三聚氰胺、金属(冲压、铸造或电镀)、尼龙、珍珠或贝壳、塑料、聚酯、橡胶、坚果、尿素甲醛和木材制成。纽扣可用编织物、绳带或织物包覆，以搭配衣服。

用人造材料制作纽扣的方法多种多样，如压塑、注塑、棒铸、旋转或轮铸、片材浇铸等，这些方法可以制作出纽扣的底坯，底坯是尚未制作成纽扣成品的形式。在制造成品阶段，坯料成型，钻孔或插入柄。金属或合金纽扣经过铸造和精加工成型；由天然材料制成的纽扣通常经过冲切、锯切或切片，然后制造成型。

压缩成型（Compression Molded）：将压力和热量施加到树脂上，如尿素、三聚氰胺或改性聚酯，以形成纽扣或底坯。可在成型过程中加入珠光颜料，制作仿珍珠纽扣。

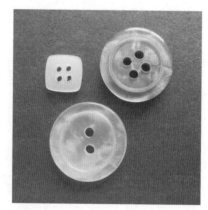

压缩成型

表12.1　纽扣规格

莱尼值	纽扣直径
14L	8毫米 $\left(\frac{5}{16}英寸\right)$
16L	9.5毫米 $\left(\frac{3}{8}英寸\right)$
18L	11.5毫米 $\left(\frac{7}{16}英寸\right)$
20L	12毫米 $\left(\frac{1}{2}英寸\right)$
22L	14毫米 $\left(\frac{9}{16}英寸\right)$
24L	15毫米 $\left(\frac{5}{8}英寸\right)$
27L	17毫米 $\left(\frac{10}{16}英寸\right)$
28L	18毫米 $\left(\frac{11}{16}英寸\right)$
30L	19毫米 $\left(\frac{3}{4}英寸\right)$
32L	20毫米 $\left(\frac{13}{16}英寸\right)$
36L	22毫米 $\left(\frac{7}{8}英寸\right)$
40L	25毫米 $\left(1英寸\right)$
44L	27毫米 $\left(\frac{9}{8}英寸\right)$
54L	34毫米 $\left(\frac{11}{8}英寸\right)$
72L	44毫米 $\left(\frac{7}{4}英寸\right)$

(M&J trimming, n.d)

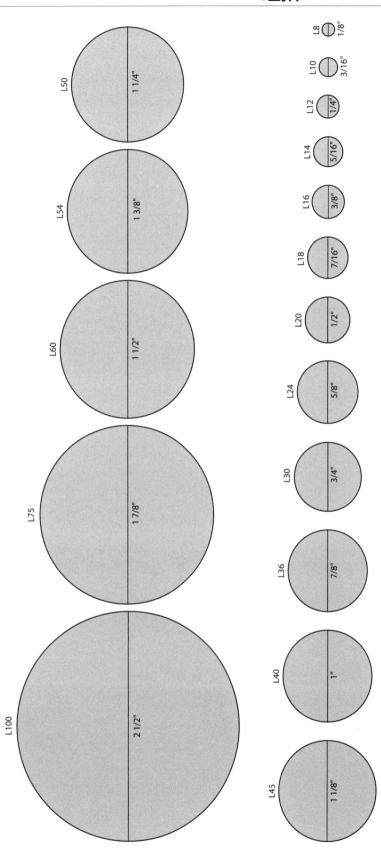

莱尼卡

纽扣（BUTTONS）

注塑成型（Injection Molded）：将液体树脂在压力下注入封闭模具的空间中。此方法适用于制作橡胶、塑料、聚酯、脲醛等材料的成型纽扣。

注塑成型纽扣

金属熔铸（Metal Cast）：熔融的金属和合金被浇注到单独的模具内，这是一种用于制造金属纽扣的方法，该金属纽扣可直接使用或纽扣表面电镀装饰效果。

金属熔铸纽扣

金属冲压（Metal Stamped）：金属或合金板冲压成型，经切割制成纽扣。此方法是制作金属纽扣的另一种方法。

金属冲压纽扣

管状铸模（Rod Cast）：改性聚酯树脂浇铸在由铝或玻璃制成的管中，固定后将棒切成坯料，固化后制成纽扣。此方法多用于制造多色和有斑点的纽扣。

管状铸模纽扣

旋转铸型（轮铸）[Rotation Cast（Whel Cast ）]：将改性聚酯树脂放置在一个旋转的圆柱体中形成毛坯，毛坯经模切、固化后制成纽扣。此方法适用于制造具有特定方向或特殊表面的纽扣，如多层颜色、不透明的白色、斑点和珠光的组合纽扣。

旋转铸型
纽扣

薄板铸件（Sheet Cast）：聚酯树脂浇铸在垫片之间，垫片放在玻璃板或带有垫圈的开口模具之间。坯料经模切、固化，制成纽扣。此方法适用于制造具有特定方向或特殊表面的纽扣，例如不透明的白色和珠光纽扣。

薄板铸件
纽扣

纽扣可分为三大类：穿透式缝合纽扣、有柄的纽扣和钉扣。纽扣的选择需考虑以下因素：

·服装款式设计；
·服装用途；　·闭合的类型和目的；
·服装结构；　·织物类型、重量、密度和质地；

·纽扣的尺寸和形状；　·服装湿处理（后整理）；
·所使用纽扣的数量；　·服装护理；
·纽扣的使用方法；
·纽扣的设计及类型；
·纽扣的位置。

穿透式缝合纽扣（Sew-through Button）：纽扣上有两个、三个或四个孔眼，孔眼与中心等距，用于将纽扣缝到衣服上。孔缘是纽扣上钻孔或孔眼周边的部分。缝纫线穿过孔眼将纽扣平贴固定在织物上，也可以用缝纫线将纽扣稍稍抬高与织物之间形成线柄固定。纽扣固定在面料上有多种不同针迹的缝纫方法。参见第21章 ASTM D6193线迹和缝口标准规范，详细说明了穿透式纽扣的针迹样式。穿透式缝合的纽扣表面可以是平的或圆顶的，一些双孔圆顶形纽扣在孔缘处形成一个凹进的鱼眼形状。双孔和四孔的纽扣都可以在孔缘处作凹陷，增加设计感的同时可标记正面。

品牌名称、徽标和图案均可以铸造、雕刻、模塑或压印到纽扣上。穿透式缝合纽扣可用于衣服的门襟、衣领、领口、袖口、内胆与外套结合处、口袋、吊带和腰封上。常见的用法如下：

·平角内裤和短裤；
·休闲衬衫、正装衬衫、运动衫和毛衣；
·休闲裤、短裤和裤子；
·连衣裙和裙子；
·夹克、外套和户外服；
·休闲装、睡衣和长袍；
·西装和马甲。

双孔穿透式缝合纽扣

鱼眼形双孔穿透式缝合纽扣

四孔穿透式缝合纽扣

纽扣（BUTTONS）

有柄纽扣（Shank Button）：形状各异、尺寸不同，有多种表面图案的立体纽扣，在底面有一个凸起物，是由金属或塑料制成的孔环，用以将纽扣缝合在衣服上。该柄上有一个用于缝合的孔眼，因此在衣服表面看不到缝合点。柄的尺寸随纽扣的类型和使用方法而变化。有柄纽扣包括：

- 钟型有柄纽扣；　　　· 针型有柄纽扣；
- 螺丝钉或螺旋有柄纽扣；　· 工字型有柄纽扣；
- U字型有柄纽扣。

有柄纽扣用于那些用可见的方式缝合纽扣会影响服装的外观，以及厚重面料服装的闭合处。纽扣柄提供了容纳衣服厚度所需的空间，并使得纽扣固定在扣眼的顶部。有柄纽扣使扣眼处不再扭曲和拥挤，服装闭合处平滑紧固。从服装表面看不到纽扣的柄，有柄纽扣可用于前襟止口、袖口、口袋和腰带的止口。常用于：

- 衬衫和毛衣；
- 连衣裙和礼服；
- 夹克、外套和户外服；
- 休闲装、睡衣和长袍；
- 西装外套（女式）和马甲。

（请参阅第21章有关针迹和接缝的ASTM D6193标准规范，详细介绍了有柄纽扣的缝合方式。）

钟型有柄纽扣

针型有柄纽扣　　　　　螺旋有柄纽扣

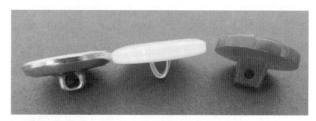

工字型有柄纽扣

U字型有柄纽扣

工字钉扣（Tack Button）：黄铜、不锈钢、钢或金属合金铸造的纽扣，纽扣不是用线缝到服装上，而是从衣服反面插入纽扣夹头或纽扣柄，与服装正面的纽扣帽钉合在一起。这些纽扣可以是圆顶的、平顶的（封闭的）、开口的或两件式扣帽的。工字钉扣可以固定在一个位置，有的工字钉扣扣帽可以旋转，再将金属或尼龙螺纹钉插入金属扣帽。品牌名称、标志和图案可以刻画在纽扣上。钉扣用于牛仔布或其他坚固织物制成的衣服上，如前门襟、袖口、口袋和腰带止口。常用于：

- 牛仔裤、裙子、短裤和工作服；
- 休闲夹克。

工字钉扣夹头　　　　　螺丝钉

组装纽扣（组合纽扣）[Assembled Button（Combination Button）]：混合材料（如塑料和金属，金属和金属），通过黏合、模锻（用特殊工具将冷金属弯曲成所需形状）或冲压制作更具设计感的纽扣。组合纽扣可用于服装的门襟、袖口、口袋和腰带止口。常用于：

· 西装外套（女式）和休闲夹克；

· 休闲衬衫和连衣裙；

· 休闲裤、牛仔裤和短裤； · 外套。

组装纽扣（组合纽扣）

盘线扣（Corded Button）：绳索、饰带、编织带或管状织物经加捻、环绕、编织或打结制作的纽扣，与扣环搭配使用。绳线盘为球形时，被称为中国结扣。盘线扣可用于服装的前襟、袖口止口。常用于：

· 衬衫和毛衣；

· 大衣及外套（女装）；

· 套装夹克和背心。

盘线扣

包覆式纽扣（Covered Button）：两件式组合，顶部覆盖一层或多层织物或其他材料，并夹在底部柄内。纽扣可以完全包覆，也可以由金属勾勒边框，表面装饰其他材料。当纽扣用于搭配、点缀、对比服装织物或搭配相应的装饰时，可选择使用包扣。这种纽扣用于门襟、袖口和口袋。常用于：

· 衬衫和毛衣； · 外套和外出服；

· 连衣裙； · 休闲装、睡衣和长袍；

· 套装夹克和马甲。

包覆扣

套环扣（Toggle）：长筒形或扁长形纽扣，有的可穿透式缝合，有的带柄，有的由两个环组成成对的闭合组件，其中一个环位于条形纽扣上。通常在难以锁扣眼的地方使用套环扣，例如厚织物或毛皮制成的服装，套环扣出现在门襟止口。套环扣有多种尺寸、形状、材料和饰面的产品供选择。常用于：

· 外套和户外服； · 毛衣； · 马甲。

套环扣

扣眼（BUTTONHOLES AND OPENINGS）

扣眼是衣服门襟处的一个个开口，尺寸足以容纳一个纽扣穿过。扣眼是在衣服的叠搭部位上形成的。女装门襟一般是右搭左，男装门襟一般是左搭右。水平扣眼在服装中更为常见，垂直扣眼用于需隐藏纽扣或窄前襟的服装，在一些针织服装中也使用垂直扣眼，因为水平扣眼会导致服装在穿着过程中的变形。扣眼有三种类型：直型、嵌线型、槽型。每种类型都有其适用的场合。套环也可以用来代替扣眼作为服装闭合的物件。扣眼或开口的类型和大小取决于：

· 服装类型；
· 服装款式设计；
· 织物类型和重量；
· 扣眼开口的功能；
· 扣眼的工艺方法；
· 纽扣位置；
· 纽扣尺寸和形状；
· 需要的纽扣数量。

（参见第21章ASTM D6193针迹和缝纫的标准操作规程，明确扣眼的形成方法。）

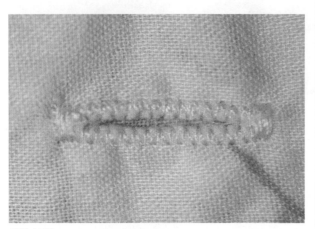

平头扣眼

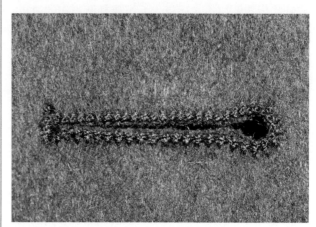

锁眼扣眼（圆头扣眼）

平头扣眼（Straight Buttonhole）：机器缝制扣眼，线迹呈现锯齿形的缝线矩形框，可以改变锯齿形线迹的密度，并在矩形两端用套结固定（用于加强应力点的紧凑之字形缝线）。平头扣眼可用于衣领、门襟、领座、袖口、口袋和腰头止口。使用平头扣眼的服装包括：

· 平角内裤和短裤；
· 休闲衬衫、正装衬衫、运动衫和毛衣；
· 休闲裤、短裤和长裤；
· 连衣裙和半裙；
· 夹克、外套和户外服；
· 休闲装、睡衣和长袍；
· 套装和马甲。

锁眼扣眼（圆头扣眼）［Keyhole Buttonhole（Eyelet or Eyelet-end Buttonhole）］：一种由锯齿形缝线组成的变形矩形扣眼，锯齿形线迹的密度可以变化，一端用套结固定，另一端是圆头锁眼，形成眼睛形状。扣眼一端的圆眼形状为扣柄提供了更多的空间，以避免服装扣合时出现变形。锁眼扣眼可以用填充绳和加固套结制作。锁眼扣眼可用于门襟、袖口、口袋、衣领以及腰头止口。常用于：

· 衬衫和毛衣；
· 夹克、外套和外出服；
· 连衣裙和礼服；
· 休闲装、睡衣和长袍；
· 套装和马甲。

嵌线扣眼（开牙扣眼）[Bound Buttonhole（Welt Bound Buttonhole）]：用与服装相配或形成对比的织物做嵌条，在服装上形成开口，使纽扣可以通过。这种类型的扣眼具有装饰性，使用对比织物时可以增加设计感，常用于前襟、袖口和口袋。常用于：

・上衣和衬衫；
・连衣裙和礼服；
・夹克、外套和外出服；
・休闲装和睡衣；
・西装、定制夹克和马甲；
・裤子。

嵌线扣眼

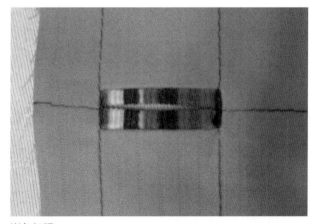

嵌条扣眼

嵌条扣眼（Corded Bound Buttonhole）：嵌线扣眼的一种变化款式，用与之相配或对比鲜明的条状织物缝制而成，扣眼的上下嵌线更为平滑，纽扣可以穿过其中。这种类型的扣眼具有装饰性，使用对比织物时可以增加设计感，常用于前襟、袖口和口袋。常用于：

・上衣和衬衫；
・连衣裙；
・夹克、外套和外出服；
・套装和马甲；
・裤子。

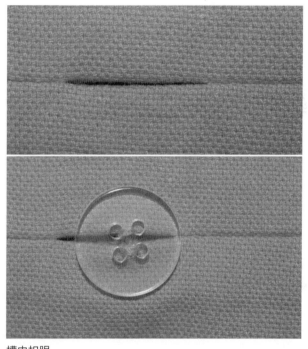

槽内扣眼

槽内扣眼（开槽扣眼）[Slot Buttonhole（In-Seam Buttonhole）]：在接缝线上开扣眼，扣眼的位置与接缝线相对应。这种扣眼通常作为一种装饰性的开口设计，当其他类型的扣眼或开口会干扰服装设计时，就会选择这种类型。槽内扣眼经常用于贴边、内胆、口袋、腰部分割线和育克中。常用于：

・夹克、外套和外出服；
・连衣裙；
・套装和马甲；
・裤子。

扣眼（BUTTONHOLES AND OPENINGS）

扣环（Button Loops）：U形或圆形，用绳、弹力带、织物或线链制作的扣环，缝在服装的折边或接缝处，扣环的位置要超出衣服的边缘。与扣环搭配使用的纽扣可放置在搭叠后的中心位置。扣环可以由匹配的或对比鲜明的织物或材料制成，可以单独使用或连续使用，也可以作为替代扣眼的装饰性闭合物件。扣环通常用于蕾丝或透明面料制成的服装上，因其他类型的扣眼会破坏织物或减弱设计感，扣环常用于领口线上。同时，扣环也可以很好地搭配服装的腰带、内胆、前襟和口袋。常用于：

· 衬衫；

· 夹克、外套和外出服；

· 连衣裙和礼服；

· 套装（女士）和马甲。

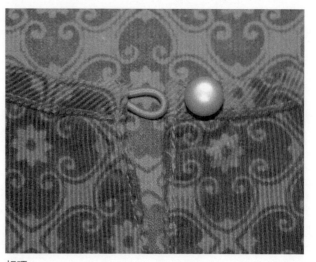

扣环

按扣（SNAP FASTENERS）

按扣是一种通过一个球形螺柱和一个凹槽扣合件将衣服的一部分连接到另一部分的机械装置，螺柱和凹槽通过很小的压力作用扣合在一起，使用垂直力可进行分离。按扣有各种规格可供选择。用于服装的按扣类型有缝合式、非缝合式、包覆式和按扣带。按扣按照批量购买，小批量为144个，大批量为1728个。和纽扣一样，按扣也有各种尺寸，但缝合式按扣除外。

缝合式按扣（Sew-on Snap）：一对相对的圆形或方形按扣，球体和凹槽相匹配，两者都设计有用于连接衣服的孔眼（请参阅第21章ASTM D6193有关缝合和线迹的标准规范，说明缝制按扣的针迹）。缝合式按扣常用于：

· 在扣眼处没有张力的服装上；

· 需要平滑、平坦的闭合部位；

· 没有扣眼的装饰纽扣背面；

· 扣紧开合处的顶部；

· 需要做隐藏设计的门襟；

· 在宽松的服装上代替纽扣和扣眼；

· 作为内衣固定带的一部分。

规格4/0（0000）~1/0（0）的按扣尺寸，用于薄纱和中等厚度的织物。1~4号尺寸的按扣用于较厚重的面料。按扣采用黄铜、黑色珐琅涂层金属、镍、塑料或透明尼龙制成。使用金属按扣与服装外观冲突时，可选择透明的塑料按扣。

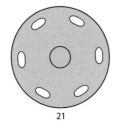

| 21 | 10 | 4 | 3 | 2 | 1 | 4/0 | 3/0 | 2/0 | 0 |

缝合式按扣尺寸

非缝合式按扣（No-Sew Snap）：由一组分别带有球形螺柱和凹槽的金属件构成，金属件背面设计有一个叉板，叉板穿过服装面料，将按扣固定到衣服上。非缝合式按扣由四部分构成：

按扣帽或爪帽——按扣处于扣合时的可见部分。它有两个功能：将叉板固定在面料中；表面可装饰品牌标识或商标。

母扣——螺柱卡入的凹槽，是紧固件的一部分。

子扣——紧固件的螺柱，与母扣接合并与其组合构成实际的闭合件。子扣的背面是凹槽，便于与其他母扣和子扣背对背组装，以形成双重的子母扣套件。

叉板——扣合时按扣的底部部分，仅用于将子扣固定在材料中。

按扣的表面可以做各种形状和色彩的装饰，标志设计或品牌名称可以压印或模塑到按扣表面。在其他纽扣不适用的工作服或专业服上，可选择非缝合式按扣代替，以便于穿着。常用于：

· 童装和睡衣；
· 休闲衬衫、工作衬衫和西式衬衫；
· 牛仔裤、工作服和裤子；
· 外出服和皮夹克。

包覆式按扣（Covered Snap）：用与服装面料相匹配的轻质面料包裹按扣，可以自己包覆，也可以购买成品。金属按扣的光泽影响服装外观时，可选择包覆式按扣代替，常用于：

· 皮草和外出服；
· 衬衫和毛衣。

按扣带（Snap Tape）：一对分别固定着子扣和母扣的编织带，扣与扣之间间隔相等。按扣带有多种宽度可供选择，扣与扣之间的间隔有宽有窄。纽扣带是服装叠搭部位扣合的物件，方便使用，便于衣领、袖口的拆卸。常用于：

· 童装和睡衣； · 夹克和外套。

包覆式按扣

按扣带

拉链（ZIPPERS）

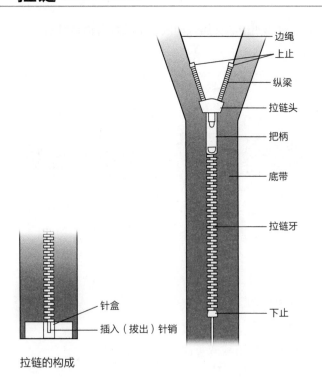

边绳
上止
纵梁
拉链头
把柄
底带
拉链牙
下止

针盒
插入（拔出）针销

拉链的构成

　　拉链是一种通过咬合齿或线圈来完成闭合的闭合物件。拉链有三个主要组成部分：底带、拉链牙和拉链头。底带是由棉、尼龙或涤纶织成的织带，内侧具有更厚的绳状内边缘，称为边绳。拉链牙，固定在底带内边缘的边绳上并互锁在一起。当拉链牙被锁定在一起时，它们被称为链条。纵梁是链条的一侧，包括边绳、拉链牙和底带。拉链头沿链条移动将拉链牙连接在一起为闭合拉链，分离拉链牙为打开拉链。挡块是链条顶部和一些拉链底部的物件，以防止滑块脱离链条。对于两端封闭的拉链，顶部挡块称为上止。拉链的上止形成一个拱形，将两条拉链带永久地连接在一起。对于分离式的拉链，其一端有一个针盒，可插入或拔出针销，并防止滑块从拉链牙上脱落。

　　根据预期的用途，拉链头有不同的样式和不同的功能。拉链头可根据尺寸、材料、功能、拉头形状和表面处理进行分类。服装产品中使用的拉链头包括：自动锁、半自动锁、销锁、非锁和回转拉链头。

自动锁拉链头（Automatic Lock Slider）：拉链头内的锁销在用力打开或关闭拉链时可以轻松地松开。当没有施加力时，拉链头保持锁定。

半自动锁拉链头（Semi-Automatic Lock Slider）：拉链头抬起时，拉链头内的锁销就会脱开，使拉链打开或关闭。当拉链头保持在向下位置（对着链条）时，拉链头锁定在适当位置。

销锁拉链头（Pin Lock Slider）：拉链头可以在两颗拉链牙之间啮合，在拉链的任何位置上锁定。必须提起拉链头，松开滑动锁才能打开或闭合拉链。

非锁拉链头（Nonlock Slider）：拉链头没有锁销，所以它不锁定在任何位置。

双向拉链头（Reversible Slider）：拉链头可以沿着拉链齿移动，并且从拉链的任意一侧使用，用于可双面穿着的服装。

拉链可以制成各种尺寸规格，由拉链牙的大小和拉链的长度确定。当拉链牙闭合时，拉链的宽度以毫米为单位测量，表示拉链的尺寸规格。常见的拉链尺寸如表12.2所示。

拉链长度从上止的上边缘到下止的下边缘或到针盒的底部测量。拉链按件订购，需要购买最少数量的单位。最小数量因经销商而异，可订购少至100件、多至12000件。

拉链由诸如铝、黄铜、铜、镍、尼龙、聚酯或锌等材料制成。拉链牙类型包括金属、线圈和模压塑料。

拉链标准规格（2、3、4.5、5、7、8、10）

表12.2　拉链尺寸和用途

标准规格	尺寸规格	用途
2号	2毫米	轻质裤子、短裤
3号	3毫米	轻质外套衬里、连衣裙、夹克、短裤、裙子
4.5号	4.5毫米	中等重量的连衣裙、裤子、短裤
5号	5毫米	中等重量的牛仔裤、夹克
7号	7毫米	重型牛仔裤、夹克、口袋
8号	8毫米	重型夹克
10号	10毫米	超重型夹克

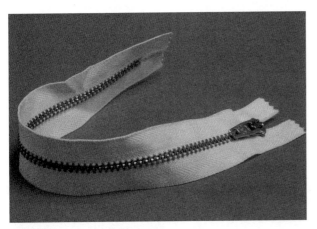

金属拉链

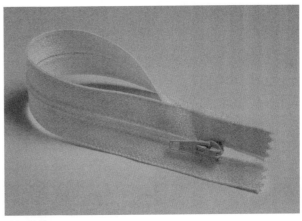

线圈拉链

金属拉链（Metal Zipper）：由铝、黄铜、铜、镍或锌制成的单个金属牙构成的齿链连接到底带上。金属拉链往往比其他拉链更重、更坚硬。常用于：

· 牛仔裤和工作服；

· 连衣裙和半裙；

· 夹克和外出服；

· 长裤和短裤。

线圈拉链（Coil Zipper）：拉链牙由连接到底带上的尼龙或聚酯的连续长丝构成。线圈拉链重量轻，非常灵活。常用于：

· 连衣裙和半裙；

· 夹克；

· 长裤和短裤。

拉链（ZIPPERS）

模压塑料拉链（胶牙拉链）[Molded Plastic Zipper（Vislon® Zipper）]：拉链由与拉链带熔合的单独注塑聚酯齿构成，以增加强度。常用于夹克、外套和工作服的门襟和口袋。

拉链有多种颜色、材料、尺寸和款式可供选择。拉链的重量取决于拉链带的类型、使用的材料和结构。选择拉链的类型、规格、长度和应用取决于：

- ·服装款式设计；　　·服装类型和用途；
- ·服装结构；　　　　·服装护理。
- ·织物类型和重量；
- ·与面料和服装的匹配性；
- ·开合方式；
- ·服装的后整理方式；

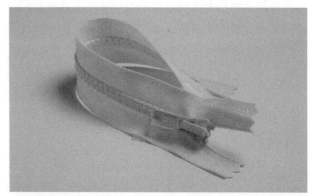

模压塑料拉链

服装用拉链按功能分类，包括闭尾拉链（一端或两端闭合）、隐形拉链、开尾拉链。

闭尾拉链（末端闭合拉链）[Closed-Bottom Zipper（Closed-End Zipper）]：拉链由金属、线圈或模压塑料齿构成，长度为10~90厘米（4~36英寸），顶部开口，末端由跨越两个齿或线圈的底部挡块封闭。常用于：

- ·领口开口处；　　·套头服装的门襟；
- ·从腰围线向上开口的紧身衣；
- ·合体袖的袖口处；
- ·连帽衫的帽中线，拉开后即成为领子；
- ·连衣裙的腋下开口，长袖的袖口处。

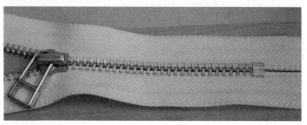

闭尾拉链

裙子或短领口的拉链长度为10~25厘米（4~10英寸）；短裤或长裤的拉链长度为15.2厘米、22.9厘米、28厘米（6英寸、9英寸、11英寸）；衬衫、连衣裙、长袍的拉链长度为40.6厘米、45.7厘米、50.8厘米、55.9厘米、61厘米、76.2厘米、91.4厘米（16英寸、18英寸、20英寸、22英寸、24英寸、30英寸、36英寸）。

隐形拉链（Invisible Zipper）：拉链齿隐藏在拉链带背面，只留下拉链头可见。这种拉链能形成平滑、连续的缝线，在使用其他拉链会影响服装外观时可选择隐形拉链。隐形拉链由尼龙或聚酯连续的挤压长丝构成。它们可用于极重和极轻的织物，长度18~56厘米（7~22英寸）。常用于：

- ·从腰部到领口的紧身胸衣开口；
- ·衣服前面或后面的领口开口；
- ·连衣裙、半裙、短裤、裤子的背缝或侧缝；
- ·合体袖的下半部分开口。

隐形拉链

开尾拉链（Separator Zipper）：拉链牙由金属或模压塑料构成。将针销插入针盒中以固定拉链的底部。拉动拉链头时，拉链牙咬合在一起，拉链闭合。开尾拉链用于衣服需要前部完全打开，或者双季外套和夹克面与衬里需要分开的情况，还可以用于水平添加或移除衣服的一部分以增加或减少长度。典型的应用包括大衣、外套、夹克、毛衣、背心的前开口，以及滑雪服和保暖裤的正面或侧面开口。

开尾拉链适用于极重和极轻的织物。适用于极重面料的开尾拉链长度为25~56厘米（10~22英寸）；适用于极轻织物的开尾拉链长度为35~61厘米（14~24英寸）。

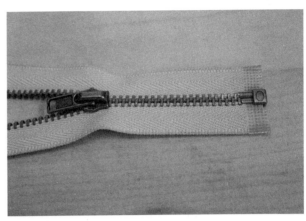

开尾拉链

双向开合拉链（Two-Way Separator Zipper）：拉链由金属或模压塑料齿、两个拉链头、针销和针盒构成，可从两端打开或闭合拉链。双向开合拉链用于需要能够从任一端打开拉链以便能够进入下面分层的服装开合部位。常用于：

· 夹克和开衫外套上的前开口；
· 滑雪服、滑雪夹克和裤子的开口；
· 其他适用于双向开合拉链的地方。

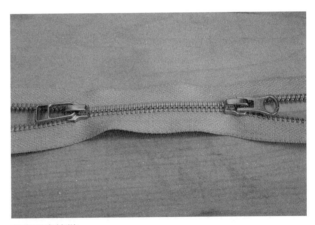

双向开合拉链

两端闭合拉链（Bridge-top Closed-bottom Zipper）：拉链长度为5~35厘米（2~14英寸），由金属、线圈或模压塑料齿构成，顶部和底部都由跨越两个齿轨或线圈的挡块封闭。常用于：

· 接缝的两端都封闭的服装；
· 腰围合体的服装；
· 衬衫和连衣裙的腋下、侧缝开口；
· 延伸到领口的开口；
· 袋口。

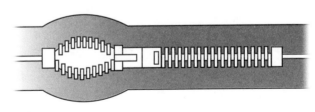

两端闭合拉链

钩（HOOKS）

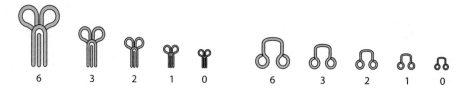

钩环规格

　　钩是一种金属紧固件，形状类似抓钩，由钩和底座组成，用于有开口的服装上。钩可以与金属眼或环搭配使用。大规模生产的钩大多由金属制成，但也有一些是由塑料制成的，比如内衣钩。钩可以与拉链或系带一起使用，它们还可以用作功能性和装饰性的闭合物件。钩可用于：

- ·可能会受到来自身体的压力的合体服装；
- ·成系列地扣住整个服装的开合部位；
- ·作为贴身内衣、紧身胸衣、束腹带和打底服装的封口。

　　钩可以按小批量或大批量出售，并且有多种款式、尺寸、形状可供选择。不同的用途可以选择不同的钩和环。用于服装的钩有：钩与环、包覆式的钩与环、花式钩与环、毛皮钩与环、内衣钩、缝合式钩与环、非缝合式钩与环、钩与环带（参见第21章 ASTM D6193 针脚和接缝的标准操作规程，说明了缝合式钩环的缝合方式）。

钩和环

花式钩环

　　钩和环（Hook and Eye）：一组金属丝紧固件，其中一组为钩形，由钩和底座组成，另一组为眼形，由直杆或圆环和底座组成。钩和环可用黄铜、镍和陶瓷涂层金属（黑色或白色）制成。直杆用于叠搭部位的闭合，圆环用于对接边缘（衣片没有重叠）。0~3号的钩环用于轻质面料，3~5号用于较重或较粗的面料。钩和环也用于固定拉链前襟或腰带的顶部，或衣服开口的某个点，如领口。

　　花式钩环（包覆式钩环）［Gimp-Covered Hook and Eye（Fur Hook and Eye）］：用加捻的绳带包裹钩环以隐藏金属。钩的尺寸可比最大的金属环大四倍。用金属钩环会影响服装外观时，可选择花式钩环代替。

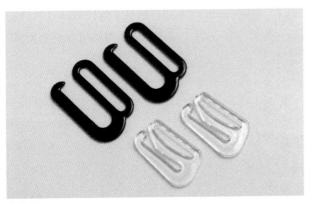
内衣钩

内衣钩（Lingerie Hook）：扁平金属或塑料制成，类似于长方形的环扣，设计有一个开口部分，能将织物固定在环内。内衣钩有不同的宽度，以适应不同尺寸的内衣带。内衣钩常用于：

· 可拆卸的肩带；
· 内衣和泳衣的安全扣。

缝合式钩环

缝合式钩环（Sew-On Hook and Eye）：一组由成型金属制成的闭合件，一件是弯曲的宽钩，另一件是凸起的条形环座，两者都用于连接到衣服的开口。条形环的孔眼有大有小，缝合式钩环用于有叠搭部分的衣服，如裙子、短裤、裤子的腰头，以及由松散的织物制成的衣服。

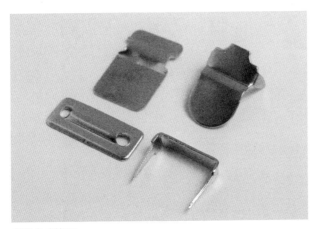
非缝合式钩环

非缝合式钩环（No-Sew Prong Hook and Eye）：一组由成形的金属板制成的闭合件，一件是弯曲的宽钩，另一件是凸起的条形环座，两者都带有用于固定在衣服上的尖头。非缝合式钩环采用尖头与服装相结合，用于牛仔裤、短裙、短裤、长裤的腰头，以及那些承受较大张力的服装。

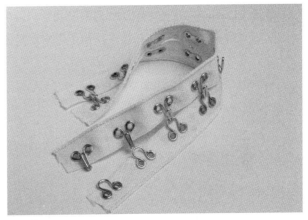
钩环带

钩环带（Hook-and-Eye Tape）：一对带钩和环的织带，钩和环间隔均匀地分布。钩环带可以减轻拉链闭合时的压力，防止拉链因过度拉紧而脱开或断裂。钩环带有多种不同的宽度，钩和环之间的间隔也不同。织带长度100米（或100码），成卷包装，可以裁剪成特定的长度，以符合服装的要求。它是为服装的叠搭部位设计的。钩和环的底部可以用织物遮盖。钩环带用于压力较大的部位，如打底服装。

拉绳、系带、绳结（DRAWSTRINGS, LACINGS, AND TIES）

拉绳、系带、绳结的作用本质上是相同的，但是它们应用于服装的方式不同。这些紧固件被用在衣服的某些部位来系紧，以帮助服装闭合或使服装合体。它们可以由绳索、编织物、带子、皮革带或管状织物制成，并且有各种尺寸和样式。成品材料以100米（100码）卷装。

拉绳（Drawstring）：长而窄的带子，当穿过衣服的内部时，它的圆周会聚拢或拉长。拉绳的长度要比扁平的套管或服装穿绳部位长，可从钩环、扣眼、机械加工的小孔或金属小孔或缝口等开口在服装的内外拉出细绳。拉绳具有灵活性，可根据需要调整长度，穿着者可以调整领口、袖子和衣身腰线处的束带以收紧或放宽服装，改变效果。拉绳常用于：

- 兜帽；
- 贴身衣服的上边缘或下边缘；
- 上装或下装的腰围；
- 一件式服装的腰围、臀围；
- 上衣的领口、袖口或裤口；
- 休闲裤、短裤和短裙的腰带。

拉绳

系带（Lacing）：带子、细绳、编织带或管状编织物，其两端交替穿过相对的小孔、扣眼或挂钩，用来系紧衣服或增加装饰。系带常用于：

- 腰带、紧身胸衣、束腹带和背心；
- 紧身裤和裤子。

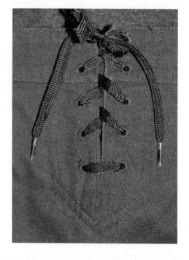

系带

绳结（Ties）：一条或一对缎带、布条，附着在衣服上系成结，使衣服更完整。绳结常用于：

- 衬衫、夹克衫、连衣裙、裤子或泳装的正前方、正后方及侧面接缝；
- 围裙；
- 袖口或裤口；
- 肩部系结的服装。

绳结

腰带是可以弯曲的带子，用来固定衣服，或将衣服系紧。皮带可以扣上、系上，或通过环扣来固定。用于腰带的材料包括：皮革、绳索、织物、弹性材料、金属、聚氨酯、缎带、织带或用服装面料包覆，可以与服装所用织物相同或多种材料的组合。

腰带（Belting）：腰带是由紧密编织的织物、硬麻布（硬的、粗编织的棉或亚麻材料）和压缩纤维黏合而成的腰带底材制作的坚硬窄带。腰带宽度为1.3~7.6厘米（1/2~3英寸），长度以测量尺寸为准。

腰带可以是直的或弯曲成型的，直的皮带打开是平的，而成型的皮带是弯曲的。腰带系在身体上，平行于地面，位于腰部和臀部之间。成型的腰带适合身体的曲线，与腰位较低的衣服搭配使用。腰位较低的衣服，其前中线比后中线略低。

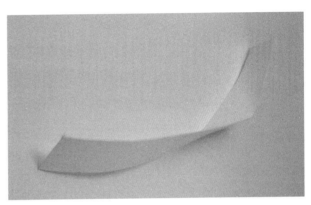
腰带

带扣（Buckle）：是带有中杆的紧固件，可以包括或不包括用于固定腰带的插脚。带扣用普通材料制作，如金属、合金、塑料、聚酯、脲醛或木料。腰带和带扣有多种材料、饰面、尺寸、形状和重量可供选择。腰带和带扣可用于：

·明确腰围的位置；

·固定服装；

·作为闭合物件；

·作为装饰细节；

·将绳带的自由端固定在袖子、肩部、口袋上。

带扣的类型有：锚扣、搭扣、隐形式、包覆式、狗链扣、全环扣、对环（D形环）和棘轮扣。

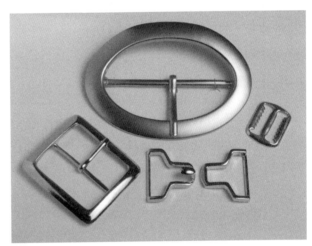
带扣

锚扣（钩眼扣）[Anchor Buckle（Hook-and-Eye Buckle）]：由钩和对应的开口组成的金属紧固件，两者都设计有用于将其固定到衣服上的孔。锚扣常用于：

·皮带或扣环的末端；

·外衣及运动服装。

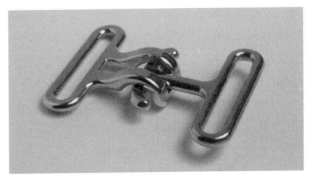
锚扣

腰带和带扣（BELTS AND BUCKLES）

搭扣（联锁扣）[Clasp Buckle（Interlocking Buckle）]：由金属或塑料制成的圆形、方形、长方形的一对搭扣，当其中一个穿过另一个时，就会相互锁住。搭扣用在外套和夹克的腰带上。

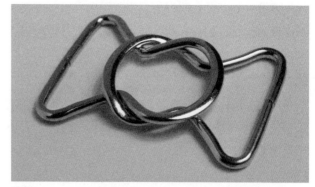

搭扣

隐形带扣（Concealed Hook Buckle）：各种尺寸和形状的扣面板，扣面一端有隐蔽的钩或夹子，另一端有一根连接皮带的杆。扣面可以设计或装饰各种细节和材料。隐形带扣常用于：

· 系紧皮带；
· 将带子的自由端固定在袖子、肩膀、口袋上；
· 作为服装封口设计的一个细节。

隐形带扣

包覆式带扣（Covered Buckle）：两件扣型，顶部覆盖一层或多层织物或其他材料，并夹入相应的底层材料中。带扣可带或不带插脚。包覆式带扣常用于：

· 搭配或装饰服装面料或饰边；
· 突出服装面料。

包覆式带扣

狗链扣（旋转钩或旋转弹簧钩）[Dog Leash Buckle（Swivel Hook or Swivel Snap Hook）]：两件式金属紧固件，一端是金属钩，另一端是圆环。两端都设计有孔，用于固定到衣服上。狗链扣常用于：

· 系紧皮带；
· 代替运动服和雨具的开关；
· 将皮带固定在皮带环或托架上；
· 与服装腰身处系的半腰带配合使用。

狗链扣

全环扣（Overall Buckle）：由金属环组成的两件式紧固件，其中一侧连接到衣服上，另一侧连接与之配套的钉扣。紧固杆用于适应不同宽度的带子，钉扣与全环扣配合使用。全环扣常用于：

· 将背带或工作服系带固定在胸前；

· 运用于运动装的肩带，类似于工装裤；

· 围裙上。

全环扣

棘轮扣（弹簧钩带扣）[Ratchet Buckle（Spring-and-Hook-Type Buckle）]：两件式金属紧固件，由铰链弹簧夹和铰接板组成。铰接板有一个或多个开口，其中任何一个开口都允许夹头通过并弹回以确保闭合。每件紧固件都设计有用于固定到衣服上的尖头。铰接板可设计五个开口以便调节。铰接板可以使用索环代替。棘轮扣是用作功能性或装饰性的紧固件，常用于：

· 雨具和雨衣；　　· 运动服和外套。

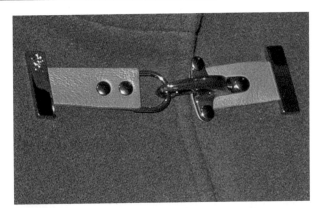

棘轮扣

对环（D形环）扣[Paired Rings（D-rings）]：一对金属或塑料环，用带的一端将对环缝合起来，对环形成一个圈。当带子的另一端穿过两个环，并在第一个环上反向折回穿过第二个环时，环起扣的作用。对环用于雨衣、风衣和运动服，起如下作用：

· 缩紧袖口；

· 收紧腰部。

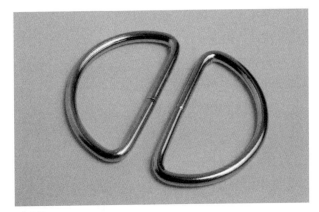

对环扣

其他紧固材料（OTHER FASTENERS）

有些紧固材料与前文已经讨论过的紧固材料类别有关，但是，由于它们的独特性，下面还要单独列出讲解。

盘扣（Frog）：两件式紧固材料，包括一个编结的环和一个编结的球形扣。环是通过打结、捻线、编结、联锁、环线或管状斜裁织物（将斜裁下的织物条缝好，然后盘绕成扣与环）形成的。盘扣有多种款式和尺寸可供选择，并批量出售。盘扣常用于：

· 作为装饰性的紧固材料；

· 强调紧固细节；

· 突出中国风格的服装。

盘扣

毛皮扣（Fur Tack）：两件式紧固材料，隐藏在装饰外壳内，由按扣、扣环或夹子组成。毛皮扣批量销售，常用于：

· 将单独的衣领或毛皮装饰固定在外套或夹克上；

· 固定毛皮的两端。

索环（Grommet）：扁的金属件，具有各种形状和尺寸，当应用于衣服时形成独特的开口。索环由多种金属制成，如黄铜、镍和搪瓷金属。它们的尺寸由孔的内径决定，批量出售。常见的索环尺寸如表12.3所示。索环常用于：

· 形成并加固孔眼；

· 加固腰带、绳带、缎带的开口；

· 围巾、缎带或腰带的开口；

· 与棘轮扣或钩配合使用；

· 与宽扣或方扣皮带上的插脚配合使用；

· 作为装饰细节。

表12.3 索环尺寸

号型	直径	号型	直径
0号	7毫米（$\frac{9}{32}$英寸）	3号	12毫米（$\frac{15}{32}$英寸）
1号	10毫米（$\frac{13}{32}$英寸）	4号	14毫米（$\frac{9}{16}$英寸）
2号	11毫米（$\frac{7}{16}$英寸）	5号	15毫米（$\frac{5}{8}$英寸）

索环

魔术贴（钩环紧固材料）[Hook-and-Loop Fastener（Velcro® Fastener）]：尼龙钩环紧固件由两件式配套组成，具有各种尺寸、形状和颜色，一件材料设计有微小的柔性钩，另一件材料设计有许多软环。当两块材料被压在一起时，钩与环相啮合，形成强力闭合，向相反的方向拉动两块材料时，魔术贴被打开。它们的使用让穿衣变得容易。其长度通常为100米（或100码），卷装出售。魔术贴常用于：

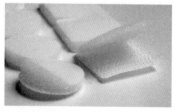

魔术贴

· 代替纽扣、夹子、钩环；

· 可拆卸的衣领、袖口、装饰品；

· 腰带；   · 裹身式服装。

其他紧固材料（OTHER FASTENERS）

钩环带（尼龙搭扣织带）[Hook-and-Loop Tape (Velcro Tape)]：尼龙钩环紧固材料，由两件配套的织带组成，一件设计有微小的柔性挂钩，另一件设计有许多小的、柔软的圆环。当两条织带被压在一起时，形成强力的闭合，打开时织带被剥离。其长度通常为100米（或100码），成卷销售。尼龙搭扣织带有多种颜色和宽度可供选择，常用于：

· 形成可调节的闭合；

· 当需要安全闭合时；

· 包裹腿部和颈部；

· 皮带；

· 衣服的细节，如可拆卸的衣领、袖口、装饰。

混合式织带是一种同时带钩和环的织带，它们组合在一起，而不是分离的钩带和环带。尼龙搭扣织带可以通过缝纫或黏合的方式与服装进行结合。

钩环带

内衣扣（Lingerie Clasp）：两个金属或塑料片式紧固材料，当一片插入另一片时互锁形成闭合件。内衣扣两侧是封闭的环，可穿过内衣带。内衣扣的高度和宽度以及开口的大小根据风格和用途而变化。内衣扣批量生产和销售，常用于以下部位的闭合：

· 文胸或其他内衣的正面；

· 泳衣上装或罩衫的背面。

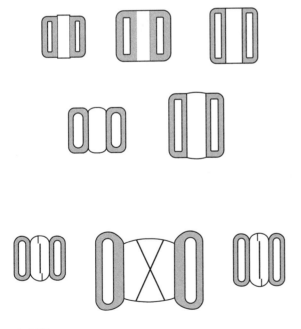

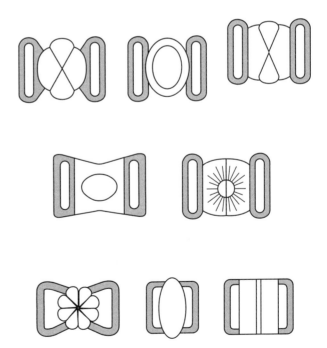

内衣扣

其他紧固材料（OTHER FASTENERS）

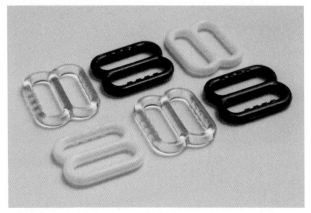

内衣卡扣

内衣环

内衣卡扣（Lingerie Slider）：金属或塑料材料制成，两端封闭，可通过织带，以便调整和保持织带的位置。卡扣的宽度多种多样，以适应不同尺寸的织带，批量销售。卡扣用于文胸、泳衣、背心、内衣和其他需要调节长度织带的服装。

内衣环（Lingerie Ring）：小而扁平的圆形金属或塑料环，以调整并固定织带。内衣环有各种尺寸，以适应不同宽度的织带，批量销售。内衣环用于文胸、泳装、背心、内衣和其他需要调节长度织带的服装。

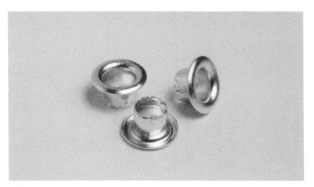

金属孔眼

铆钉和钉扣

金属孔眼（Metal Eyelet）：圆形或方形金属材料制成，中心开口直径约6.4毫米 $\left(\dfrac{1}{4}英寸\right)$，形成孔眼，应用在服装上。金属孔眼可由镍、铝或黄铜制成，并具有各种装饰，批量销售。金属孔眼常用于：

· 形成牢固的开口；

· 防止开口撕扯变形；

· 穿过鞋带；

· 与带有插脚的皮带配合使用；

· 与钩配合使用。

铆钉和钉扣（Rivet and Burr）：金属钉扣，通常用于代替普通有柄纽扣，有时也用于装饰。铆钉用黄铜、不锈钢、钢或金属合金制成，批量出售。品牌名称、标识和图案可以浇铸或压印在铆钉上。铆钉用于需要加固的牛仔裤和工作服上。

其他紧固材料（OTHER FASTENERS）

襻（Tab）：由自身织物（服装面料）、折叠带、罗缎丝带或绑带制成的装饰条。可以通过裁剪和缝合面料，运用扭曲、编织或环绕来进行制作。襻用于固定纽扣、搭扣、非缝合式搭扣或系带。

襻

原文参考文献（References）

American Efird Inc. (2010). *Thread recommendations for buttonsew, buttonholes & bar tacks*. Retrieved November 2, 2015, from http://www.amefird.com/wp-content/uploads/2010/01/Recommendations-for-Buttonsew-Buttonhole-Bartack-2-5-10.pdf

ASTM International. (2016a). D5497 Standard terminology relating to buttons. 2016 *ASTM International standards* (Vol. 07.02). West Conshohocken, PA: Author.

ASTM International. (2016b). D123 Standard terminology relating to textiles. 2016 *ASTM International standards* (Vol. 07.01). West Conshohocken, PA: Author.

ASTM International. (2016c). D2050 Standard terminology relating to subassemblies. 2016 *ASTM International standards* (Vol. 07.01). West Conshohocken, PA: Author.

M&J Trimming (n.d.; a). *Button backing chart*. Retrieved November 15, 2015, from http://www.mjtrim.com/pdf/buttonchart.pdf

M&J Trimming (n.d.; b). *Button size chart*. Retrieved November 2, 2015, from http://www.mjtrim.com/pdf/buttons.pdf

Quality Zipper Supply. (n.d.). *About zippers*. Retrieved November 2, 2015, from http://qualityzipper.com/aboutzipper.php

Richard the Thread. (2015). Product catalog. Retrieved November 2, 2015, from http://www.richardthethread.com/index.php?src=gendocs&link=catalog&category=Main

Steinlauf and Stoller Inc. (2002). Products. Retrieved November 2, 2015, from http://www.steinlaufandstoller.com/products.htm

Universal Fasteners. (n.d.). *How the world buttons up*. Retrieved November 2, 2015, from http://www.universal-fasteners.com/buttons/

YKK. (2015). *Structure of a zipper*. Retrieved November 2, 2015, from http://www.ykkfastening.com/products/types/s_zipper.html

第十三章
CHAPTER 13

服装标签
Garment Labels

服装标签包含法律要求的有关纤维含量、原产国、制造商标识号、护理说明和规格尺寸及品牌信息。为确保衣物的使用寿命，应贴上清晰易读的服装标签。选择标签应考虑以下因素：标签的位置（内部或外部）、服装类型和设计、是否接触穿着者的皮肤、标签内容的复杂性（徽标、图形艺术、文字等）、服装面料、品牌、质量、价格等要展示的信息。

标签类型（LABEL TYPES）

服装标签可以机织或印刷。经反复洗涤或干洗后，机织标签比印刷标签更耐用，外观和可读性更持久。缝合式标签的材料包括醋酸、棉、竹、聚酯纤维织物，以及皮革、绒面革、PVC（聚氯乙烯）、硅胶或橡胶。

丝带或织带是指辊轴上织出的宽度一定的带状织物，其宽度为0.6厘米、1.3厘米、1.9厘米、2.5厘米（$\frac{1}{4}$英寸、$\frac{1}{2}$英寸、$\frac{3}{4}$英寸、1英寸）或更大的宽度。

织带

机织商标（Woven Label）：用织布机生产的材料，使用缎纹、斜纹或平纹组织结构，至少有两组不同颜色的纱线织成，其中服装信息作为织物结构的一部分被织入织唛中；使用平纹、斜纹或缎纹组织结构的织布机生产的纯色标签上可印刷标签内容。平纹或斜纹织物标签称为塔夫绸，因为它们不含光泽。织成的标签可以贴在衣服的里面或外面。这些织唛被模切成单独的标签，经后整理，以最少1000个或100米（100码）的卷筒包装出售。

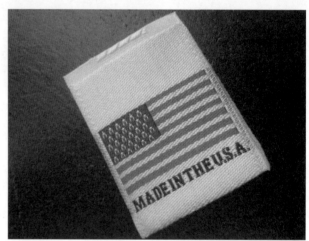

机织商标

印刷商标（Printed Label）：用于服装标签，采用缎纹、斜纹、平纹组织的机织带或无纺布织带，用丝网印刷或滚筒印刷将标签内容印在连续卷的织带上。印刷商标缝装在衣服内侧。这些织带被模切成单独的标签，并以最少1000个或100米（100码）的卷筒形式出售。

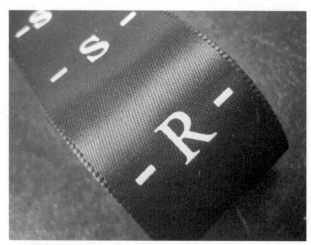

印刷商标

无织唛标签（热转印标签）[Tagless Label（Heat Transfer Label）]：标签信息直接热转印到服装衣片内侧而不是通过织唛缝合到服装上。无织唛标签贴在皮肤上很柔软，不会像某些缝合式标签那样刺激皮肤。

无织唛标签

皮革和仿皮革标签（Leather and Imitation Leather Label）：在皮革或人造皮革上压花或印品牌名称、标识，然后模切成单独的标签，以最少1000件批量出售。皮革或仿皮革标签缝在衣服的内侧或外侧。

皮革和仿皮革标签

绒面革和仿麂皮绒标签（Suede and Imitation Suede Label）：在麂皮绒或人造绒面革上印花或压花，模切成单个标签，以最少1000件批量出售。绒面革和仿绒面革标签缝在衣服的内侧或外侧。

绒面革和仿麂皮绒标签

标签类型（LABEL TYPES）

模压PVC、橡胶和硅胶标签（Molded PVC, Rubber, and Silicon Labels）：用聚氯乙烯、合成橡胶或硅胶注塑成型，制作成三维的品牌标签，表面可以有压花和品牌名称、标志。这种标签被缝在衣服的外侧，模切成独立的标签，以最少1000件的量出售。

模压PVC、橡胶和硅胶标签

橡胶带标签（Rubber Tape Label）：用合成橡胶制成的透明薄膜，经印刷或压花，切成单独的标签，经后整理，以最少1000件批量出售，或以100米（100码）的卷装出售。商标缝合在服装内侧。

橡胶带标签

标签切割和折叠（LABEL CUTS AND FOLDS）

服装标签可以根据不同的外观、品牌、质量、穿着者的舒适度和价格，以不同的方式裁剪和折叠。

模切（Die Cut）：用金属模切工具（具有锋利边缘用于切割）通过压力将皮革、绒面革和其他织物切割成服装标签所需的形状和尺寸。模切可以将标签切割成独特的形状。

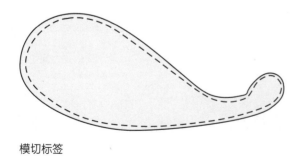

模切标签

热熔切割（Fuse Cut）：用热压法将合成纤维织物或丝带（织带）切成单独的标签。纤维边缘通过热熔封住，防止标签在穿着和护理过程中磨损。

热熔切割标签

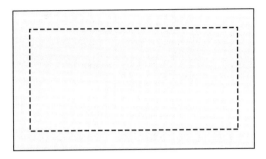

直线切割标签

直线切割（Straight Cut）：将标签的所有未加工的边缘折叠，以防止标签在穿着和护理过程中脱落。

超声波切割（Ultrasonic Cut）：使用声波振动切割机织标签，可得到光滑、柔软的边缘，但仅可用于切割标签的一个边缘或侧面。

激光切割标签

激光切割（Laser Cut）：使用聚焦激光束切割机织服装标签，以便得到独特的形状。切割后标签边缘是封住的，以防止在穿着和护理过程中磨损和剥落。

中心折叠（Center Fold）：经标签中线把标签对折，形成垂直或水平方向的环状，然后将开口的一端缝进衣服里。标签信息以织物组织编织到织唛中或印刷在标签环的正面或两侧。

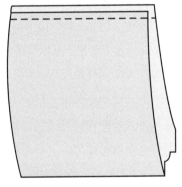

中心折叠标签

两端折叠标签

两端折叠标签（End Folds）：机织标签的上下边缘封住，左右两端未封住，将未加工完成的左右两端折叠到标签背面，并在左右两端或四个角缝合，将标签固定在衣服上，防止在穿着和护理过程中磨损。

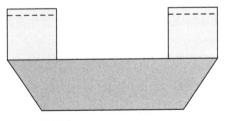

斜向折叠标签

斜向折叠标签（Miter Fold）：机织标签的上下边缘封住，左右两端未封住，毛边以直角向后折叠形成U形。将未加工的边缘缝合到衣服上以防止在穿着和护理过程中磨损。

标签的价格分类（PRICE CLASSIFICATIONS FOR LABELS）

服装标签是服装品质和品牌形象的展示。不同类型标签的价格分类如下：

低价（Low Cost）

·机织或印刷平纹塔夫绸；

·斜纹塔夫绸；

·斜纹印刷；

·缎纹印刷；

·无纺布印刷；

·热转印。

中等价格（Moderate Cost）

·机织或印刷缎纹；

·斜纹印刷；

·仿皮；

·仿绒面革；

·橡胶带；

·无纺布印刷；

·热转印。

高价（Expensive）

·机织锦缎；

·皮革；

·麂皮绒；

·模压PVC、橡胶和硅胶。

纺织服装产品政府标识规定
（GOVERNMENT LABELING REGULATIONS FOR TEXTILE APPAREL PRODUCTS）

美国联邦贸易委员会（FTC）颁布了关于服装商品如何标识的法律。FTC要求所有在美国销售的服装产品，无论是国内生产还是进口的都应履行这些标准规定。美国联邦法规（CFR）包含以下内容：

·16 CFR 300：1939年羊毛产品标签法案规章制度；

·16 CFR 303：纺织品纤维产品标识法案规章制度；

·16 CFR 423：纺织品、服装和某些布匹的护理标签修订法案；

·19 CFR 134：原产地标识。

所有的标签信息都应以英文显示。一些公司可能提供额外的翻译，如西班牙语或法语。

■ 纤维含量（Fiber Content）

纤维含量，是在服装标签的正面或背面以百分比的形式列出的对纤维类型和重量的描述。列出纤维含量的规则非常具体，任何由纤维、纱线或织物制成的服装面料成分都必须在标签上公开。由纤维、纱线或织物制成的服装辅料成分也需在标签上列出，其他辅料，如衬（保暖物除外）、衣边、少量装饰、缝纫线则不必列出。FTC将服饰配件定义为"衣领、袖头、织带、腰带或腕带、饰边、皮带、绑带、标签、插片、贴边，以及服装工艺中所需的弹性材料和缝纫线。如果弹性材料不超过服装表面积的20%，可认为其是构成服装的基本材料的一部分。"服装标签上除羊毛以外的其他纤维含量标识允许有3%的误差，纺织产品制造过程中的任一环节均可能导致服装实际纤维含量与标签显示的纤维含量存在些微不一致。对服装标签上纤维含量的信息包括以下要求：

·所有纤维都必须以相同的字体书写形式出现，要大小相同，易于阅读，容易被消费者看到；

·面料纤维名称（或纤维商业名称）书写顺序，按纤维含量百分比降序排列，首先是百分比最大的，最后是最低的。

·纤维名称不能缩写；

·只有一种纤维的服装；

·含量为5%或更多的纤维应该被列出，含量低于5%的纤维应该被列为"其他"。以下情况除外：

。纤维含量低于5%，但发挥重要作用，如氨纶的拉伸或弹性。纤维的功能无须在标签上说明；

。羊毛纤维必须以名称和重量百分比来显示，即使羊毛纤维的含量低于5%。如果使用回收羊毛纤维，它必须被列为"回收羊毛"；

。当几种不具有重要功能的纤维含量都小于

5%，但总数大于5%时，可以将这些纤维的百分比相加，并将其列为"其他"；

- 当装饰设计（如刺绣、贴花、包覆物或配饰）不超过衣服表面积的15%时，可以使用"不包括装饰"的字眼，无须公开纤维含量。例如："60%棉，40%聚酯，不含装饰"；

- 当装饰品占服装表面积的15%及以上时，纤维含量必须公开；

- 当任何纤维或纱线赋予纱线或织物明显可辨的图案或设计时，但纤维含量不超过服装纤维含量的5%，可以使用"不包括装饰"的字眼，而无须列出纤维含量（联邦贸易委员会和消费者保护局，2015年，第10页）；

- 当装饰纤维含量超过服装纤维含量的5%时，必须列出纤维含量。例如：面料100%羊毛，装饰100%丝绸；

- 服装结构设计中包括填充物、衬里、夹层或衬垫时，除非含有羊毛纤维，否则无须列出纤维含量；

- 为了增加保暖效果，在服装中加入填充物、衬里、夹层或衬垫时，必须列出纤维含量。例如：面料：90%棉，10%丝，里料：100%聚酯；面料：100%棉，夹层：100%棉；

- 当服装的不同部位由不同的纤维构成时，每个部位必须单独列出纤维含量。例如：衣身：60%羊毛，40%马海毛，袖子：100%羊毛；

- 含有绒头的织物必须列出整个产品的纤维含量，或者列出与底布分开的绒头纤维，但必须说明绒头与底布的比例。例如：60%聚酯，40%人造丝；100%人造丝绒头，100%聚酯底布（底布占整个织物60%，绒头占40%）；

- 可列出特定的优质或高档纤维，但必须有含量的百分比。例如：

  。完全由棉或埃及棉制成的服装，其标签可以显示为：100%棉或100%埃及棉；如果服装仅含有一部分埃及棉，则可显示为100%棉或60%埃及棉，40%棉；

  。由羊驼毛、安哥拉山羊毛、骆驼毛、克什米尔细毛山羊毛、美洲驼毛、骆马毛或羊毛、羊绒制成的服装，其标签可以显示为羊毛或特种纤维名称标记，例如：100%羊毛，100%克什米尔羊绒；

  。使用再生或回收纤维时，必须列出纤维。例如：70%回收羊毛，30%丙烯酸纤维。

联邦贸易委员会已经指定了人造或合成纤维的具体名称。国际标准化组织（ISO）以不同的方式列出了一些人造纤维名称，虽然有些名称没有被联邦贸易委员会列出，但它们也是可以被接受使用的，符合纤维信息公开规定（联邦贸易委员会，2015）。请参考以下命名：

- ISO使用黏胶或莫代尔；FTC使用人造丝；
- ISO使用弹性纤维；FTC使用氨纶；
- ISO使用聚酰胺纤维；FTC使用尼龙；
- ISO使用聚丙烯纤维；FTC使用烯烃；
- ISO使用金属纤维；FTC使用金属。

■ 原产国（Country of Origin）

原产国必须用英文标识，以说明产品的生产地点，并且必须出现在标签的正面（不得由任何其他标签覆盖）。

- 原产国必须易于阅读且容易看见；
- 如果产品是在美国用进口材料制造的，标签必须说明这一点。例如：美国制造，面料进口；美国制造，面料来自意大利；面料来自意大利，美国裁剪缝制等；

- 如果产品在美国和其他国家加工制造，则必须说明两个国家生产。例如：零部件进口，美国组装；哥斯达黎加生产，美国完成。

纺织服装产品政府标识规定

（GOVERNMENT LABELING REGULATIONS FOR TEXTILE APPAREL PRODUCTS）

■ 制造商、进口商或经销商识别号（Manufacturer, Importer, or Dealer Identification Number）

成衣标签必须包含分销该货品的制造商、进口商或零售商的公司名称及注册识别号（RN）。RN可位于标签的正面或背面。羊毛产品标签（WPL）号码是一次性颁发给生产羊毛产品的公司。虽然WPL号已经不再颁发，但是现在仍然可以看到它们。联邦贸易委员会负责向生产、进口、分销和销售包括羊毛和毛皮在内的纺织品的美国公司发放注册号码并监督号码的使用情况。注册号码不会发给美国以外的公司。在服装标签上标识制造商、进口商或经销商的规则包括：

- RN、WPL、公司名称必须清晰易见；
- RN、WPL必须出现在注册标识号之前；

- 一个公司只有一个注册编号，不能转让或重新分配；
- 当使用公司名称而不是WPL或RN编号时，必须在服装标签上注明公司经营业务的全名。它不能是商标、商品名、品牌、标签或设计师的名称，除非该名称也是该公司的业务名称。（联邦贸易委员会和消费者保护局，2015年，第23页）；
- 进口产品标签可标注下列任何一种：
  ○ 制造商名称；
  ○ 进口商名称、RN、WPL编号；
  ○ 批发商名称、RN、WPL编号；
  ○ 零售商名称、RN、WPL编号。

■ 护理标签（Care Label）

根据法律规定，护理标签必须永久性地固定在衣服上，并在使用寿命期内清晰可辨，以便为顾客提供护理指导，防止对产品造成损害。制造商和进口商必须提供纺织服装产品的干洗或洗涤说明，如果使用合理的清洁程序可能会对产品造成损害，则必须在护理标签上使用"请勿""禁止""仅限"等字样警告客户。必须注明警告，以便在对洗涤过或干洗过的物品进行常规护理时遵循合理的程序。不含口袋的双面穿服装可以免除护理标签在服装的使用寿命期间永久固定的要求。除此之外，产品的保养说明必须出现在吊牌、包装、其他易于看见的地方，以便客户在购买前查看护理说明。

ASTM国际组织制定了ASTM标准D5489，纺织品护理说明的标准指南，它在ASTM护理符号指南中指定了护理符号，并概述了它们应该在服装标签上出现的顺序。护理符号是专门开发的图标，用于表示清洁纺织品和服装产品的程序，以指导人员如何合理地洗护产品。截至2010年，法律不要求这些符号出现在标

签上，但可以与书面英语术语一起出现或单独出现。

洗涤（Washing）：洗涤是使用水和洗涤剂、肥皂，通过搅动除去衣物上的污垢和污渍的方法。洗涤说明必须包括洗涤方法和水温，并且可以对正常洗涤程序进行修改。如果在使用常规程序时可能发生衣物损坏，也必须在标签上标注洗涤警告。衣物洗涤说明应包括以下内容。

- 洗涤方法：
  ○ 手洗或机洗；
  ○ 水温，如冷、温、热。如果最高温度达145华氏度（63℃）的水不会对产品造成伤害，则无须说明洗涤温度；
  ○ 洗涤常规程序包括；
    ◎ 温和、细腻的水循环；
    ◎ 免烫；
    ◎ 与相近色一起洗涤；
    ◎ 分开洗涤；

◎反面洗涤；

◎漂洗温度，如冷水漂洗或温水漂洗；

◎彻底漂洗；

◎用湿布擦拭干净；

◎干洗；

◎穿之前洗涤。

·洗涤警告：

　。请勿洗涤；

　。不可旋转；

　。不可拧干；

　。禁止商业洗涤；

　。为了保持阻燃性，请使用洗涤剂而不是肥皂。

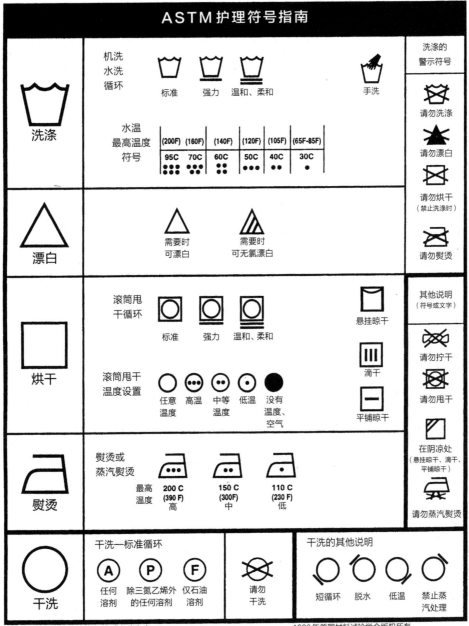

经授权翻印自1997年ASTM标准年度杂志

1996年美国材料试验学会版权所有
宾夕法尼亚州西肯肖霍肯巴尔港100号，19428-2959

漂白（Bleaching）：漂白说明应包括推荐的漂白剂的类型，如果在常规合理程序中漂白可能发生损坏时应附有警示。含氯漂白剂只有液态形式，由次氯酸钠和水组成。无氯漂白剂是液态（过氧化氢和水）或粉状（过硼酸钠或碳酸钠）的有氧漂白剂。如果没有指定漂白剂，客户可以使用任何一种，而不会对服装造成损害。服装漂白说明包括以下内容。

- 漂白方法：
  - 需要使用漂白剂时（当所有漂白剂均可安全使用而不会损坏衣物时使用）。
- 漂白警告：
  - 请勿漂白；
  - 仅可使用非氯漂白剂。

烘干（Drying）：烘干可以去除衣物洗涤后残留的水分。水分通过暴露在室内、室外空气中或机器干燥而蒸发。烘干说明必须包括方法和温度，以及正常烘干过程的其他事项。如果在常规合理的烘干程序中可能损坏衣物，还必须包括烘干警告。衣服的烘干说明包括以下内容。

- 烘干方法：
  - 甩干，甩干温度，如无热、低温、高温，耐久压力或永久压力循环；
  - 滴干；　　　　　　　- 平铺晾干；
  - 悬挂晾干；
  - 烘干的其他建议包括：
    ◎ 及时烘干；
    ◎ 远离热源悬挂晾干；
    ◎ 容易变形，平铺晾干；
    ◎ 烘干至潮湿后悬挂晾干，或者烘干至潮湿后平铺晾干；
    ◎ 用三个网球辅助烘干（用于滑雪服和有绒毛填充物的衣物，这些填充物在清洗过程中可能会打结）。

- 烘干警告：
  - 请勿烘干；
  - 请勿机器烘干；
  - 请勿甩干；　　　　　　- 远离热源。

熨烫和压烫（Ironing and Pressing）：通过熨烫和压烫使用干热或蒸汽去除衣服上的褶皱。熨烫或压烫说明应包括温度和在常规合理的熨烫过程中可能损坏衣物的警告。熨烫和压烫说明包括：

- 熨烫和压烫方法：
  - 温度，如冷、低温、中温、高温；
  - 需要时可熨烫；
  - 在湿润时熨烫；
  - 蒸汽压烫；
  - 蒸汽熨烫。
- 熨烫和压烫警告：
  - 请勿熨烫；
  - 请勿熨烫装饰；
  - 使用垫布压烫；
  - 反面熨烫；
  - 请勿蒸汽熨烫；
  - 仅蒸汽熨烫。

干洗（Drycleaning）：干洗是使用全氯乙烯、石油或碳氟化合物溶剂去除纺织服装上的污垢和污渍。通常在干洗溶剂中加入水分，达到75%的相对浓度，以去除水溶性污垢和污渍。衣物被溶剂清洗干净后，可以在71℃（160°F）的温度下烘干，然后蒸汽熨烫或通过其他后整理来护理衣物。干洗说明应包括普通干洗、专业干洗、商业干洗或皮革清洁，如果使用常规溶剂在合理清洗过程中损坏衣物时，则应包括干洗警告。干洗说明包括：

- 普通干洗、专业干洗、皮革清洁；
- 溶剂类型：

○四氯乙烯；　　　　　○石油；

○碳氟化合物。

·烘干温度，如冷或暖；

·烘干方法，如滚筒烘干或箱式烘干。

·干洗的其他建议包括：

　　○短周期；

　　○干洗剂最短抽脱时间；

　　○减少水分。

·干洗警告：

　　○请勿干洗；　　　　　○请勿蒸汽熨烫；

　　○仅可蒸汽熨烫；

　　○不要使用全氯乙烯溶剂；

　　○不要使用石油溶剂；

　　○不要使用碳氟化合物溶剂；

　　○不要甩干。

儿童睡衣的护理说明要求（Care Disclosure Requirements for Children's Sleepwear）：消费品安全委员会（CPSC）根据易燃条例，要求在儿童睡衣的标签上显示更多信息。包括：

·16 CFR 1615：0~6岁儿童睡衣的易燃性标准；

·16 CFR 1616：7~14岁儿童睡衣的易燃性标准。

宽松和紧身儿童睡衣必须遵守这些规定。如果护理说明在标签背面，则必须在标签正面注明"护理说明见背面"字样。必须在服装标签上注明护理警示，并在产品的使用寿命内标签能永久固定在服装上，其内容应包括"保护物品免受已知会导致其阻燃性能下降的药剂或处理的预防性说明。如果一件物品在低于1615.4(g)(4)[或1616.5(c)(4)]的条件下洗涤和干燥经过了初步测试，则在服装上应标有洗涤说明(CPSC, 2015a, b，第1615.4(g)(4)条和第1616.5(c)(4)条)"。

其他常见的护理标识系统包括ISO/GINETEX、JIS护理标识、加拿大护理符号和中国GB/T 8685标识系统。

类别	JIS L0001:2014
洗涤	
漂白	
自然干燥	
甩干	
拧干	
熨烫	
商业干洗	
专业纺织品护理	

JIS护理标签系统

符号	洗涤过程
95	最高水温95℃，标准洗涤
70	最高水温70℃，标准洗涤
60	最高水温60℃，标准洗涤
60	最高水温60℃，温和洗涤
50	最高水温50℃，标准洗涤
50	最高水温50℃，温和洗涤
40	最高水温40℃，标准洗涤
40	最高水温40℃，温和洗涤
40	最高水温40℃，轻柔洗涤
30	最高水温30℃，标准洗涤
30	最高水温30℃，温和洗涤
30	最高水温30℃，轻柔洗涤
	手洗，最高水温40℃
	请勿水洗

符号	漂白过程
	任何漂白剂
	仅含氧、非氯漂白剂
	请勿漂白

符号	甩干过程
	可甩干 标准温度 最高排气温度80℃
	可甩干 低温甩干 最高排气温度60℃

符号	自然干燥过程
Ⅰ	悬挂晾干
Ⅱ	悬挂滴干
一	平铺晾干
三	平铺滴干
Ⅰ	阴凉处悬挂晾干
Ⅱ	阴凉处悬挂滴干
一	阴凉处平铺晾干
三	阴凉处平铺滴干

符号	熨烫过程
	熨斗底板最高温度200℃
	熨斗底板最高温度150℃
	熨斗底板最高温度110℃，无蒸汽
	请勿熨烫

符号	专业纺织品护理过程
P	使用四氯乙烯和符号F中列出的其他溶剂专业干洗，标准洗涤
P	使用四氯乙烯和符号F中列出的其他溶剂专业干洗，温和洗涤
F	碳氢化合物专业干洗（蒸馏温度为150~210℃。闪点为38~70℃），标准洗涤
F	碳氢化合物专业干洗（蒸馏温度为150~210℃之间。闪点为38~70℃），温和洗涤
	请勿干洗
W	专业湿洗，标准洗涤
W	专业湿洗，温和洗涤
W	专业湿洗，轻柔洗涤
	请勿专业湿洗

ISO/GINETEX 护理符号

纺织服装产品政府标识规定
（GOVERNMENT LABELING REGULATIONS FOR TEXTILE APPAREL PRODUCTS）

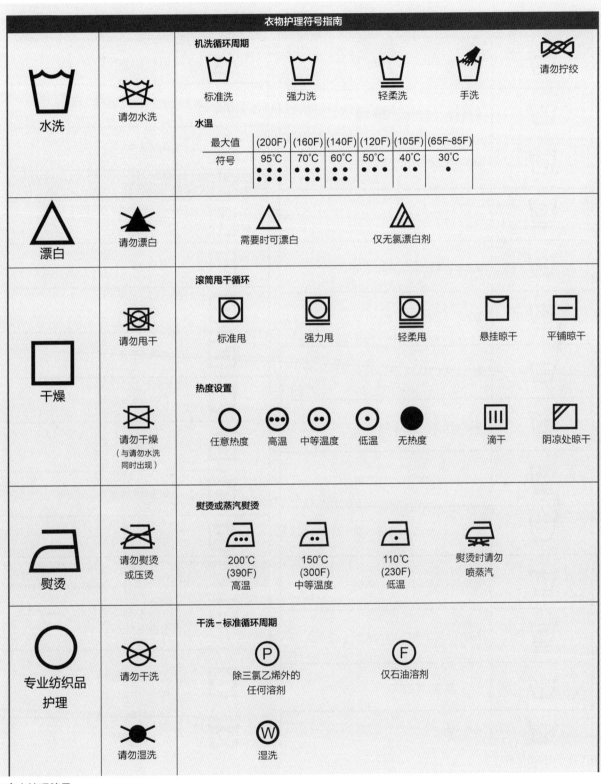

衣物护理符号指南

水洗 / 请勿水洗

机洗循环周期
标准洗　强力洗　轻柔洗　手洗　请勿拧绞

水温

最大值	(200F)	(160F)	(140F)	(120F)	(105F)	(65F~85F)
	95℃	70℃	60℃	50℃	40℃	30℃
符号	•••	•••	•••	••••	••	•

漂白 / 请勿漂白

需要时可漂白　　仅无氯漂白剂

干燥 / 请勿甩干 / 请勿干燥（与请勿水洗同时出现）

滚筒甩干循环
标准甩　强力甩　轻柔甩　悬挂晾干　平铺晾干

热度设置
任意热度　高温　中等温度　低温　无热度　滴干　阴凉处晾干

熨烫 / 请勿熨烫或压烫

熨烫或蒸汽熨烫
200℃ (390F) 高温　150℃ (300F) 中等温度　110℃ (230F) 低温　熨烫时请勿喷蒸汽

专业纺织品护理 / 请勿干洗 / 请勿湿洗

干洗－标准循环周期
Ⓟ 除三氯乙烯外的任何溶剂　　Ⓕ 仅石油溶剂

Ⓦ 湿洗

加拿大护理符号

符号	洗涤过程	符号	漂白过程
95	最高水洗温度95℃，标准洗涤	△	任何漂白剂均可
70	最高水洗温度70℃，标准洗涤	△	仅可使用含氧、非氯漂白剂
60	最高水洗温度60℃，标准洗涤	△	请勿漂白

符号	洗涤过程	符号	自然干燥过程
60	最高水洗温度60℃，温和洗涤	丨	悬挂晾干
50	最高水洗温度50℃，标准洗涤	丨丨	悬挂滴干
50	最高水洗温度50℃，温和洗涤	一	平铺晾干
40	最高水洗温度40℃，标准洗涤	二	平铺滴干
40	最高水洗温度40℃，温和洗涤	阴凉处悬挂晾干
40	最高水洗温度40℃，轻柔洗涤	阴凉处悬挂滴干
30	最高水洗温度30℃，标准洗涤	阴凉处平铺晾干
30	最高水洗温度30℃，温和洗涤	阴凉处平铺滴干

符号	洗涤过程	符号	滚筒干燥过程
30	最高水洗温度30℃，轻柔洗涤	⊙⊙	标准温度滚筒烘干，最高排气温度80℃
手洗	手洗，最高水温40℃	⊙	低温滚筒烘干，最高排气温度60℃
	请勿水洗		请勿滚筒烘干

中国GB/T 8685洗护符号

服装标签上的所有信息并不都是法律要求的。

品牌和尺寸信息能为顾客购买服装提供有价值的帮助。部分国家的服装标签内容要求摘要如表13.1所示。

■ 品牌名称（Brand Designation）

服装标签上的品牌名称或标识的展示，对于品牌形象、名称识别和促销非常重要。许多顾客购买自己认知的服装品牌是基于他们对该品牌服装合身程度、质量水平、设计和工艺技术、形象地位或价格的了解。标签还发挥着增强消费者对品牌的喜爱度、持续提升认同度的功能，无论消费者是在购物查看衣橱，或是看到他人的服装品牌标签时。

■ 服装尺码（Size Designation）

虽然没有法律规定服装标签上必须标明尺码，但尺码对消费者来说至关重要。尺码表示各个年龄段人体的身高、围度与服装部位尺寸的数值关系，不同制造商的服装尺码表示方法不同，尺码可以由数字、字母、文字来表示。

- XXS、XS、S、M、L、XL、XXL、XXXL；
- XX小号、X小号、小号、中号、大号、X大号、XX大号、XXX大号；
- 均码；
- 符合大多数人的尺码；
- 偶数后跟W表示成年女性服装尺码。这个范围内的尺寸通常为14W~24W；
- 少女服装尺码使用两位偶数表示，通常为00~20；
- 身材娇小，身高低于5英尺5英寸（165厘米）的女性和身材高挑，身高超过5英尺6英寸（167.6厘米）的女性使用女士服装标签上的其他尺寸标识；
- 青少年服装尺码使用奇数，通常为1~17；
- 男性的服装尺寸是根据身体的尺寸（英寸）来确定的。西装和夹克的尺寸一般为胸围81.3~127厘米（32~50英寸），裤子的尺寸一般为腰围71.1~101.6厘米（28~40英寸），量身定制的礼服衬衫通常为颈围35.6~47厘米（14~18.5英寸），袖长76.2/81.3~86.4/91.4厘米（30/32~34/36英寸）。
- 矮，身高5英尺7英寸（170.2厘米）以下，普通，身高5英尺8英寸~5英尺11英寸（172.7厘米~180.3厘米），高，身高6英寸（183厘米）以上，使用男士服装标签上的其他尺寸标识；
- 婴儿服、童装的尺码以及妇女的文胸尺码见第4章。

■ 货号（Style Number）

一旦采用了某个设计，便会指定样式编号，以识别特定的服装样式，从而可以在整个供应链中对其进行跟踪。货号的编制取决于公司的产品组合和开发的货号编制系统。产品开发人员（设计师）、图案设计人员、样衣制作人员、材料和生产采购人员、承包商、销售代表和零售商都使用这些数字来传达特定服装的信息。法律并不要求货号要显示在缝纫式服装标签上，有时也可以在服装反面找到，如果多个标签堆叠在一起，可以放在最后一个标签的前面或后面。

货号可以使用字母、数字或两者的组合来编制。当只使用字母时，它们被称作货品代码。例如，一款女童的绸缎睡衣裤，设计有三种图案（猫、心形、蝴蝶），可以编码为：

- GSPJPCAT（猫图案的女童绸缎睡衣裤）；
- GSPJPHRT（心形图案的女童绸缎睡衣裤）；
- GSPJBFLY（蝴蝶图案的女童绸缎睡衣裤）。

如果采用不同的面料制作相同款式的睡衣裤，如法兰绒，货号将改为GFPJPBFLY（女童法兰绒蝴蝶图案睡衣裤）。这种类型的货号编制系统非常简单，但如果人们不知道字母代表什么，可能会感到困惑。

纺织服装产品的自主标签信息
（VOLUNTARY LABEL INFORMATION FOR TEXTILE APPAREL PRODUCTS）

如果使用字母，则必须有一个标准系统来指定每个字母或缩写的含义，并且必须始终如一地使用该系统，以避免货号之间的混淆。

字母和数字的组合可以用来编制货号。同样，重要的一点是，每个字母都要表达相同的意思。例如，2018年春季推出的第105款棉质长袖T恤的货号为：LST105CSP18（长袖T恤，105，棉，2018年春季）。

有些公司将季节和年份合并到货号中，如F表示秋季，H或Ho表示假日，R表示度假，SP表示春季。更常见的是将季节和年份单独列在缝合式标签上货号的下面。

编制货号的最佳方法是严格使用编号系统。货号编制取决于公司及其产品组合。货号通常由4~6个数字组成。

表13.1 部分国家的服装标签内容要求摘要

国家	语言	纤维含量	来源（国家，生产商，进口商，贸易商，零售商信息）	护理	号型
澳大利亚	英语	强制的	强制的（来源国）	强制的	自愿的
奥地利	德语	强制的	强制的（来源国）	强制的	自愿的
比利时	地区官方语言*	强制的	自愿的	自愿的	自愿的
巴西	葡萄牙语	强制的	强制的	强制的	强制的
保加利亚	保加利亚语**	自愿的	自愿的	自愿的	自愿的
加拿大	英语和法语	强制的	强制的	自愿的	自愿的
中国	汉语	强制的	强制的	强制的	强制的
塞浦路斯	希腊语	自愿的	强制的	自愿的	
捷克	捷克语	强制的	强制的（来源国）	强制的	强制的
丹麦	丹麦语、挪威语或瑞典语	强制的	自愿的	自愿的	自愿的
多米尼加	西班牙语	强制的	强制的	强制的	自愿的
爱沙尼亚	爱沙尼亚语	强制的	强制的	强制的	强制的
芬兰	芬兰语或瑞典语	强制的	强制的	自愿的	自愿的
法国	法语	强制的	自愿的	自愿的	自愿的
德国	德语	强制的	自愿的	自愿的	自愿的
匈牙利	匈牙利语	强制的	强制的（来源国）	强制的	强制的
印度	英语或印地语	强制的	强制的	自愿的	强制的
印度尼西亚	印度尼西亚语	自愿的	自愿的	自愿的	自愿的
爱尔兰	爱尔兰语或英语	强制的	自愿的	自愿的	自愿的
意大利	意大利语	强制的	强制的（生产商或进口商）	自愿的	自愿的
日本	日语（来源国可用英文书写）	强制的	强制的	强制的	强制的

纺织服装产品的自主标签信息
（VOLUNTARY LABEL INFORMATION FOR TEXTILE APPAREL PRODUCTS）

续表

国家	语言	纤维含量	来源（国家，生产商，进口商，贸易商，零售商信息）	护理	号型
拉脱维亚	拉脱维亚语	强制的	自愿的	自愿的	自愿的
立陶宛	立陶宛语	强制的	强制的（来源国）	强制的	强制的
卢森堡	法语或德语	强制的	自愿的	自愿的	自愿的
马来西亚	马来语或英语	自愿的	强制的（进口商）	自愿的	自愿的
马耳他	马耳他语或英语	强制的	自愿的	自愿的	自愿的
墨西哥	西班牙语	强制的	强制的	强制的	强制的
荷兰	荷兰语	自愿的	自愿的	自愿的	
巴基斯坦	乌尔都语或英语	自愿的	强制的	自愿的	自愿的
菲律宾	菲律宾语或英语	强制的	强制的	强制的	自愿的
波兰	波兰语	强制的	强制的	强制的	强制的
葡萄牙	葡萄牙语	强制的	强制的（进口商）	自愿的	自愿的
罗马尼亚	罗马尼亚语或英语	强制的	强制的（来源国）	强制的	自愿的
俄罗斯	俄语	强制的	强制的	强制的	强制的
沙特阿拉伯	阿拉伯语	强制的	强制的	强制的	强制的
新加坡	英语	自愿的	自愿的	自愿的	自愿的
斯洛伐克	斯洛伐克语	强制的	强制的（来源国）	自愿的	强制的
斯洛文尼亚	斯洛文尼亚语	强制的	强制的（来源国）	强制的	强制的
韩国	韩语	强制的	强制的	强制的	自愿的
西班牙	西班牙语	强制的	强制的（进口商）	强制的	自愿的
瑞典	瑞典语	强制的	自愿的	自愿的	自愿的
泰国	泰语	强制的	强制的	强制的	强制的
英国	英语	强制的	自愿的	自愿的	自愿的
美国	英语	强制的	强制的	强制的	自愿的
越南	越南语	强制的	强制的	强制的	自愿的

注　语言是指服装标签上要求使用或可接受的语言。

*比利时要求服装标签以产品销售地的官方语言为准(即法语，荷兰语，德语)。

**英语、德语和法语除外。

纺织服装产品的自主标签信息
（VOLUNTARY LABEL INFORMATION FOR TEXTILE APPAREL PRODUCTS）

编制货号的最佳方法是严格使用编号系统。同样，编号配置取决于公司及其产品组合。货号通常由4~6个数字组成。从历史上看，第一个数字代表市场或性别。因此，以1开头的货号代表男装，2代表女装，3代表童装：

- 10000系列=男装；
- 20000系列=女装；
- 30000系列=童装。

不过，这并不是时一个硬性规定，比如启动一条童装产品线时，可以选择以1开头的数字，第二个数字表示产品：

- 11001=男衬衫；
- 12001=男短裤；

- 13001=男西服；
- 14001=男外套；
- 15001=男裤；
- 16001=男配饰。

其余数字表示款式数量的依次增加。例如，14127代表男外套的第127款。必要时货号也可以将纤维信息包含在内。最后一个数字表示纤维，例如：

- 1=棉；
- 2=锦纶；
- 3=美利奴羊毛；
- 4=羊绒。

例如，141273表示由美利奴羊毛制成的第127款男外套。

标签在服装上的位置（PLACEMENT OF LABELS IN WEARING APPAREL）

带有法律要求信息的标签必须牢固地固定在服装上。标签的位置必须清楚明了，以方便客户查找。所有强制的和自愿的信息都可以包含在固定于衣服上的一个或几个标签中。

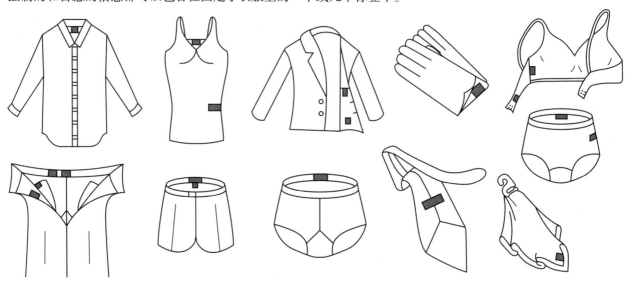

服装内品牌标签可放置的位置

放置于有领成衣内的标签特点包括：

- 品牌标签通常出现在后领口内侧的中间位置，它也可以固定在服装外面的不同位置；
- 原产国标签必须贴在领口的内侧中心，或靠近肩

膀中间的另一个标签。如果一个标签包含所有需要的信息，根据法律，它必须固定在这个区域；
- 可将包含有纤维含量、制造商标识号和护理说明的标签固定在侧缝上。

标签在服装上的位置（PLACEMENT OF LABELS IN WEARING APPAREL）

在有腰的服装上固定标签的特点如下：

· 服装标签在腰头或腰部的内侧；

· 品牌标签通常出现在腰头或腰部的内侧，它也可以固定在衣服外面的不同位置。

 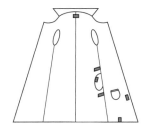 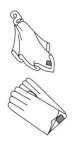 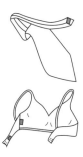

标签在服装内侧的固定位置

原文参考文献（References）

ASTM International. (2016). 2016 *ASTM International standards* (Vol. 07.02). West Conshohocken, PA: Author.

Avery Dennison. (2008). *Eco friendly woven labels*. Retrieved December 5, 2015, from http://www.ibmd.averydennison.com/products/documents/eco/ECO-WovenLabels_Tearsheet_lang-us-en_size-us.pdf

BCI. (2005). *Clothing labels*. Retrieved December 5, 2015, from http://www.bcilabels.com/index.html

Bureau of Customs & Border Protection. (2015, December 5). *Electronic code of federal regulations: 19 CFR 134: Country of origin marking*. Retrieved December 5, 2015, from http://www.ecfr.gov/cgi-bin/text-idx?SID=301c2ae310c9fb9f4dc57ed375a188da&mc=true&node=pt19.1.134&rgn=div5

Consumer Products Safety Commission. (2015, December 5; a). *Electronic code of federal regulations: 16 CFR 1615: Standard for the flammability of children's sleepwear sizes 0–6X*. Retrieved December 5, 2015, from http://www.gpo.gov/fdsys/pkg/CFR-2012-title16-vol2/xml/CFR-2012-title16-vol2-part1615.xml

Consumer Products Safety Commission. (2015, December 5; b). *Electronic code of federal regulations: 16 CFR 1616: Standard for the flammability of children's sleepwear sizes 7–14*. Retrieved December 5, 2015, from http://www.gpo.gov/fdsys/pkg/CFR-2012-title16-vol2/xml/CFR-2012-title16-vol2-part1616.xml

Federal Trade Commission. (2015, December 5; a). *Care labeling of textile wearing apparel and certain piece goods, as amended effective September 1, 2000*. Retrieved December 5, 2015, from https://www.ftc.gov/node/119456

Federal Trade Commission. (2015, December 5; b). *Electronic code of federal regulations: 16 CFR 300: Rules and regulations under the wool products labeling act of 1939*. Retrieved December 5, 2015, from http://www.ecfr.gov/cgi-bin/text-idx?SID=4d32f443901ac1d35f94e705e794f10b&mc=true&node=pt16.1.300&rgn=div5

Federal Trade Commission. (2015, December 5; c). *Electronic code of federal regulations: 16 CFR 303: Rules and regulations under the textile fiber products identification act*. Retrieved December 5, 2015, from http://www.ecfr.gov/cgi-bin/text-idx?SID=4d32f443901ac1d35f94e705e794f10b&mc=true&node=pt16.1.303&rgn=div5

Federal Trade Commission. (2015, December 5; d). *Electronic code of federal regulations: 16 CFR 423: Care labeling of textile wearing apparel and certain piece goods as amended*. Retrieved December 5, 2015, from http://www.ecfr.gov/cgi-bin/text-idx?SID=4d32f443901ac1d35f94e705e794f10b&mc=true&node=pt16.1.423&rgn=div5

Federal Trade Commission & Bureau of Consumer Protection. (2015, December 5). *Threading your way through the labeling requirements under the textile and wool acts*. Retrieved December 5, 2015, from https://www.ftc.gov/tips-advice/business-center/guidance/threading-your-way-through-labeling-requirements-under-textile

Intertek. (2014). *Care labeling: Caring about the consumers beyond the label*. Retrieved December 5, 2015, from http://www.intertek.com/uploadedFiles/Intertek/Divisions/Consumer_Goods/Media/PDFs/Services/Low%20Res%20CompleteCareLabelling.pdf

Thiry, M. C. (2008, October). Tagged. *AATCC Review: International magazine for textile professionals*, 8(10), 22–24, 26–28.

Woven Labels Clothing. (2015) *Woven labels glossary*. Retrieved December 5, 2015, from http://www.wovenlabelsclothing.com/2.html

Xpresa Labels. (2015). *Glossary for labels*. Retrieved December 5, 2015, from http://www.xpresalabels.com/glossary-for-labels/

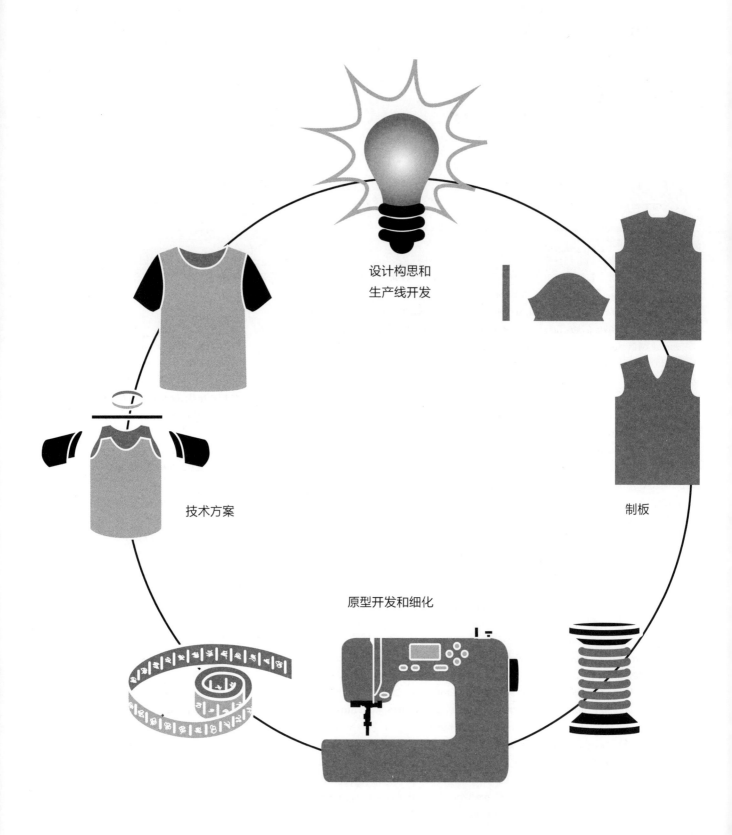

设计构思和
生产线开发

制板

技术方案

原型开发和细化

第三篇
PART THREE

设计研发及产品规格
Design Development and Product Specifications

设计师和产品开发人员在每一季为品牌和目标顾客设计符合潮流、适应市场的产品时都扮演着重要的角色。他们的任务包括从分析预测趋势到确定适当的款式、设计细节，以及产前操作（如制板、工艺，以及为制作指定针迹和接缝方式）。本书的第三部分将概述产品设计、制板方法和工具、设计细节、服装开口、边缘装饰、针迹和接缝方式的选择，以及大规模服装生产开发中使用的服装号型和试衣策略。

第十四章
CHAPTER 14

产品设计（产品开发）
Product Design（Product Development）

设计是时尚产品开发的重要组成部分。服装设计师受到潮流和全球事件的影响，他们面临的挑战是如何将这些趋势和事件诠释成适合品牌和目标顾客的服装风格。了解自己的目标市场是成功开发和定位产品的关键。开发团队将顾客视为所有决策的核心。

调查研究（RESEARCH）

大规模生产的服装设计始于调查研究。这项调查研究包括评估环境趋势、消费者趋势和产品趋势。从事环境趋势调查研究的人，也称为市场和全球趋势研究者，调查内容是对产品开发产生影响的当前事件。本研究是涉及企业无法控制但必须考虑、评估的变量，如评估当前经济形势；评估过去12个月发生了什么；预测明年可能发生什么；跟踪经济趋势、社会和文化趋势、技术进步以及对消费者行为和支出的政治影响。

消费者趋势调查研究或目标市场调查研究包括收集现有目标市场和潜在客户的个人信息和生活方式等。对该信息的分析要求建立客户资料库或进行更新。

个人信息统计包括：

· 年龄；　　· 家庭类型；　　· 性别；　　· 种族；

· 收入；　　　· 婚姻状况；　　· 受教育情况；

· 职业；　　　· 地理位置；　　· 消费模式；

· 家庭人员；· 宗教信仰。

生活方式包括促进购买的社会和心理因素，如：

· 生命周期阶段；　　　· 个性；

· 参照群体（同伴）；　　· 态度和价值观；

· 行为模式；　　　　　· 社会地位；

· 文化差异（基于种族或文化影响的偏好）。

目标客户（核心客户）［Target Customer (Core Customer)］：品牌的主要目标市场的组成部分。

潜在客户（边缘客户）［Potential Customer (Fringe Customer)］：偶尔购买某品牌，但不属于其主要目标市场的客户。这些人有潜力成为核心客户。

Styling:
Juliette Sleeves, Zippered Pockets, Print and Graphic Mixing, Lots of Layers, Racer Back Tanks, Heavy Embellishment, Curvaceous Silhouettes, Graffiti Influence, Hip-Hop Styling

Fabric:
70/20 Cotton Spandex Lightweight Stretch Denim
100% Polyester Lightweight Sheer Plaid & Floral Woven
60/40 Cotton Rayon Jersey
100% 1x1 Rib Brushed Cotton

Territory Spring Summer '08 Color Palette

Cloud Sand Bonita Ocean Turquesa Gris Stone Salsa Tango Azteca Noir

潮流趋势板

产品开发人员不断地监视和评估市场中的产品。进行产品趋势调查研究的人员通过研究竞争产品、正在开发的产品及引入的创新产品来评估总体市场趋势。这一分析能为公司提供有关改进现有产品以及寻找新的扩展业务机会的信息。

趋势预测（Trend Forecast）：趋势预测将影响时尚和产品设计。预测趋势包括：

· 色彩；

· 纤维和织物（例如：机织或针织组织结构会影响质地）；

· 趋势影响提供灵感和概念焦点；

· 廓型；

· 设计细节（例如：褶裥、饰边、领型）。

设计研发（DESIGN DEVELOPMENT）

趋势预测对服装产品的开发具有重要意义。设计师根据品牌、目标客户和产品的销售潜力和适用性来解读趋势。通过到全球主要城市旅行收集趋势信息。目的地因商品类别（如运动服、休闲服）和目标市场而异。趋势能为设计师提供灵感，以开发该季产品的系列概念。

设计师开发和完善的设计构思，需要满足目标市场、品牌、产品线、预算成本和生产的需求。制作的样衣需测试其合体性、功能性和美观性，采购面辅料和配饰，完成初步成本核算。一旦选择并完善了该生产线的服装，便完成了最终成本核算，确定了生产数量，即开始生产。

概念开发（Concept Development）：产品的设计方向基于趋势预测中提供的产品开发的灵感来源、想法或主题。概念图在视觉上传达了该系列的灵感。设计概念应传达：

· 情绪或主题；　　　· 目标市场适用性；

· 品牌形象；　　　　· 产品焦点

· 适合目标市场和品牌的季节性趋势。

概念板

设计研发（DESIGN DEVELOPMENT）

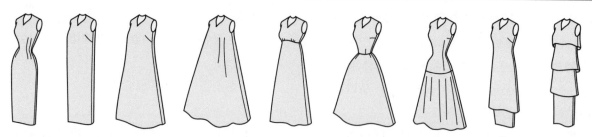

服装廓型

服装廓型〔Apparel Silhouette (Garment Silhouette)〕：服装廓型按其外轮廓可分为：

- 自然型；
- 筒型；
- 斗篷型；
- 沙漏型；
- A型。

廓型可以进一步描绘成有水平分割的接缝和叠搭。水平分割方式包括：

- 欧洲帝国时期高腰线（腰线分割，分割线位于胸围线以下至自然腰围线以上）；
- 合身或喇叭型（自然腰围线分割）；
- 低腰线（自然腰围线以下至臀围线以上）；
- 拉长躯干（臀围线分割）。

水平叠搭包括束腰外衣，它延伸到臀部以下至膝围线以上，层层叠搭构成了平行的分割线。

设计细节（Design Detail）：服装的款式设计或细节特征会产生额外的视觉吸引力，设计细节包括：

- 领型；
- 口袋；
- 育克；
- 领口；
- 闭合方式；
- 袖型；
- 袖口；
- 饰边。

设计构思（Design Ideation）：探索和开发产品的方案设计思想，包括创建样式、选择色调，以及选用内部和开发面料或从面料厂采购面料。

设计研发（DESIGN DEVELOPMENT）

设计优化与选择（Design Refinement and Selection）：根据设计概念、适用性、功能性、成本、生产限制、商品计划等进行设计调整、优化和选择，最终确定产品线的内容。

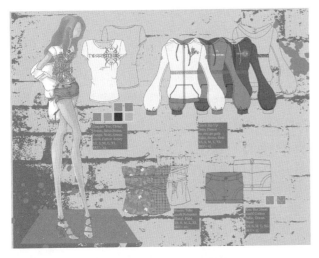

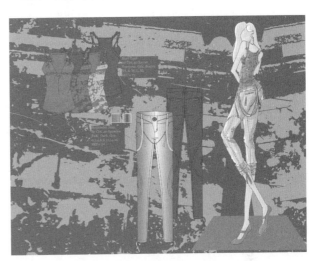

故事板

坏布试制样衣（坏布试版）[Test Muslin (Muslin Proof)]：用坏布按实际样衣尺寸裁剪裁片，将裁片钉或缝在一起形成服装。坏布试制样衣用来：

· 检查设计板型的合适性以及平衡和比例；

· 检查织物在此设计中的潜力；

· 调整新设计在试衣模特上穿着的合体程度。

测试用的坏布可以只做服装的右半部分，也可以做一件完整的服装。

虚拟模型（Virtual Prototype）：用软件的智能计算，可以将二维板型转化成三维服装。虚拟模型用于评估服装的审美性和吸引力，同时最大限度地减少开发和改进服装所需的物理样本数量，从而节省时间和资源。一些软件程序会评估虚拟模型的合体性、舒适性和功能性。

3D打印模型（3D Printed Prototype）：使用三维建模软件以激光烧结粉末尼龙或塑料（TPU 92A—19，热塑性聚氨酯）打印三维铰接式服装样品。这种技术能快速高效地生产样品，这就是所谓的快速模型。三维模型需要更少的原材料，因此产生的浪费更少。数字模型和开发机构Occom Group的创始人埃里·博兹曼（Eli Bozeman）表示："所有时尚产品都将以这种方式开发，只是时间问题。它的效率要高得多，可以让你用更少的昂贵的设计替代更快地得到一些东西"（Dhani，2013）。这项技术可能会改变未来服装的样衣制作和生产方式。

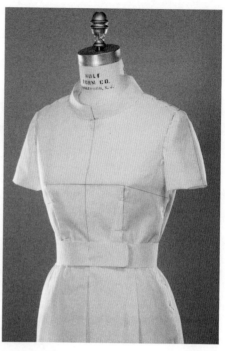

坏布试制样衣

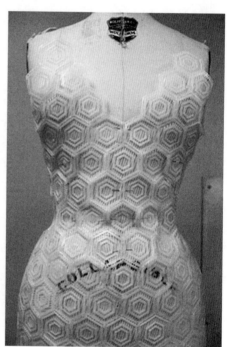

3D打印服装样衣

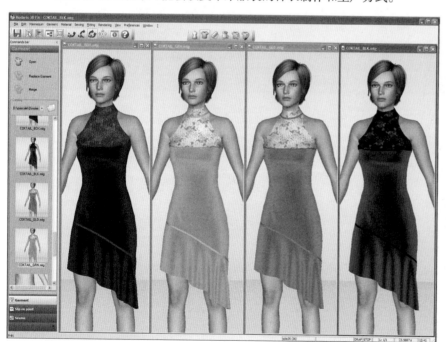

虚拟模型

表14.1 ASTM人体测量与服装尺码规范

适用人群 尺寸范围	服装号型	ASTM规范
儿童尺寸		
新生儿到24个月	3~6个月	D4910
女孩尺寸		
2~20岁	10个标准号型， 小号，大号	D6192
青少年尺寸		
0~19岁	7	D6829
男孩尺寸		
4~24岁	10	D6860/D6860M
8~14岁的瘦体型 8~20岁的标准体型	10	D6458
少女尺寸		
0~20岁	8或10	D5585
0~20岁瘦体型	8P或10P	D7878/D7878M
2~22岁（包括孕妇 和其他体型）	8或10	D7197
女性尺寸		
55岁及以上 0~19岁 0~19岁瘦体型 0~20岁 0~20岁瘦体型 0~20岁高身型 14~32岁胖体型	7标准号型，小号 8或10标准号型， 小号，高号型 18~20W	D5586/D5586M
男性尺寸		
35岁及以上 34~52岁矮身型、标 准身型、高身型	最小号34 短夹克、普通夹 克和长夹克的号 型为40~42	D6240/D6240M

*P=小
*T=高
*W=大体型女性
注 请参阅2016 ASTM国际标准，卷07.02，了解每个特定身体部位的具体测量方法。这些身体尺寸可作为一般参考指南。制造商和产品开发人员有权在指定的范围内为其品牌服装指定特定的尺寸。

首件样衣（First Sample）：以新设计的原始板型裁片缝合而成的样衣，用于测试合身性、功能性和美观性。

生产样衣（Production Sample）：已经过修正、完善的，并测试了其合体性、功能和美学要求的最终板型样衣。使用与批量生产相同的工艺方法和面料进行缝制。

样衣号型（Sample Size）：制造商指定的服装尺寸、适合体型的尺寸、首件板型的开发尺寸和模型尺寸（表14.1）。大多数制造商在推板时使用靠近尺寸范围中间的号型以获得更好的比例。一些高档或奢侈品牌不会根据号型尺寸对款式进行推板，他们为同一款式的不同号型绘制单独的板型。

原文参考文献（References）

ASTM International. (2016). 2016 *International standards* (Vol. 07.02). West Conshohocken, PA: Author.

Bubonia-Clarke, J. & Borcherding, P. (2007). *Developing and branding the fashion merchandising portfolio*. New York: Fairchild Publications, Inc.

Dhani, M. (2013). *How 3-D printing could change the fashion industry for better and for worse*? Retrieved December 21, 2015, from http://fashionista.com/2013/07/how-3-d-printing-could-change-the-fashion-industry-for-better-and-for-worse#1

Noe, R. (2013, March 19). *Materialise launches new flexible and durable material for laser sintering*. Retrieved December 22, 2015, from http://www.core77.com/posts/24586/Materialise-Launches-New-Flexible-n-Durable-Material-for-Laser-Sintering

Rietveld. F. (2015). *3D printing: The face of future fashion*? Retrieved December 22, 2015, from http://tedx.amsterdam/2013/07/3d-printing-the-face-of-future-fashion/

Shapeways, Inc. (2015). *N12: 3D Printed bikini*. Retrieved December 22, 2015, from http://www.shapeways.com/n12_bikini

第十五章
CHAPTER 15

制板方法和计算机技术
Patternmaking Methods and Computer Technology

板型是裁剪一件或多件服装的依据。它包括制作一件衣服所需的所有裁片。板型符合标准尺寸，但尺寸测量的方法因品牌而异。服装板型经过开发、测试和完善，以确保服装产品的准确设计、功能性及合体性。

制板阶段（PATTERNMAKING STAGES）

　　基础板型（Block or Sloper）：包括服装主要部位的基本板型或数字板型，该板型遵循人体工学或服装穿着后的自然轮廓，带有剪口，无造型分割线，可预留缝份或不预留缝份。制板的依据包括特定测量尺寸、服装款式、人体体型以及服装公司给定的样衣尺寸等。基础板型可在原始的上衣、裙子、连衣裙、裤子板型上进行设计，成为新板型或调整后的第一个板型。

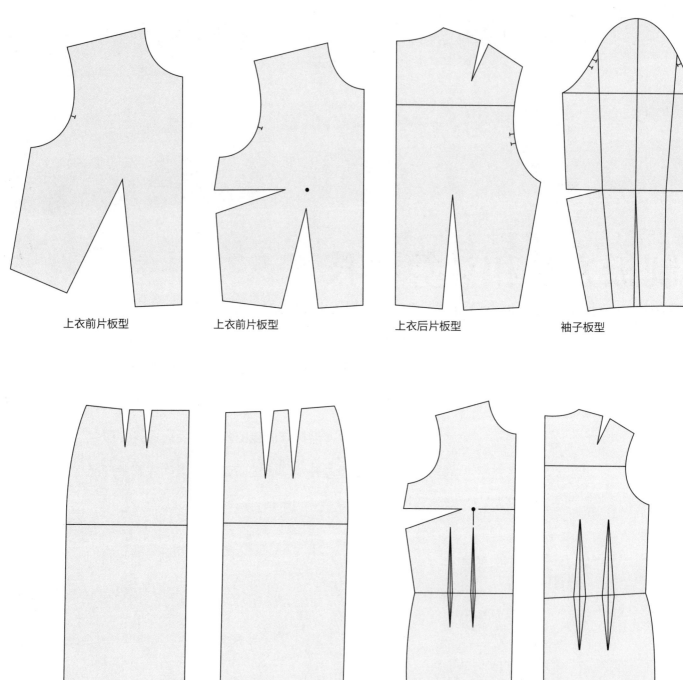

上衣前片板型　　　　　　　　上衣前片板型　　　　　　　　上衣后片板型　　　　　　　　袖子板型

裙子前片板型　　　　　　　　裙子后片板型　　　　　　　　长款上衣前片板型　　　　　　长款上衣后片板型

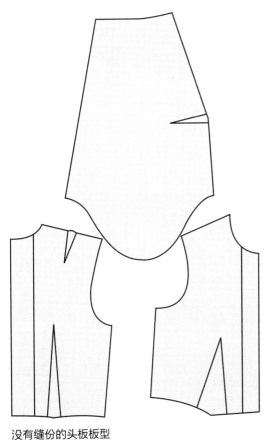

没有缝份的头板板型

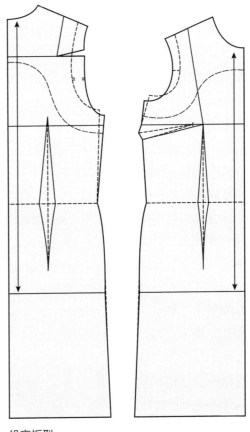

投产板型

头板板型 (First Pattern): 包含接缝和下摆余量的为设计开发的原始或初始板型。

投产板型 (Working Pattern): 投产之前修正完善的板型。

最终板型 (Final Pattern): 纸质板型或数字板型, 由服装的各个部分组成, 包括拼缝线、缝份、切口、布纹线和剪口。最终板型用作:

· 裁剪坯布或虚拟试衣;

· 剪裁制作测试品或样衣。

以坯布或织物测试最终板型, 并针对样衣对生产用板型进行校正。

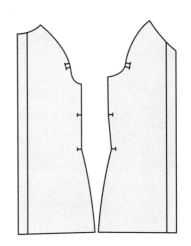

没有缝份的最终板型

制板阶段（PATTERNMAKING STAGES）

板型卡（板型表）[Pattern Card (Pattern Chart)]：包含与生产用板型有关的信息表格，信息包括：

- 货号；
- 服装款式图；
- 号型范围；
- 色彩组合；
- 织物、衬里、接口和装饰所需的码数；
- 成品的号型、数量和描述；
- 所有板型的清单和裁片的数量。

板型卡（板型表）用挂钩挂在生产用板型前面。

工业板型（Production Pattern）：经过测试和完善的最终板型或数字打印板型，包括指定的缝份量、穿孔、对位记号、纹理线和剪口。完整的板型，包含一件完整服装的所有部件。工业板型用于：

- 重复剪裁的衣服款式；
- 尺寸范围内的推板；
- 为裁床上的面料层作标记；

工业板型包括服装对称两侧的板型裁片。

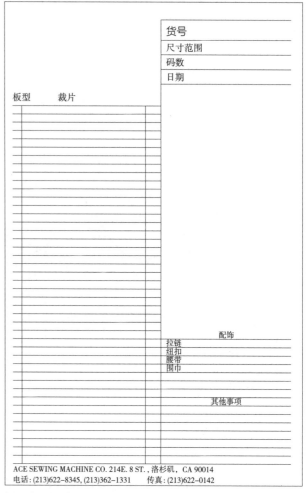

板型卡、板型表

工业板型

推板（Graded Pattern）：在一定尺寸范围内，一件特定服装或某款式的单个板型与其标准的身体尺寸成比例放大、缩小。推板常用于：

· 重复裁剪的服装；

· 计算码数要求；

· 为裁床上的面料层作标记。

工业板型经放大和缩小进行推板。推板方法根据品牌、服装类型和尺码范围不同而有区别。使用专门的计算机软件进行推板，可提高速度和准确性。一些奢侈品牌不是推板，而是会在尺码范围内为每个尺码开发一个新的板型，以确保合适的尺寸和服装部件的比例，以及所有尺码的设计细节。

推板

板型开发（PATTERN DEVELOPMENT）

板型开发包括检查板型对原设计的正确表现、准确的合体性、预留缝份，以及标记和对位点。款式松量是设计的一部分，而板型松量则融于板型的开发中。制板师或技术人员通过手工或数字绘图、立体裁剪或逆向方式来开发板型。

■ 制板和平面板型（Drafting and Flat Pattern）

制板或平面板型设计是用手动或数字方式绘制的结构图，使用指定的尺寸来获得原始板型。一套板型是根据服装款式、真实模特、标准尺寸或各个制造商的规范得出的测量值绘制的。设计人员使用基础板型、绘图纸和工具绘制结构图，并将其修正为最终板型。

绘制板型（Drafted Pattern）：通过使用从服装款式或标准以及不同品牌规格的合体模型中获取的尺寸来开发板型，可以在工作台上手动创建，也可以使用计算机辅助设计CAD软件直接在计算机上创建。这种类型的板型属于二维板型，常用于：

· 裁剪测试用的坯布；   · 裁剪制作样衣。

该板型是通过省转移法或切展法以及两者的组合开发的。

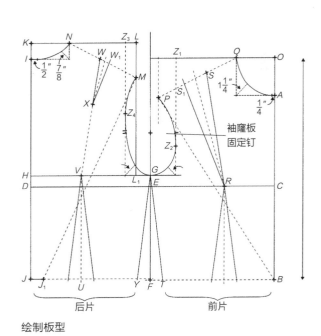

绘制板型

板型开发：制板和平面板型
（PATTERN DEVELOPMENT: DRAFTING AND FLAT PATTERN）

平面板型（Flat Pattern）：通过在工作台上手工绘制或使用CAD软件直接在计算机上绘制得到的板型。这种类型的板型是二维的。平面板型常用于：

· 设计一种新款式；

· 裁剪测试用坯布；

· 裁剪制作样衣。

该板型是通过省转移、斜线分割或两者的组合应用而得到的。

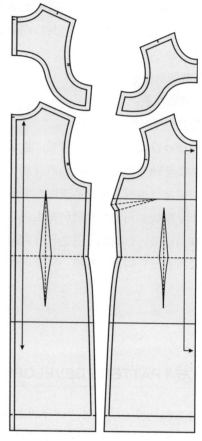
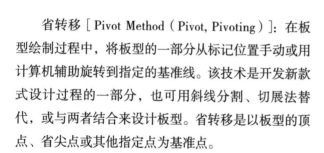

平面板型

省转移［Pivot Method（Pivot, Pivoting）］：在板型绘制过程中，将板型的一部分从标记位置手动或用计算机辅助旋转到指定的基准线。该技术是开发新款式设计过程的一部分，也可用斜线分割、切展法替代，或与两者结合来设计板型。省转移是以板型的顶点、省尖点或其他指定点为基准点。

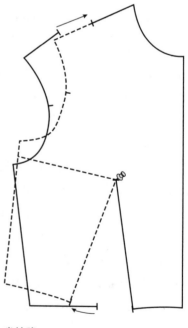

省转移

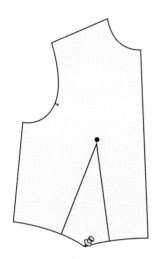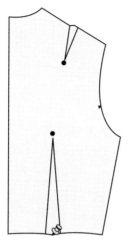

上衣的省道中心点

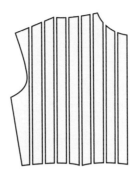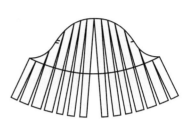

分割和展开

省道中心点（Pivot Point）：板型上省道中心线与边缘的交点，方便在板型设计中的操作，是由不同服装部位的设计元素预先确定的。

切展（分割和展开）（Slash and Spread）：沿预定的导引线通过手动或计算机辅助方式对板型进行分割，并将其打开或展开成指定尺寸的方法来创新设计或塑造整体效果的板型设计方法。切展法是省转移的替代方法或与省转移结合使用进行板型设计。

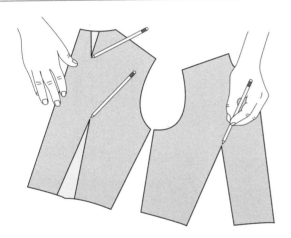

省尖点

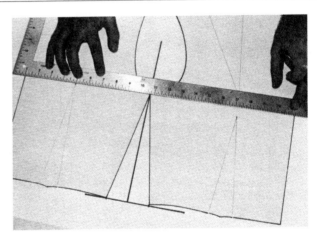

制板平衡线

省尖点（Apex of Dart）：省道末端的锥形点。省尖点常用于：

· 作为板型上的基准点，用于省道旋转和开发新板型；

· 建立或缩短新省道。

所有的前片省道和临时省道都会聚到省尖点，公主线穿过省尖点区域。

平衡线或制板平衡线（Balance or Balancing Patternmaking Lines）：在相邻板型上匹配或建立布纹线或公共接缝线的过程。平衡线常用于：

· 校正板型；

· 调整有公主线或三角形插片结构的服装板型；

· 在裙子、裤子和上衣塑造侧缝线；

· 转移常用的布纹线或基准线。

为保持平衡，制板师从相关的基准线、接缝线或贴合线处以相等的长度延伸或减短常见的结构线。

接缝点（Break Point Line）：板型上标记的缝合止点或画线止点，用于指示在完成的服装上进行翻折、熨烫的止点。接缝点常见于：

· 披肩领；

· 两片式领；

· 翻领（衣服的翻折部分，例如翻领或袖口的饰面）；

· 喇叭裙的插片。

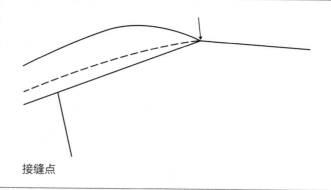

接缝点

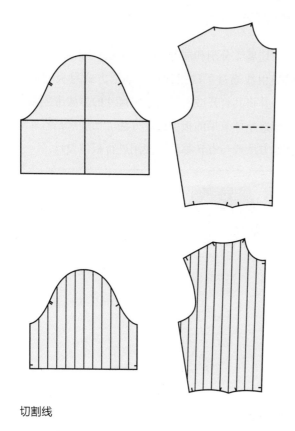

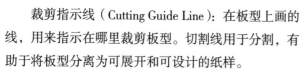

切割线

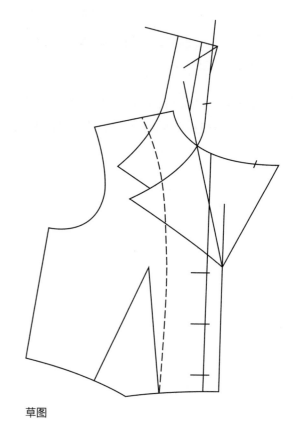

草图

裁剪指示线（Cutting Guide Line）：在板型上画的线，用来指示在哪里裁剪板型。切割线用于分割，有助于将板型分离为可展开和可设计的纸样。

草图（Draft）：通过测量数据、省转移、切展法制作的板型，应该包括最终完成板型所需的所有相关标记、线条和信息。草图具有完整的轮廓线、省道、接缝点和设计特点。

草图不包含缝份。

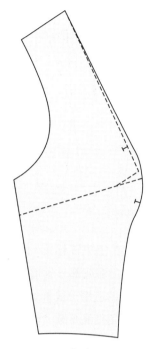

修正（连续）线

修正（连续）线 [Equalize (Compromise)]：通过纠正由于制板过程中使用的转省、切展法造成的接缝线或轮廓线中的差异而形成连续圆顺的线。修正线常用于：

· 保留板型轮廓的对称；
· 修整接缝线或轮廓线，消除不圆顺处，如领口线，上衣、裙子和裤子的侧缝线，袖腋下线，裤子的内侧缝，育克。

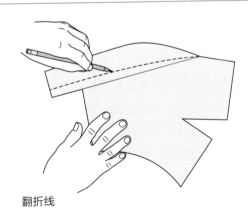

翻折线

翻折线（Roll Line）：领口或袖口的一部分经由此线转向衣服领口或袖子正面。在制板过程中，它是用一条线来表示的。

纵向布纹线

横向布纹线

布纹线标记（Grainline Indicator）：板型上两端带箭头的直线，用于识别织物纱向，此带箭头的线即为布纹线。布纹线指示织物如何裁剪，以直纹、斜纹或横纹裁剪。布纹线常用于：

· 标记在草图、最终板型和工业板型上；
· 确定板型在面料相应纹理上的位置；
· 使板型与相应的织物纹理对齐。

线的长度根据板型的尺寸确定。板型上的布纹线应与织物的布边平行放置。

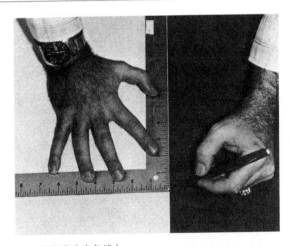

水平垂直线（直角线）

水平垂直线（直角线）[Squared Line (Right Angle Line)]：垂直于另一条线或板型的线。直角线常用于：

· 将板型以垂直线展开；
· 对袖子板型进行各种变化时，使袖子的袖口边缘保持水平；
· 使裤子的横裆线和挺缝线保持垂直。

L型尺、T型尺或透明标尺可帮助绘制直角线。

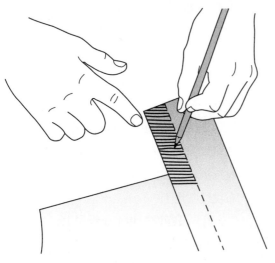

领座

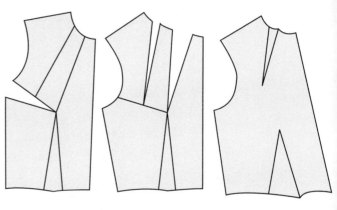

临时省道（省道合并转移）

领座（Stand）：与衣片上的领口弧线接缝的领片，它决定领子的高度并确定领子的弧度。领座可以是领子前面或后面的一部分，也可以是整个领子的一部分。

临时省道（省道合并转移）[Temporary Dart (Working Dart)]：将全部或部分省道合并（省道合并吸收余量以适应衣服的造型）或重新分配省量与省的位置，使其以合适的角度满足款式细节设计要求。省道合并转移常用于：

· 开发具有两个或多个平行省道或省道替代线的款式；
· 为聚集、折叠或展开扩展出区域。

在开发新结构线或控制合体度的过程中，临时省道被收掉而非最终板型的一部分。

■ 立体裁剪（Draping）

立体裁剪是为了使布料与服装款式或试衣模特的一条或多条曲线相吻合从而开发出板型。立体裁剪可以让设计师在服装板型形成三维形态的过程中实现可视化。

借助适当的工具，设计师选择坯布或其他合适的织物通过固定、裁剪和定型，以形成服装板型。当使用CAD软件在虚拟模特上进行试衣开发板型时，设计师输入织物特性来数字模拟现实生活中材料的悬垂性。制作板型中多余的面料可通过使用省道、半活褶、褶裥、接缝或处理成喇叭形来吸收或控制。一旦板型被确定下来，设计师就会将其转移到工作台上，以创建一个纸质板型或将其转换成二维数字板型。

当设计师进行立体裁剪时，织物的布纹线通常垂直地从肩膀垂到衣服的下摆，或从肩膀垂到袖子的边缘。布纹线可使织物巧妙地覆盖在模特身上。横向布纹线通常出现在衣服的横向围度上。斜裁的衣服，织物自然下垂的时候，服装可垂荡或附着在身体上。

对称设计的服装板型只显示一半，并在板型的前中心线和后中心线用"—·—·—"标记，以表示连裁线与织物的布纹线对齐。

不对称和斜裁的服装板型整体呈现并以布纹线符号作标记，以表示与织物的布纹线对齐。

板型开发：立体裁剪（PATTERN DEVELOPMENT: DRAPING）

立体裁剪Drape（Draping）：将坯布或织物通过裁切、固定、钉扎、切割和标记形成板型。这个过程可以在人台上手动完成，也可以在虚拟试衣模特上以数字智能方式完成。

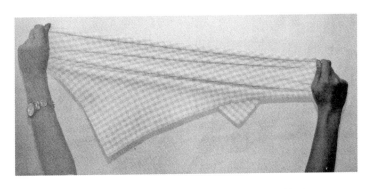

裁片抻平（Cutting and Blocking）：抻平是对构成服装某部位确定了长度和宽度的坯布或织物的准备工作。

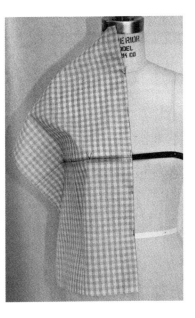

修剪（Slashing）：将坯布或织物固定在人台上，对覆盖区域以外的部分进行修剪，以减轻织物的张力并进行后续的织物悬垂覆盖过程。

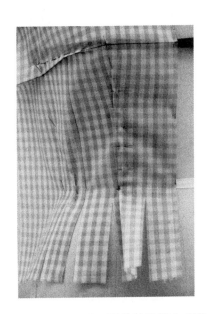

珠针固定（Pinning）：顺着结构线和织物纹理将织物固定在人台上，是在固定织物的过程中设计外轮廓、细节和结构线。

标记（Marking）：标记人台上的服装板型，如周长、相交的线和板型细节，为进行板型修正做准备。在坯布上用铅笔或记号笔作标记，或用大头针别出线迹（用线和针在织物上作记号），或在织物上用画粉作记号。

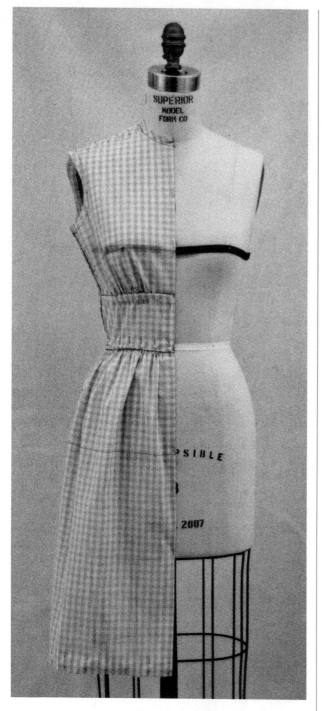

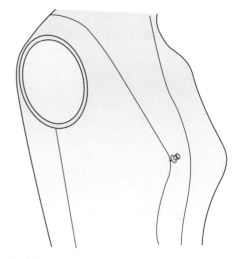

胸高点

胸高点（Apex）：胸高点，人台或试衣模型的胸围最高点。在确定前片坯布的横向布纹位置时，将其用作参考点。

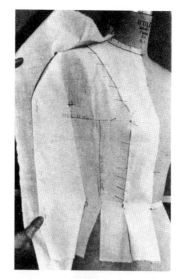

织物纱向一致性检验

立体板型（Draped Pattern）：通过在人台或真人模特上立体裁剪坯布或织物而得到的板型。立体板型用于裁剪样衣或测试坯布。针织物的板型是由与服装相同的面料立体裁剪得到的，以确保服装织物的悬垂性一致。

织物纱向一致性检验（Balancing of a Muslin or Balance）：匹配相邻裁片织物上的纹理。织物纱向一致性检验有如下目的：

· 准备用于立体裁剪的服装各部分；

· 匹配相邻的裁片并修正共用接缝线。

板型开发：立体裁剪（PATTERN DEVELOPMENT: DRAPING）

止口点

止口点（Break Point）：在服装部件上控制方向的变化，该变化会产生翻转、折边或展开。止口点可出现在：

· 位于领座或服装的衣领翻折线上；

· 衣领的展开线上；

· 从服装边缘折叠的翻领线；

· 喇叭裙上开始向外张开的接缝线上；

· 脱离身体曲线，形成锥形或增加衣服的丰满度的结构线上。

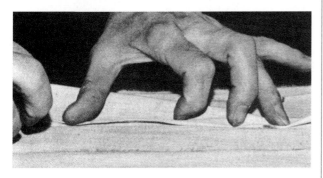

压折痕

压折痕（Crease）：用熨烫或手指按压，方法沿着织物布纹线或结构线压出折痕。压折痕常用于：

· 将坯布或织物沿着折痕固定在人台上；

· 形成省道、半活褶或褶；

· 将接缝线或省道沿着缝份或设计细节连接起来。

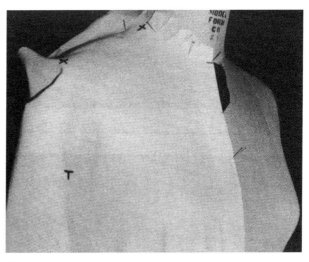

交叉标记

交叉标记（Cross Marks）：交叉的短线条，表示服装上坯布或织物的接缝、轮廓线的交叉合并位置。交叉标记常用于：

· 指导修正原始接缝线、省道和设计线；

· 定位省道、半活褶和褶裥，或指示褶裥的位置和范围；

· 识别各服装裁片，如前片、后片、侧片；

· 确保互相匹配的板型，如袖子、衣领、袖口、口袋和育克。

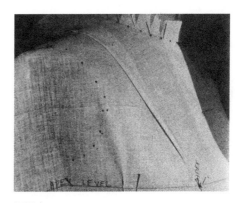

标记点

标记点（Dots）：用铅笔、记号笔或画粉在立体裁剪的织物上作记号，以记录接缝线、裁剪线和设计细节。标记点常用于指导修正板型，也可用针线或无痕画粉作记号。

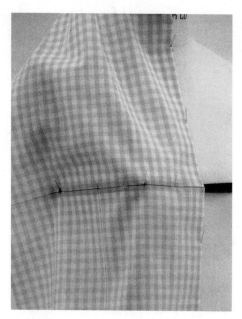

去除余量

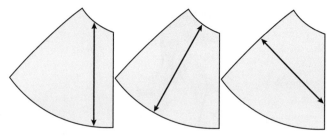

织物上的布纹线

去除余量（Fabric Excess）：将织物余量加工成省道、半活褶或褶裥，以符合人体形状和服装款式。

坯布上的布纹线（Grainline Markings on Muslin）：在细布的竖直方向和水平方向画的带箭头的线，表示织物布纹方向和最终板型的裁剪方向。布纹线在板型上的方向会影响织物成衣后的悬垂效果。布纹线常用于：

· 原始样衣板型的改善；

· 在规划设计时，将板型与对应的织物布纹对齐；

· 将细布板型转印到纸上时，应标明布纹线。

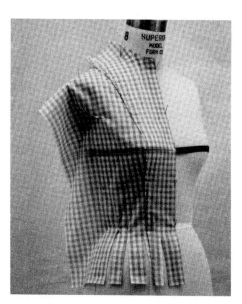

织物折叠

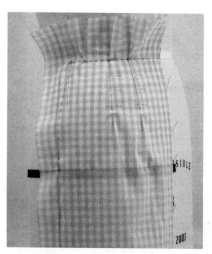

织物上的指示线

织物折叠（Fabric Fold）：织物沿折痕折叠起来，形成层次。织物折叠常用于：

· 褶皱、省道、半活褶、装饰；

· 固定、加入接缝线或省道线。

织物上的指示线（Guidelines on Muslin）：在准备好的坯布上画出的便于立裁时织物垂坠的线条。指示线常用于：

· 显示横向围度上的最高点、臀围线、肩胛骨、肱二头肌、肘位线以及省道中心线；

· 控制布纹线方向；

· 表示前中心线、后中心线、展开线和折叠线；

· 在开发基础款裙子、裤子和上衣时，指示其侧缝线。

裁片（Panel）：具有确定尺寸，用于开发具有垂直设计线的坯布或织物的裁片。裁片用于裁剪有多条接缝线或有插片的服装。

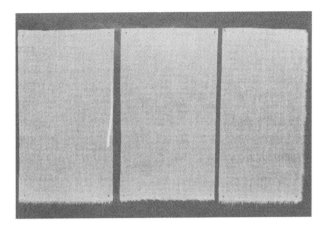

裁片

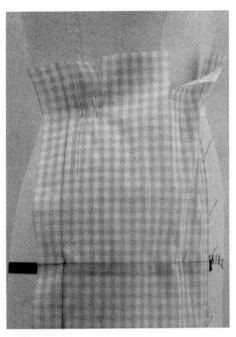

打剪口

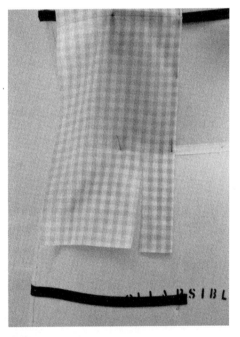

直裁

打剪口（Slash）：在悬垂于人台或真人试衣模特身上的坯布或织物，从织物边缘向轮廓线或接缝线剪剪口，用于减轻坯布或织物的张力或适合身体表面的起伏。

直裁（Slash for Design Detail）：在悬垂的坯布或织物上，从自由边缘到指定点进行剪切。直裁常用于：

· 产生尖锐的角；

· 允许插入三角形插片；

· 准备接缝门襟；

· 打开省或折叠的多余部分，使服装与身体表面起伏一致；

· 可丰富省道等设计细节。

■ 数字板型开发（Digital Patternmaking）

制板师可以使用基于矢量的服装CAD软件，使用平面制板技术在虚拟模型上直接进行板型创建。服装矢量CAD软件使用路径来定义带有起点和终点的线条，而不是使用像素来生成形状。路径可以是直的，也可以是弯曲的；可以是圆的，也可以是椭圆的；可以是方形的，也可以是矩形或多边形的，这都是构成板型的形状。该技术提高了准确性，减少了创建或修改板型的工作量和为指定大小号型推板所花费的时间。

使用专门的CAD软件可以很容易地将二维服装板型转换成三维虚拟模型。在虚拟模型上查看服装效

果的可行性减少了完善服装款式所需的样衣数量，因此节省了时间和资源。

数字板型（Digital Pattern）：使用专业的CAD软件从平面制板技术在虚拟模型上试衣的方法创建的二维板型。数字板型用于创建：

·成套的板型；

·新款式；

·虚拟服装模型。

修改现有的数字板型后，接缝的缝份和推码板型将自动更新。

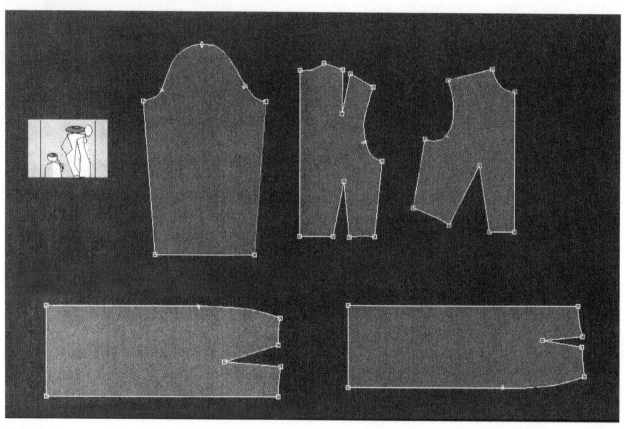

数字板型

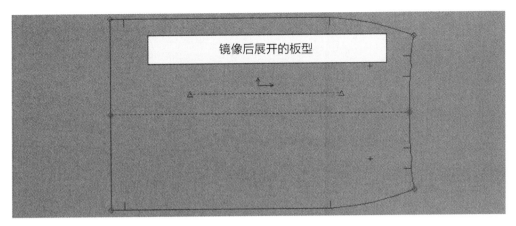

折叠

折叠（Fold）：服装CAD的一项功能，允许设计师查看在前中心线或后中心线对称折叠的板型。该软件会自动调整在板型两侧进行的任何修改，以保持对称性。

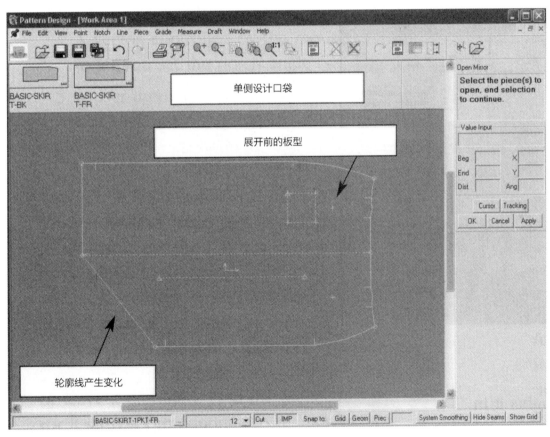

展开

展开（Unfold）：服装CAD的一项功能，允许设计师查看在前中心线或后中心线展开的板型，以检查接缝线的形状和轮廓。这项功能常用于：

· 领口弧线；　　　　· 裙摆；　　　　· 腰头；　　　　· 育克。

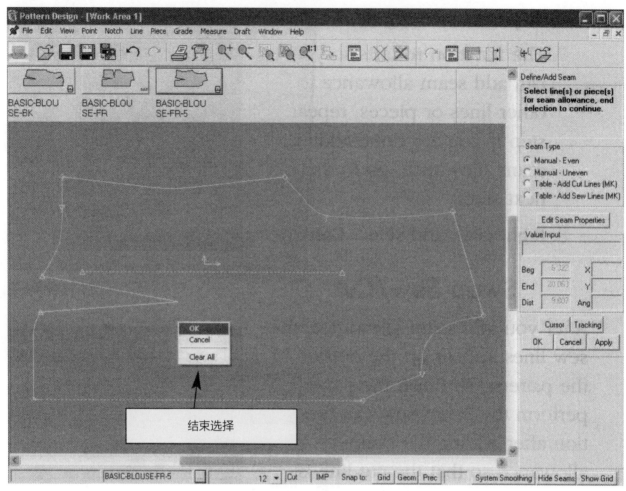

线段

线段（Line Segment）：在服装CAD中可以在任意点创建线段，起点和终点之间可能会有多个点，可以是直线，也可以是曲线。

合并或连接（Merge or Join）：服装CAD的一项功能，将线或点连接在一起。

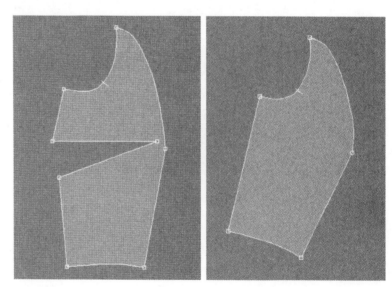

合并或连接

板型开发：数字板型开发（PATTERN DEVELOPMENT: DIGITAL PATTERNMAKING）

镜像（Mirror）：服装CAD的一项功能，可生成板型的对称板型。镜像有助于保持板型两边的对称。镜像功能可用于板型的前中心线或后中心线，或要求对称的其他部分。

点（Points）：在基于矢量服装CAD软件程序中用于创建线段的点。

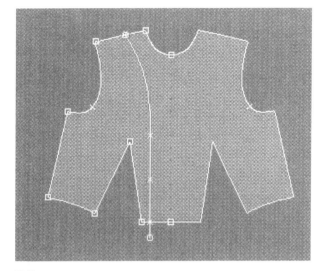

镜像

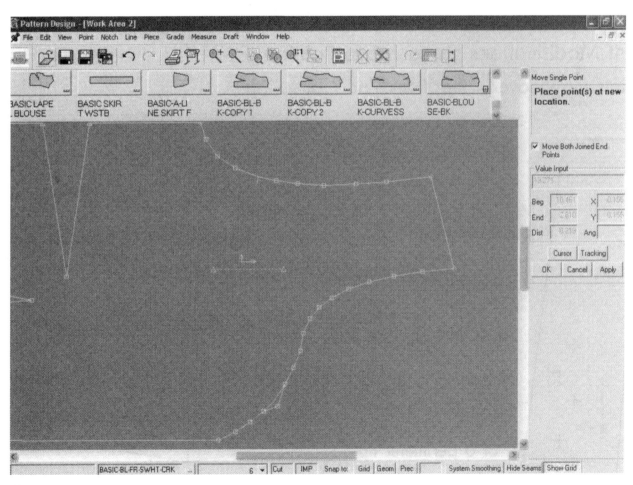

点

输出（Plot）：将板型发送到绘图机进行打印。

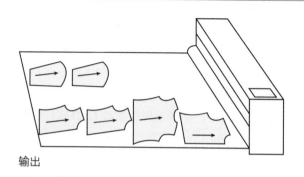

输出

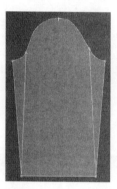 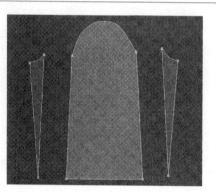

断开

断开（Split）：服装CAD的一项功能，将一条线分为两个或多个部分，将板型裁开。

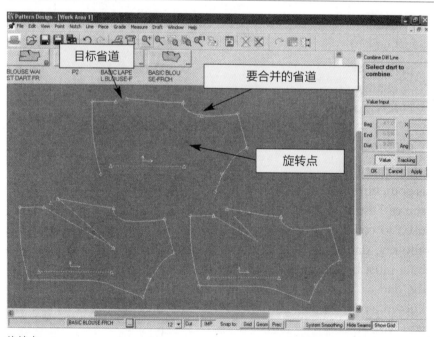

旋转点

旋转点（Rotation Point）：数字板型上的指定位置，以方便设计开发中的操作，该位置由服装相关部位的设计元素预先确定。它等同于手动制板和平面板型中的基准点。旋转点可能出现在胸高点、圆周上或板型的给定点上。

板型开发：数字板型开发（PATTERN DEVELOPMENT: DIGITAL PATTERNMAKING）

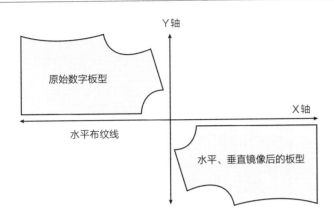

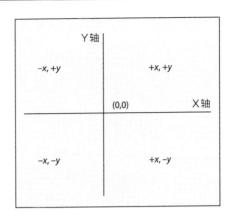

X轴（X Axis）：在计算机屏幕上像素、点、线或物体的水平位置。

Y轴（Y Axis）：在计算机屏幕上像素、点、线或物体的垂直位置。

■ 拓板（Reverse Engineering）

从成品服装开始的制板过程，对服装进行拆解以显示其各部位衣片，这些衣片被用来制作板型。

拓印板型（Reverse Engineered Pattern）：现有服装款式的纸质板型或数字板型。仿冒品通常用此方法制造。

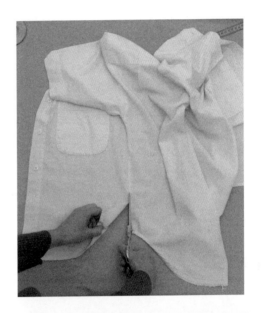

拓印板型

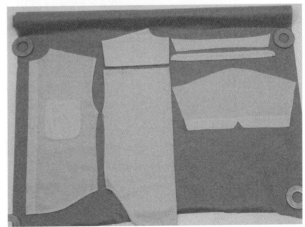

板型开发：拓板（PATTERN DEVELOPMENT: REVERSE ENGINEERING）

解构（Deconstruct）：拆解，去掉将所有服装部件缝合在一起的针迹和接缝线。

解构

通用制板术语和符号（GENERAL PATTERNMAKING TERMS AND MARKINGS）

通用制板术语是有关创建和识别款式特征、服装组成部分、接缝线和接缝余量的专业名词，适用于各种板型绘制方法中。符号则是裁剪后从板型转移到成衣上的结构标记。这些符号可以标记在表面、内侧，也可以是穿透式标记（使用缝纫线标记）。标记或符号指示结构点、设计细节、布纹线和中心线的位置。织物上的标记是各种搭配组合和缝制方法的指南。标记和符号的方法取决于：

- 织物类型和重量；　　· 加工制作方法；　　· 织物色彩；
- 试衣方法；　　　　　· 符号位置；　　　　· 生产方式。

修正线条（Blend or Blending）：平滑连接折线段使其圆顺，以形成连续的接缝线，与其他接缝线相匹配。修正线条常用于：

- 袖子轮廓线、袖窿弧线、公主线、腰线、喇叭裙、合身或宽松款式的侧缝线、省道线；
- 均衡坯布或板型上的标记或线条的差异。

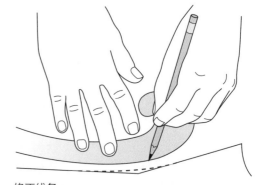

修正线条

画粉标记（Chalked Marking）：用画粉、蜡笔或记号笔在织物上以不同的符号标记织物的接缝处、款式的细节。画粉标记常用于：

- 在织物表面作细节标记，如口袋、装饰和褶皱；
- 标记黏合或层压织物；
- 直接用织物立裁时。

画粉标记

通用制板术语和符号（GENERAL PATTERNMAKING TERMS AND MARKINGS）

制板用色彩编码系统（Color Coding System for Patternmaking）：预先确定色彩以标记板型，区分哪些裁片将从成衣或服装组成部分的本织物以外的其他织物上裁剪。标准的颜色编码系统可用以下颜色识别，常用于：

· 用铅笔或黑色墨水来识别本身面料；
· 蓝色、棕色、紫色和粉色可识别除本身面料外使用的其他面料；
· 红色用来识别里料；
· 绿色用来识别衬料。

一些制造商用自己的颜色编码系统来标记板型。

归拢线（Converge）：坯布或板型上的线条，从一个给定的计量点开始，在结合处结束，形成的一个或多个点、外轮廓线或接缝线。

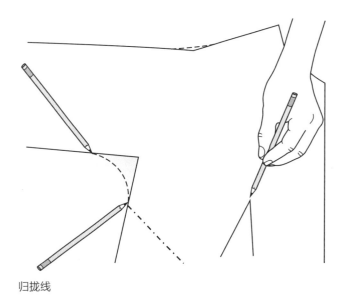

归拢线

归拔板型（Cupping）：归拔或折叠板型的某部分，使要固定的部分平整。用于使相对应的线条保持一致而不会变形。

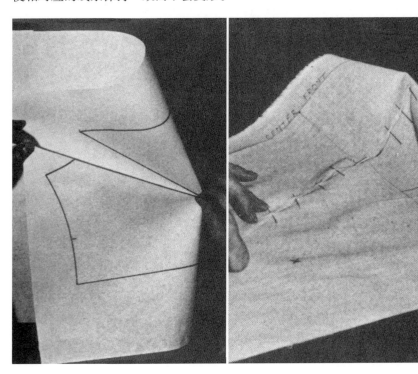

归拔板型

通用制板术语和符号（GENERAL PATTERNMAKING TERMS AND MARKINGS）

省量处理（Dart Manipulation）：从不同省道位置处理省量，从基本的一个或两个省道的概念到创造性的省道设计。

省道替换（省道变化）[Dart Substitution (Dart Variation)]：将基本的一个或两个省道变成碎褶、半活褶、塔克褶、活褶、接缝或喇叭形。

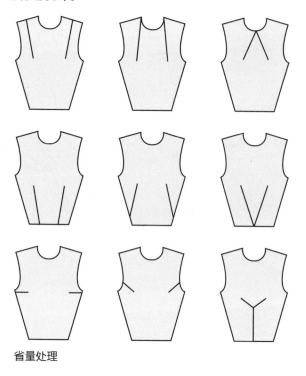

省量处理

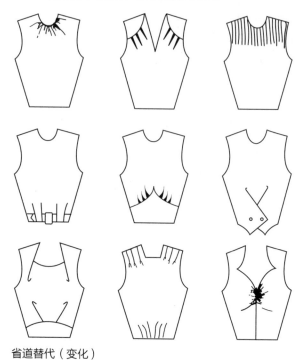

省道替代（变化）

折叠线（Fold Line）：板型或面料上用来表示折叠的线条。折线用于已完成的板型部分，以表明有折痕的边缘，如褶裥、省道、半活褶、塔克褶、板型延伸、板型的翻折或折边部位。

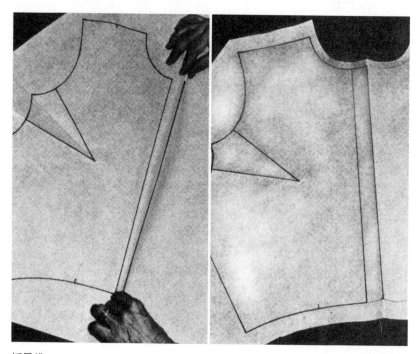

折叠线

通用制板术语和符号（GENERAL PATTERNMAKING TERMS AND MARKINGS）

服装部件（Garment Section）： 由形成板型的接缝线或轮廓线勾勒出来的服装的组成部位，如上衣前片和后片、裙子前片和后片、育克、门襟、腰带和插片、袖片、衣领和口袋。

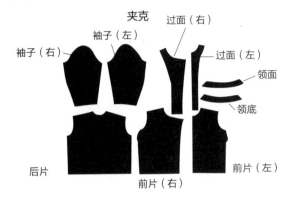

夹克

袖子（右）　袖子（左）　过面（右）

过面（左）

领面

领底

后片　　　前片（右）　　前片（左）

连衣裙

贴边（后领）　　　　　　　　贴边（前领）

后片　　　前片

服装部件

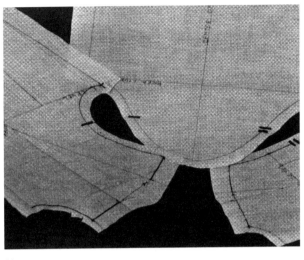

剪口

剪口（Notch or Notches）： 在面料、纸质板型或数字板型的边缘或缝线上标记的一组符号，用以标记缝边、折边、中心线、省道、褶裥、褶缝、拉链的位置、腰围线，以及相邻的板型或衣片，以便对位和缝制。剪口常用于：

- 在板型上确保服装接缝和各部位的准确对齐；
- 单个或成组出现，作为识别服装各部位如前片、后片和侧片的辅助；
- 定位省道、褶裥和其他设计点；
- 表示松量、聚拢、褶皱、法式打褶的位置；
- 匹配相应的服装部件，如袖子、领子、袖口、口袋和育克；
- 将较大的插片与较小的服装部位对齐。

板型识别（Pattern Identification）： 标记在最终板型上的文字、数字、符号，用于识别：

- 板型裁片；
- 板型尺寸和货号；
- 从面料、里布或衬布上剪下的裁片数量；
- 完成一件衣服所需的单个裁片数量。

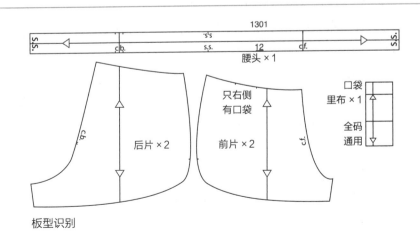

板型识别

钻孔（小圆圈）[Punch Holes（Circles）]：在板型上钻孔或在织物上标记小圆圈，常用于：

· 省尖点；

· 有弧度的省道；

· 口袋位置；

· 缝合式褶皱的结束位置。

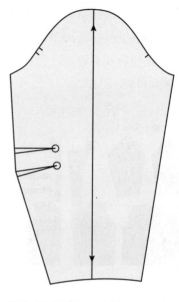

钻孔（小圆圈）

缝份量（Seam Allowance）：接缝线、板型边缘延伸出来的定量部分。缝份量的大小变化取决于：

· 首个板型、细布板型、最终板型或生产用板型的研发阶段；

· 接缝位置和类型； · 织物类型和重量；

· 服装类型及用途； · 规范要求；

· 服装预定价格点。

缝距是指缝线距面料边缘的距离。基本的缝距包括：

· 6.4毫米 $\left(\frac{1}{4}英寸\right)$，用于领口处的弧线、无袖袖窿弧线、过面、极度弯曲的接缝和封闭的接缝；

· 13毫米 $\left(\frac{1}{2}英寸\right)$，用于中缝线、侧缝线、腰围线和轮廓线；

· 19~25毫米 $\left(\frac{3}{4}~1英寸\right)$，用于拉链接缝、衬衫下摆、裙子和牛仔裤；

· 38~51毫米 $\left(1\frac{1}{2}~2英寸\right)$，用于裙子、外套、裤子的下摆处。

对于直缝和近直缝，立裁板型和测试用的坯布上的缝份量应稍大一些，对于弯曲的缝线和较小的细节，缝隙量应缩小。

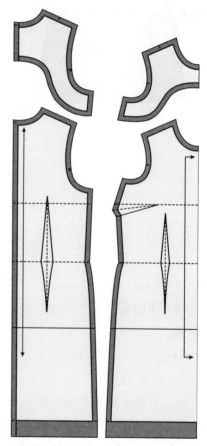

缝份量

通用制板术语和符号（GENERAL PATTERNMAKING TERMS AND MARKINGS）

接缝线（灰色线所示）

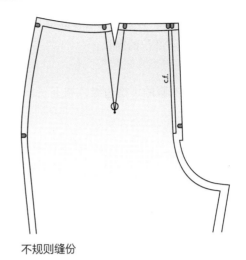

不规则缝份

接缝线（Seam Line）：在板型上建立的线，指示服装部位的连接位置，是两个或多个服装裁片的功能性或装饰性的缝线。接缝线可以用粉笔、铅笔或蜡笔标记，也可以不作标记。

不规则缝份（Jog Seam）：改变板型或衣服的缝份宽度，在有拉链、开合口或狭缝的缝线上使用。

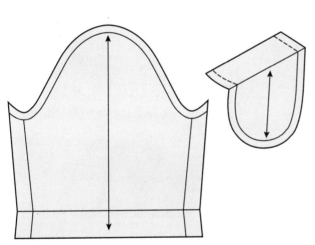

定向接缝线

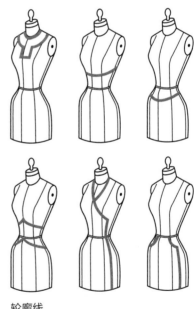

轮廓线

定向接缝线（Directional Seam Line）：折叠板型的折边缝份，当折叠时与服装板型的形状或角度相对应。定向接缝线常用于：

· 防止在与对应的服装部位接缝时发生侧缝变形；

· 使折叠的下摆弯曲线适合服装部位的圆弧。

轮廓线（Style Line）：表示设计线、接缝线或成品服装边缘的轮廓线。轮廓线的表示形式有：

· 板型草图上的线条；

· 粘在衣服上的胶带；

· 立裁过程中或立裁结束后在坯布或织物板型上标记的线。

下摆围（Sweep）：衣服下摆边缘的周长测量值。下摆围用来描述以下部位的周长：

· 服装成品；

· 最终板型或衣服的下摆边缘，如上衣、下装的下摆和袖口。

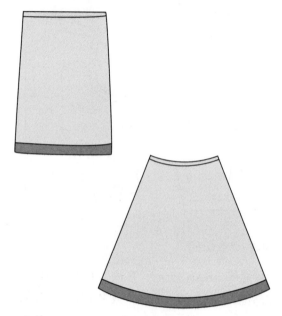

下摆围

拓印（Transferring）：将修正后的接缝线或细节标记拓印到另一层薄纱布、织物或纸上。拓印常用于：

· 平衡布纹线；

· 复制板型部分或轮廓的形状。

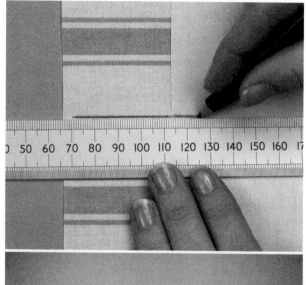

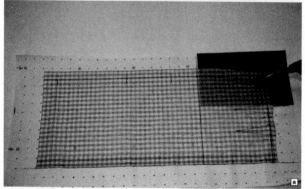

拓印

通用制板术语和符号（GENERAL PATTERNMAKING TERMS AND MARKINGS）

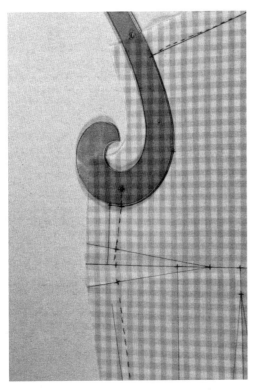

修正

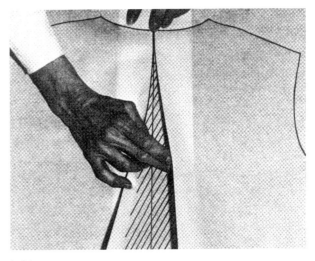

加衬

加衬（Underlay）：在服装特殊设计部位、折叠处、省道的内侧或背面附加内衬。加衬常用于：

· 省道、半活褶；

· 褶皱；

· 闭合部位和延伸部位；

· 接缝背面、折边、下摆。

修正（Trueing）：通过多种标记、圆点、交叉标记建立修正的接缝线或轮廓线。修正常用于：

· 建立连续顺滑的接缝线或轮廓线；

· 建立省道、省道变化、省道替换等形式；

· 平衡板型间的差异。

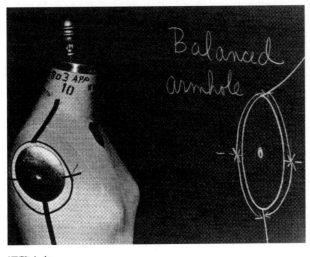

调整人台

调整人台（Verifying the Form）：调整服装人体模型上的肩线和侧缝的关系。调整人台常用于：

· 在进行板型开发之前，裁剪或测量服装；

· 确定躯干、肩部和腋下侧缝的正确位置；

· 确保坯布或织物的正确立裁。

准确对位可能需要通过建立新的工作线来改变肩部或腋下侧缝。

第十五章　制板方法和计算机技术　　**225**

第十六章
CHAPTER 16

制板工具
Patternmaking Tools

板型开发和服装制作过程中需要作标记的
工具和设备。这些工具根据使用的制板方法不
同而有所不同，如手工绘图、立体裁剪、拓板
或数字制板。

制板设备和工具（EQUIPMENT AND SUPPLIES FOR PATTERN DEVELOPMENT）

　　制板师使用绘图和平面制板工具根据测量值人工开发板型，或者由基础板型开发其他板型。每件工具或设备都是线条设计或线条转移的基础，每件工具或设备都适合特定的情况。两个或多个工具的组合使用可能有助于简化程序，尽快完成所需的结果。制板师选择绘图、裁剪、测量、标记的工具和设备时需要考虑以下因素：

· 用途和效率；
· 线条类型或要求的弧度；
· 直线或曲线的位置；
· 修正或转移所需的方法。

　　锥子（Awl）：金属棒逐渐变细成针尖，直径约3.2毫米（$\frac{1}{8}$英寸），长8~20厘米（3~8英寸），并带有木制或塑料手柄。常用于：

· 在板型上钻压省尖点；
· 在板型上标记口袋、装饰物或商标的位置；
· 在织物上标记钻孔位置。

锥子

　　圆模板（Circle Template）：带有圆形模切孔的塑料或金属模板。直径的大小范围为1.6~51毫米（$\frac{1}{16}$~2英寸）表示的角半径。常用于：

· 在板型上绘制纽扣的位置和间距；
· 指定在织物或服装板型上放置圆形装饰、贴花、刺绣、丝网印刷或其他设计的位置。

　　模板的尺寸、排列和形状因制造商和用途的不同而不同。模板也可用其他形状，如正方形、长方形、椭圆形和三角形。

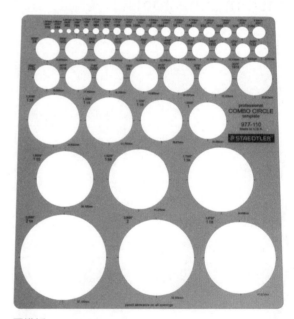

圆模板

制板设备和工具（EQUIPMENT AND SUPPLIES FOR PATTERN DEVELOPMENT）

圆规（Compass）：由两臂组成的仪器，一臂有尖端，另一臂装有绘图笔，在顶端用枢轴或中心轮连接以提供可调的测量范围。常用于：

· 测量纽扣或纽孔之间的距离；

· 建立平行的轮廓线和接缝线；

· 复制曲线，如螺旋线、层叠、环线和荷叶边；

· 复制圆圈以绣制花样，并修正；

· 绘制弧线或圆。

有些圆规两臂都有尖锐的尖端。

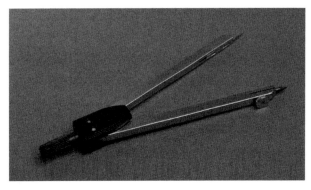

圆规

曲线尺组合（Combination Ruler and Curve）：多线合一的透明塑料尺，包括直线边、臀部曲线、袖窿弧线等。平行于直线边的槽有助于形成平行线或在修正缝线时进行控制（笔端卡入槽内）。常用于：

· 测量直线；

· 绘制、标记和修正省道、缝线、领口和袖窿弧线，以及其他有弧度的曲线区域，如育克、腰线、臀线、公主线；

· 绘制上衣的多种轮廓线；

· 绘制螺旋线和其他设计线。

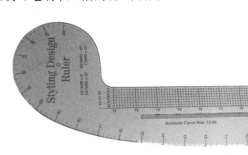

曲线尺组合

曲线尺（Curve Stick）：金属制61厘米（24英寸）弧形尺，标有厘米或英寸以及小数部分。常用于：

· 为翻领、肘部、臀线和任何需要特殊轮廓的地方绘制和修正曲线；

· 在半裙、连衣裙、短裤和长裤板型上绘制和修正腰围线和臀围线；

· 绘制和修正弧形接缝线和轮廓线；

· 修正接缝线，以在有插片的服装板型上形成喇叭状；

· 修正有弧度的省道。

曲线尺

异形曲线尺（Vary Form Curve）：标有厘米或英寸以及小数部分的金属尺，一端弯曲。常用于：

· 在半裙、连衣裙、短裤和长裤板型上绘制和修正腰围线和臀围线；

· 绘制和修正板型上多种变化曲线，如领口弧线、翻领、育克、袖窿弧线、肘部、腰围线、公主线、褶边和轮廓线；

· 修正接缝线，以在有插片的服装板型上形成喇叭状；

· 修正有弧度的省道；

· 对弧形、喇叭形或圆形服装板型底边进行修正；

· 绘制和修正袖山弧线。

异形曲线尺

17号曲线尺（Dietzgen # 17 Curve）：是塑料导轨，25.4厘米（10英寸）长，边缘呈螺旋形曲线。常用于：

· 绘制翻领弧线和裆弯弧线；

· 绘制并修正有弧度的异形省道和板型上的多种变化曲线；

· 绘制和修正领口弧线和袖窿弧线；

· 绘制袖山弧线。

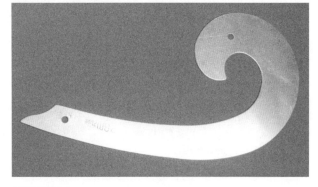

17号曲线尺

曲线板（French Curve）：具有各种弯曲边缘的透明塑料模板。曲线板具有多种形状和尺寸，常用于：

· 绘制和修正弧形省道、衣领、领口弧线和袖窿弧线；

· 绘制胯部曲线；

· 绘制翻领、口袋、袖口的线条；

· 绘制裙子、休闲裤的外轮廓线；

· 绘制并修正板型上接缝处的变化曲线，如领口、袖窿弧线、肘部、腰线和公主线；

· 绘制袖山弧线。

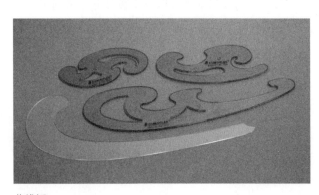

曲线板

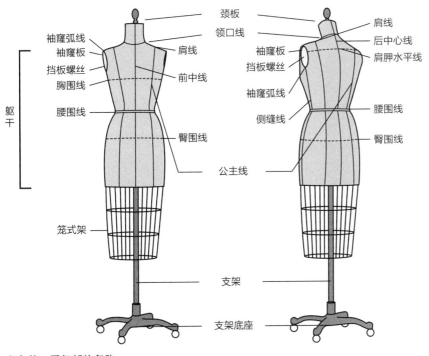

人台前、后各部位名称

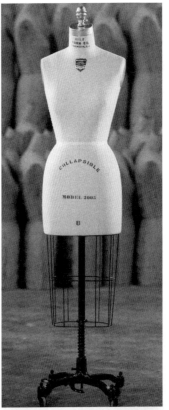

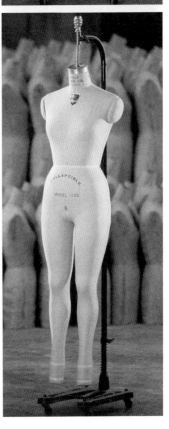

人体模型（人台）[Dress Form (Body Form or Model Form)]：人体形态的标准化表现，从颈部到躯干或从颈部到脚踝，用棉花填充，帆布覆盖，置于可移动、高度可调的支架上。常用于：

· 测量和开发板型、开发原始板型；

· 使用悬垂织物进行服装设计；

· 试穿样衣、调整服装；

· 设计服装下摆。

人体模型规格有男、女、儿童和婴儿的标准尺码，也有不同的身高和体型：瘦的、高的、半码的和孕妇的。公司可以根据特定尺寸的测量值和体型为某产品线或品牌定制人体模型。

人体模型是根据服装的类型和造型要求：

· 直身裙的标准形式，从颈部到脚踝；

· 宽松裤，从腰部以上10.27厘米（4英寸）处到脚踝；

· 文胸、内裤、泳装；

· 无肩带晚礼服形式，可从颈部到膝盖或颈部到脚踝。

人体模型是根据当前大众化的人体体型设计制作的，服装品牌或制造商想更改人体模型某部位尺寸时需重新制作人体模型。人体模型包括可拆卸的肩头、手臂、躯干，胸部和臀部可根据需要加大尺寸。

手臂模型

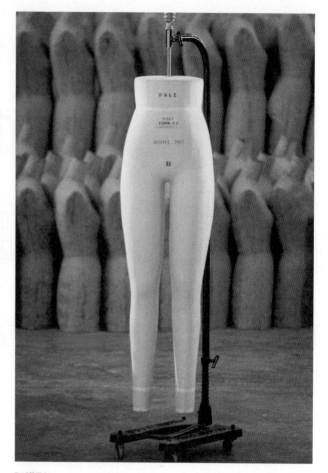

腿模型

手臂模型（Arm Form）：表现人体手臂的软模型，从肩膀到手腕，可连接在人台上，内部填充棉花，外层覆盖帆布。常用于：

· 立裁袖子、立裁披风；

· 开发落肩或露肩款式。

下肢模型（Leg Form）：表现人体腿部的软模型，从腰部以上约10.27厘米（4英寸）处到脚踝，内部填充棉花，外层覆盖帆布。常用于：

· 测量并开发裤子板型； · 调整服装下摆；

· 通过立体裁剪设计裤子； · 试穿和调整样衣。

肩头模型（Shoulder Cap）：表现人体肩头的软模型，有固定的和可移动的，内部填充棉花，外层覆盖帆布。以帮助测量板型上服装肩头的丰满程度和袖窿松量。

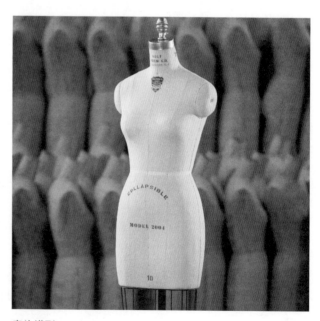

肩头模型

制板设备和工具（EQUIPMENT AND SUPPLIES FOR PATTERN DEVELOPMENT）

立裁胶带（Style Tape）：3.2毫米$\left(\frac{1}{8}\text{英寸}\right)$宽，红色或黑色的光滑胶带。常用于：

· 立裁时在人台或坯布上勾勒出轮廓线；

· 设计褶皱或丰满度时，控制多余的面料。

斜纹织带或窄扁平带也可以作为立裁胶带使用。

立裁胶带

长距订书器（Long-Reach Stapler）:30.57厘米（12英寸）长的订书器，用来将板型订在一起。它需要使用210标准钉书钉。

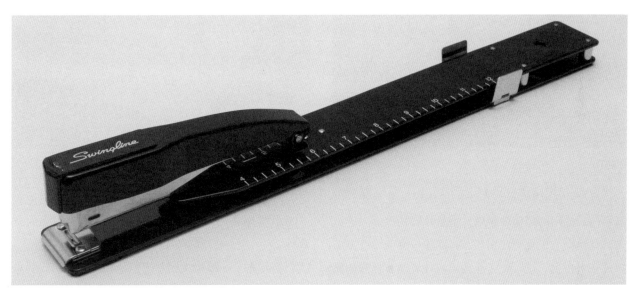

长距订书器

打孔器（Notcher）：用于钻压6.4毫米$\left(\frac{1}{4}\text{英寸}\right)$长，1.6毫米$\left(\frac{1}{16}\text{英寸}\right)$宽的U形槽口的钻压工具。常用于在板型上作标记，如：

· 缝份量、下摆缝份量；

· 前中心线和后中心线；

· 省道线；

· 普利特褶、抽褶、塔克褶。

剪口可以单独或成组地出现，用于标识服装的各个部分，如正面、背面和侧面。

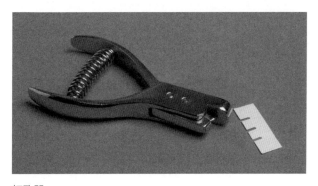

打孔器

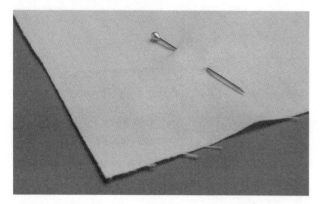

软坯布

中档坯布

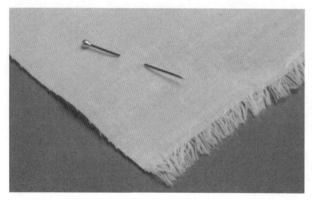

粗坯布

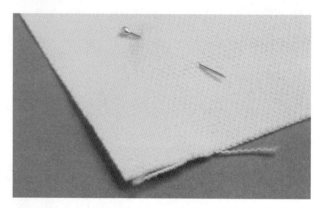

帆布坯布

坯布（Muslin）：坯布是一种纯棉平纹织物，由未漂白或漂白的粗梳纱制成，重量从轻到重，质地由柔软到粗糙。设计师使用坯布将原始板型或设计方案披挂在人台上，进行试穿并提出设计思路。坯布的质量和手感要根据设计服装使用的织物质地和特性进行选择。

软坯布——模拟天然和合成丝，机织高档棉织物的悬垂性。

中档坯布——模拟羊毛织物和中档棉织物的悬垂性。

粗坯布——模拟重磅羊毛织物和重磅棉织物的悬垂性。

帆布坯布——模拟重磅织物、毛皮和人造毛皮服装的悬垂性。

标记纸（导标纸或点标纸）[Marker Paper（Guide Marking Paper or Dotted Marking Paper）]：白色的纸，每隔25.4毫米（1英寸）用点、字母和数字作网格状标记。卷纸的长度为152.4米（500英尺），宽度有114.3厘米（45英寸）、152.4厘米（60英寸）、167.6厘米（66英寸）可供选择。最常见的用途是在裁剪样品或用于生产时作纸张标记。

标记纸

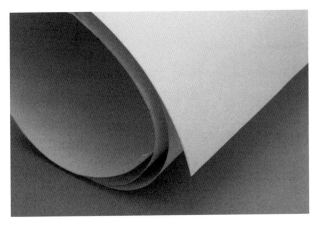

标签纸板

打板纸

标签纸板（橡木标签或马尼拉纸）[Tag Board（Oak Tag or Manila Paper）]：比硬纸板轻、结实、易弯曲的纸。常见的用途包括制作：

·生产用板型；
·模板和标签板；
·褶皱织物板型。

有121.9厘米（48英寸）宽，109.7~137.2米（120~150码）的卷装马尼拉纸可供选择。

打板纸（牛皮纸）[Pattern Paper（Kraft Paper or Brown Paper）]：白色或棕色较结实的纸，宽度有114.3厘米（45英寸）和152.4厘米（60英寸），有多种重量可供选择。常见的用途包括：

·起草板型；
·开发生产用板型；
·覆盖在人体模型下的工作台和地板上，提供一个干净、光滑的工作面，防止衣服和织物被弄脏。

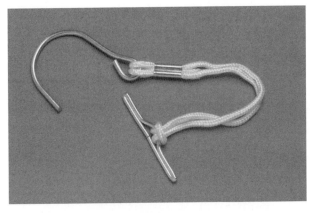

板型钩

打孔器

板型钩（Pattern Hook）：254毫米（10英寸）长的编织尼龙绳，一端固定有钩子，另一端固定有T型杆。常见的用途包括悬挂：

·板型；   ·可归档的一套板型；
·生产用板型。

打孔器（Pattern Punch）：金属手动工具，带有手柄能打19毫米 $\left(\frac{3}{4}英寸\right)$ 直径的圆孔模切器。制板师使用这种工具在板型上打孔，方便悬挂和保存。

制板设备和工具（EQUIPMENT AND SUPPLIES FOR PATTERN DEVELOPMENT）

剪板刀（Pattern Shears）：重型剪刀，超长柄，用于切割标签板和重材料。

剪板刀

弯柄裁缝剪（Bent-Handle Dressmaker's Shears）：带有偏置刀片的裁剪工具，其中一片刀片带有锋利的尖端，另一片刀片呈圆角或钝角。偏置的下刀片平放在切割面上。刀片由可调节的螺栓或螺钉连接，并有同样大小的环形手柄。剪刀的长度为18~25.4厘米（7~10英寸）。弯曲的手柄可防止裁剪件从切割面抬起。常见的用途包括裁剪：

· 织物、皮革、纸和板型纸；

· 板型草图；

· 样衣；

· 立裁的坯布。

弯柄裁缝剪

图钉（Push Pin）：有12.7毫米（$\frac{1}{2}$英寸）尖头和塑料或铝制鼓形头的拇指按压图钉。常见的用途包括：

· 将橡木标签板或板型固定在具有软木表面的板型工作台上；

· 设计时将图案的基准点固定在适当的位置；

· 将轮廓线和立裁坯布转移到纸样上。

图钉

制板设备和工具（EQUIPMENT AND SUPPLIES FOR PATTERN DEVELOPMENT）

中心测量尺（Center-Finding Ruler）：质地为金属、木质或塑料的标尺，以毫米（英寸）和小数部分标记，零点位于中心，数字朝标尺的两端依次递增。常见的用途包括：

- 测量从中心到两边的距离；
- 确定双排扣服装上的纽扣和扣眼、多粒扣件、贴花、饰边和镶嵌物、口袋和袖口以及紧固件的位置；
- 寻找省道、褶皱和袖口的中心。

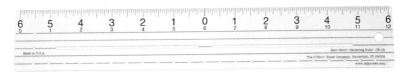

中心测量尺

透明塑料格栅尺（Clear Plastic Grid Ruler）：2.54~5.08厘米（1~2英寸）宽的透明塑料直尺，在长度和宽度方向上印着以厘米或英寸以及小数为单位的网格，长度有15.24厘米（6英寸）、30.48厘米（12英寸）、45.72厘米（18英寸）可供选择。常见的用途包括：

- 在板型上绘制布纹线和缝份量；
- 标记缝合线和平行线以及普利特褶和塔克褶之类的细节；
- 建立和标记扣眼和插袋的位置；
- 绘制、标记或测量斜线；
- 测量服装小部位尺寸。

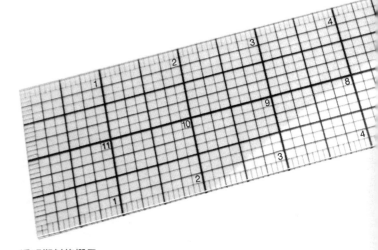

透明塑料格栅尺

透明直通尺（See-Through Ruler）：透明的38厘米（15英寸）塑料标尺，在2.54厘米、0.63厘米、1.27厘米、1.59厘米和1.90厘米（1英寸、$\frac{1}{4}$英寸、$\frac{1}{2}$英寸、$\frac{5}{8}$英寸和$\frac{3}{4}$英寸）处有切口。切口可帮助制板师在勾画接缝线和绘制平行线时控制描边轮廓。常见的用途包括：

- 在板型上标记缝份量；
- 在坯布、板型或织物上定位布纹线；
- 在坯布或板型上标记线条或调整线条；
- 绘制或标记斜线；
- 测量和标记普利特褶或塔克褶，并在板型上标记扣眼和纽扣的位置。

See-Thru Ruler

Dritz

透明直通尺

制板设备和工具（EQUIPMENT AND SUPPLIES FOR PATTERN DEVELOPMENT）

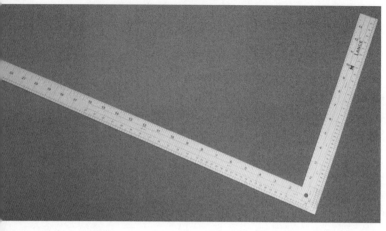

L型尺

L型尺（裁缝尺）[L Square（Tailor's Square）]：质地为金属、木质或塑料的L型尺，尺的两条边长度不同，它们以直角相交，以厘米或英寸和小数部分标

记。常见的用途包括：

· 根据测量值绘制板型，并在坯布或板型上标记长度和纹理线；
· 将坯布或板型上的角修平整以继续进行板型开发的后续操作；
· 为板型开发建立垂直线、参考点和水平线；
· 在裤子模型或合体模型上测量裆部深度，并在坯布上标记深度和长度，用于坯布或板型草图的开发；
· 为立裁准备坯布或织物。

L型尺可同比例缩放：0.8毫米（$\frac{1}{32}$英寸）、1.6毫米（$\frac{1}{16}$英寸）、3.2毫米（$\frac{1}{8}$英寸）、6.4毫米（$\frac{1}{4}$英寸）、12.7毫米（$\frac{1}{2}$英寸）、2.1毫米（$\frac{1}{12}$英寸）、4.2毫米（$\frac{3}{16}$英寸）和8.5毫米（$\frac{1}{3}$英寸）。

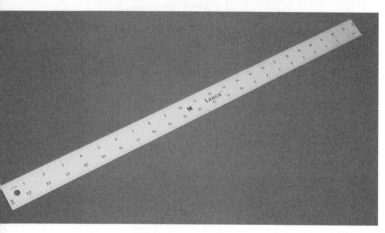

直尺

直尺（Straight Rule）：金属直尺，长度有30.48厘米（12英寸）、60.96厘米（24英寸）、91.44厘米（36英寸）、121.92厘米（48英寸）和182.88厘米（72英寸），标有厘米和英寸以及小数部分。常见的用途包括：

· 在板型上测量和标记直线和缝份量；
· 测量织物长度；
· 在人台或真人模特上检查并测量服装的长度，从地面开始测量服装长度；
· 标记装饰物的位置；
· 确定从板型到坯布布纹线的位置，在推板时检查布纹线。

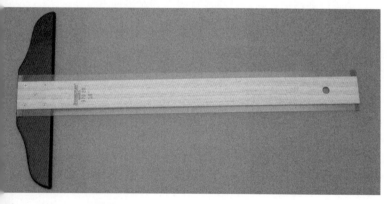

T型尺

T型尺（T-Square）：一种直边尺，一根短的横杆居中，并在另一根长杆的一端垂直固定。长杆或两根杆上都标有厘米、英寸和小数。典型的用途是在板型或织物上定位布纹线和与之垂直的布纹线。T型尺既可以是金属的，也可以是透明塑料制作的。

螺旋打孔机

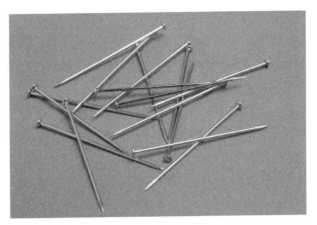

大头针

螺旋打孔机（Screw Punch）：该工具是一种带有螺纹钻头和机械装置的小型木制打孔工具，为了方便使用配有不同的钻头尺寸：2毫米（$\frac{5}{64}$英寸）、2.5毫米（$\frac{3}{32}$英寸）、3.2毫米（$\frac{1}{8}$英寸）、4毫米（$\frac{5}{32}$英寸）以及5毫米（$\frac{13}{64}$英寸）。使用此工具，制板师可以轻松地通过向下的压力和旋转钻头在标签板、皮革和织物上打孔，制板师使用此工具在板型和织物上标记打孔位置。

大头针（Straight Pins）：17号缎面针。常见的用途包括：

· 立裁时将坯布固定在人台上；

· 将坯布各部分固定在一起以保持平衡和进行修正；

· 将坯布或织物部分固定在一起，以测量完成板型的准确性并在人台上测量其形状。

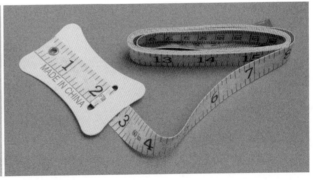

卷尺

卷尺（Tape Measure）：宽度为0.63厘米、1.27厘米、1.59厘米、1.90厘米（$\frac{1}{4}$英寸、$\frac{1}{2}$英寸、$\frac{5}{8}$英寸、$\frac{3}{4}$英寸），长度为152.40~304.80厘米（60~120英寸）的软尺，卷尺一面以厘米为单位，另一面以英寸为单位，包括小数部分。有些卷尺随附一个用于测量接缝的骨头形塑料片。常见的用途包括：

· 测量衣服的周长，人台的长度和围度，身体部位、服装部件、板型、坯布或织物的尺寸；

· 轻松测量圆周（在边缘）；

· 将身体测量值转移到坯布或纸上。

制板设备和工具（EQUIPMENT AND SUPPLIES FOR PATTERN DEVELOPMENT）

画粉或蜡笔（Tailor's Chalk, Tailor's Wax, or Tailor's Crayons）：大约3.81厘米（1.5英寸）见方的白色或彩色画粉，其边缘逐渐变窄。常见的用途包括：

· 在服装上画线；

· 在织物上作标记（画粉在织物上摩擦掉落，蜡笔在织物上融化消除）；

· 将板型上的标记转移到织物上；

· 在织物或衣片反面作识别标记。

画粉在棉、麻、丝、羊毛或人造纤维织物上使用方便。蜡笔只用于羊毛织物，因为它会在其他织物上留下油脂痕迹。

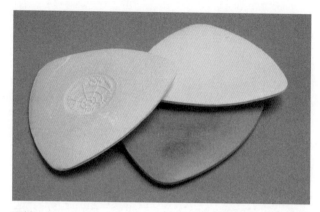

画粉

透明胶带（Transparent Tape）：透明塑料条，仅在透明塑料条一侧有黏性表面。常见的用途包括：

· 延长纸张大小；

· 修补板型上的撕裂处；

· 绘制板型时将斜线保留在适当的位置。

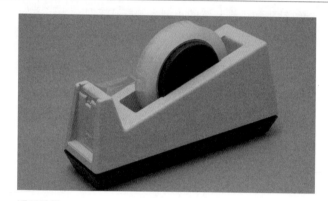

透明胶带

滚轮（板型跟踪轮）[Tracing Wheel（Pattern Tracer）]：滚轮有针尖或锯齿形的金属圆盘，安装在木质或塑料手柄的一端。常见的用途包括：

· 把坯布板型或衣服上的标记转移到纸上；

· 将一个板型的接缝线转移到另一个板型上；

· 在透明、白色或轻质织物上作标记（只留下印记）。

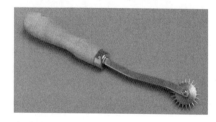

尖齿滚轮

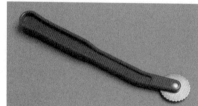

小锯齿滚轮

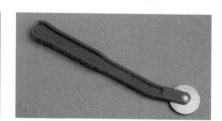

光滑滚轮

尖齿滚轮（尖齿轮）——用于将整个板型标记的区域转移到纸上或标签板上。

小锯齿滚轮——用于机织布和无纺布。

光滑滚轮——用于精细和轻量的织物。

制板设备和工具（EQUIPMENT AND SUPPLIES FOR PATTERN DEVELOPMENT）

三角板（Triangle）：直角三角形工具，其斜边标记有角度。常见的用途包括：

· 在板型上绘制和标记斜线；

· 绘制直角；

· 以正确的角度绘制线条。

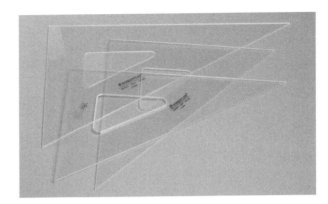

三角板

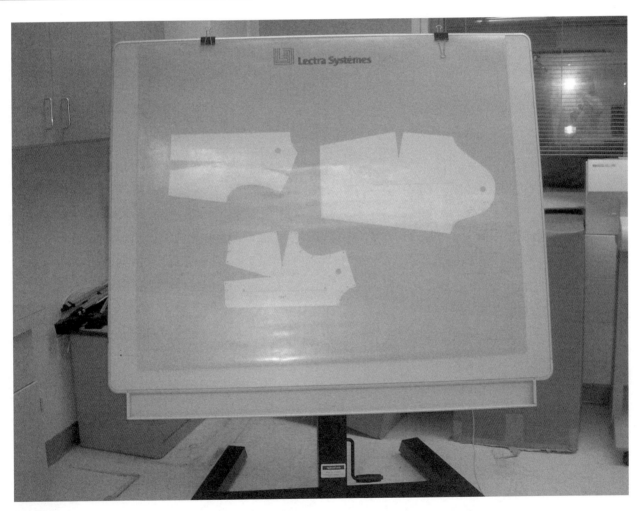

数字化仪

数字化仪（Digitizer）：用专门的计算机软件输入纸样或服装解构部件的设备，这些计算机软件可使制板师将纸样或服装部件转换成数字格式。使用数字化仪，制板师可以创建纸样或板型的电子副本，也可以由现有服装开发板型。

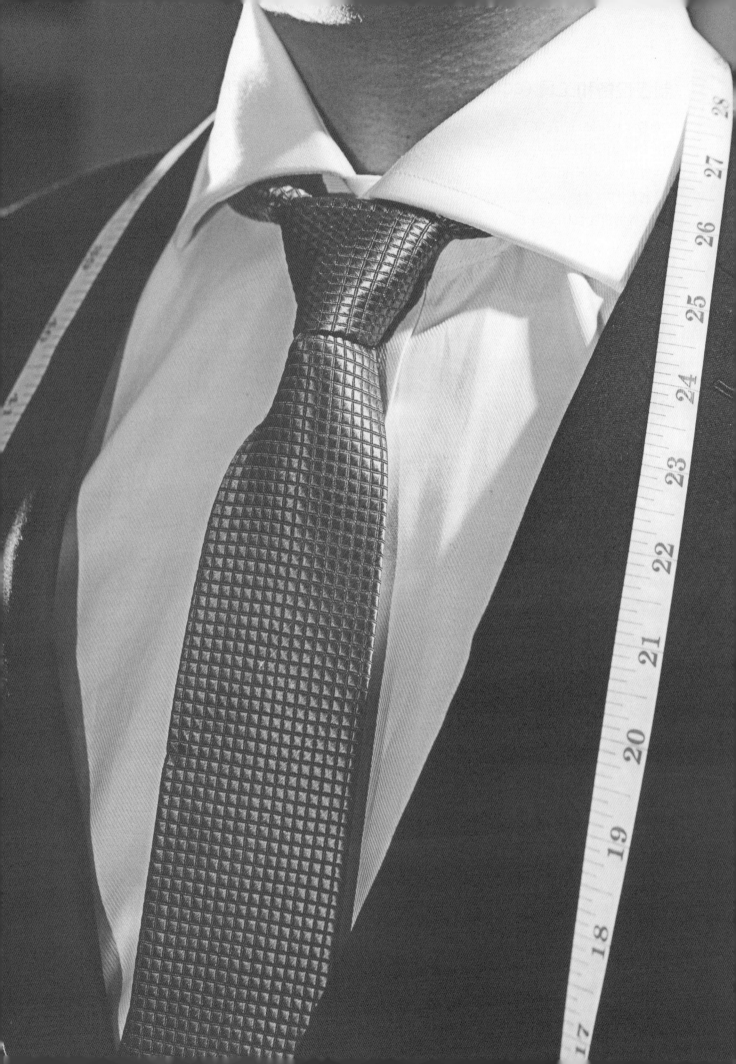

第十七章
CHAPTER 17

号型和合体度
Sizing and Fit

合体度是服装很重要的一个方面，它使许多顾客对特定品牌忠诚。有些品牌在服装上标注的尺寸比实际尺寸小，这种做法被称为女装的"虚荣尺寸"和男装的"男性尺寸"。这种方法让顾客对自己和品牌感觉良好，因为他们可以穿"小"号的衣服。虽然顾客可能喜欢这样，但当顾客购买其他品牌的服装时，会造成沮丧和尺寸上的混乱。时装公司会根据顾客提供的尺码建立相应的测量方法。这就是为什么相似款式的八号服装尺码在不同品牌之间会有所不同。服装产品的尺码以服装标签上的字母代码或数字来表示，以帮助消费者购买。

数字号型（Numeric Sizing）：根据具体的身体尺寸或产品尺寸（厘米或英寸）来指定尺寸的系统。身体或产品的尺寸与一个或多个关键尺寸有关，如腰围（主要尺寸）和长度（次要尺寸）。

主要数据或主要尺寸（Primary Dimension or Primary Measurement）：用于确定服装产品尺寸的主要部位测量值，如裤子的腰围，夹克或衬衫的胸围。

次要数据或次要尺寸（Secondary Dimension or Secondary Measurement）：身体其他部位的测量值，与主要尺寸结合使用，以区分服装的号型，如袖长或裤子内侧缝长。

字母号型（Letter Code Sizing）：用一个或多个字母或字符来表示服装号型的系统。这种尺寸包括2~3个数字尺寸，多用于休闲服装，因为休闲装设计更宽松，不需要精确的合体。常见的字母号型包括：

· XXS；

· XS；

· S；

· M；

· L；

· XL；

· XXL。

号型标准（SIZING STANDARDS）

现在许多品牌在全球都有销售，提供多种适合不同体型和尺寸的服装正成为一个更大的挑战。许多组织都提供自主设置的尺寸标准，以向设计师、产品开发人员和制造商提供人体测量值和反映当前能覆盖人群中的男性、女性和儿童的体型数据。尽管有国际尺寸标准，但服装品牌并未被强制要求遵循这些标准。因此，无论是在线下商店还是在线上购物，不能购买到合身的服装都会使顾客感到沮丧。有些人买完衣服之后会去裁缝那里修改衣服，使之合身。提供号型标准的组织包括：

· ASTM（美国材料试验国际协会）；

· ISO（国际标准化组织）；

· JIS（日本标准）；

· EN（欧盟标准）；

· BS EN（欧洲 CEN 中展示的英国外国标准）；

· DEN EN（欧洲 CEN 中展示的德国外国标准）；

· SS EN（欧洲 CEN 中展示的瑞典外国标准）。

号型标准可用于：

· 调整尺寸以适合不同的体型和测量值；

· 创建号型系统；

· 开发服装板型；

· 提高服装合体性；

· 修改号型范围；

· 减少品牌之间的尺寸混淆和不一致。

人体测量数据（Anthropometric Data）：通过测量人体来确定身体尺寸以及形状的变化和共性，以用于服装产品尺寸的标准化。

号型系统（Sizing System）：按性别、年龄和服装类别分类的身体尺寸，为批量生产的服装产品提供尺寸分类办法。

服装的尺寸和款式与身体之间的关系称为合体度。流行趋势影响着设计师做出的决定，这些决定影响服装的审美外观、款式、舒适性和合体性。有不同的设计细节或方法能使服装更为合体，如省道、接缝、归拢、塔克褶和普利特褶。此外，设计师在进行服装设计时必须考虑在保持服装舒适性和功能性的同时，达到理想款式所需的舒适度松量和功能性松量。织物纹理的方向还可以用于使服装与身体曲线相匹配。所有这些概念都将在第十八章"设计细节"中介绍。

尽管时装潮流随着季节、年份的变化而变化，这影响着设计师对设计细节和服装款式的选择，但对尺寸和舒适度的把握仍至关重要。合体服装的特征包括：

· 衣服要与身体比例相称；

· 织物在身体上的悬垂性良好；

· 无拉扯或意外褶皱；

· 服装设计和裁剪适合体型；

· 服装外观平整、合体。

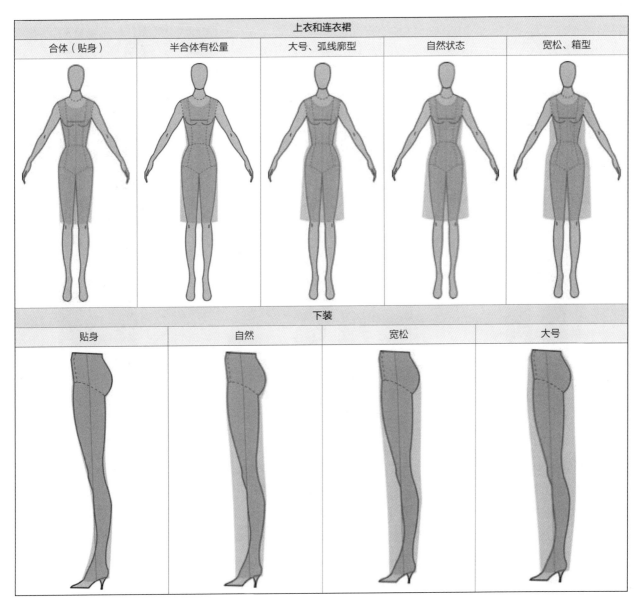

服装合体度类型

合体度类型（FIT TYPE）

合体度类型（Fit Type）：合体度类型可以区分衣服和身体之间的松量，从而设计出服装廓型。服装有多种合体度类型。上装和裙装的合体度类型包括：

· 合体或贴身；

· 半合体有松量；

· 大号、弧线廓型；

· 自然状态；

· 宽松、箱型。

下装的合体度类型包括：

· 贴身；

· 自然；

· 宽松；

· 大号。

裤脚，下装的合体形式，指的是裤腿在裤脚口处的边缘到脚背或鞋面上的位置。这会影响裤子的整体长度和外观。有三种类型的裤脚：短裤脚、半裤脚或中等裤脚、长裤脚。

短裤脚（No Break）——裤子的裤腿笔直地下垂，没有褶皱，几乎接触不到鞋面。裤脚口裁剪成有一定的斜度，前面略高于后面，以适应脚背的轮廓。这种类型的裤脚可以为个子矮的穿着者营造更高的视觉效果。

半裤脚或中等裤脚（Half-break / Medium Break）——裤子的裤腿下垂，在脚踝处形成一个单一的折痕。裤脚轻轻地垂在鞋前面的顶部，覆盖鞋后面的最高点。这种类型被认为是传统的男装和西服裤的款式特征。

长裤脚（Full-break）——裤子裤腿的褶皱会一直延伸到脚踝处。裤脚完全垂在鞋面上，并且经常触及鞋底的后部。这种裤脚类型比较休闲随意，通常形成不够平整的外观。

合体度适中的衣服穿着在人体上，应该没有可见的褶皱或织物拉扯。合身的关键是衣服的三维体与身体的轮廓相匹配，同时能反映出身体体表起伏的正确位置。两个不同品牌的服装，胸围尺寸可以相同，但适合的身体类型不一定相同。例如，品牌X和品牌Y的胸围尺寸为91厘米（36英寸），此测量值所包含的身体不同部位尺寸则可能因体重分布的不同而有所差异。对于品牌X，目标客户应该是前胸较小，后背较宽，因为服装前片尺寸较小，后片尺寸较大，特点是

可以容纳较宽的背部。品牌Y的目标客户应该是前胸丰满，后背狭窄，因为，服装前片尺寸大于后片，以适应这种身材类型。经过培训的技术人员能够快速地识别服装的合体度问题，并在服装交付批量生产前纠正这些问题。请记住，虽然设计人员的目标是设计出合适的服装，但大批量生产的服装在被购买后仍可能有小部位需要修改，以增强客户个人的合体度。合身问题表现为衣服上出现斜缕、褶皱或起翘。

斜缕（Drag lines）：服装上出现的不受欢迎的斜向或水平拉扯和褶皱，它们直观地指出需要解决的服装合体问题。这些线条出现在织物被拉伸或受力的位置，并指向存在合体问题的服装部位。斜缕出现在过于紧绷的服装区域，这意味着服装这部分的体积或松量不足以匹配体表起伏形态。衣服上通常出现斜缕的地方包括：

- 胸围线；
- 臀部；
- 胯部；
- 大腿处；
- 肩胛骨；
- 缅袖处。

斜缕

褶皱（Folds）：多余的织物导致衣服部分区域出现不需要的垂直或水平折痕或皱褶。

横褶——在水平方向上形成的折痕或皱褶，表明长度太长，需要进行调整。

竖褶——在竖直方向形成的折痕或皱褶，表明衣服围度上有多余的织物需要去除。

横褶　　竖褶

起翘（Flaring）：当服装的水平线不平齐时，导致服装穿着或悬挂时产生起翘。例如，当一件衣服的某部位无意中偏离了身体，导致侧缝以一个轻微的角度下降。衣服会产生后身离身体太远，前身离身体太近的现象，反之亦然。衣服应该对称地包覆在身体上。

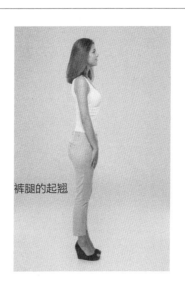

裤腿的起翘　　T恤的起翘

第十八章
CHAPTER 18

设计细节
Design Details

流行趋势和款式决定了服装设计元素细节的形状、类型和数量。设计师通过布纹线、设计线的放置以及对多余面料的处理来实现服装的轮廓、风格和比例。

设计师通过对面料的造型、裁剪和缩放来设计服装的轮廓和结构线条，以符合人体的轮廓，达到功能性、装饰性的目的。设计师可以通过斜裁面料在身体轮廓上塑型，以使服装合身并增添丰满度。款式是服装在轮廓、设计细节、比例、颜色和面料方面的基本特征。比例是指在一个特定的设计中，针对目标消费者，轮廓、设计细节、结构线和织物纹理之间的和谐的关系。根据服装设计或所需效果，可以在面料的垂直、水平或斜向对设计、造型、合体的功能和装饰特征进行控制。

所选设计控制的类型和方向取决于：

· 所需的轮廓；
· 服装设计款式；
· 服装类型；
· 服装用途；
· 织物类型、重量和护理方法；
· 号型范围和适用的体型。

织物布纹线（FABRIC GRAIN）

机织物和针织物的三种基本纹理线是直纹、斜纹和横纹。织物纹理的方向会影响服装的合体度和外观。织物纱线的排列决定了它是顺纹的还是布纹歪斜的。布纹歪斜的织物会在服装穿着和清洁时产生很多问题。

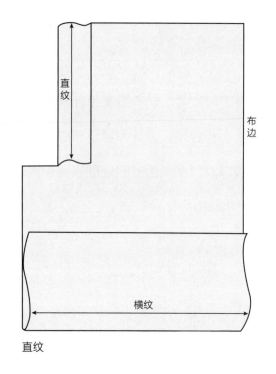

直纹

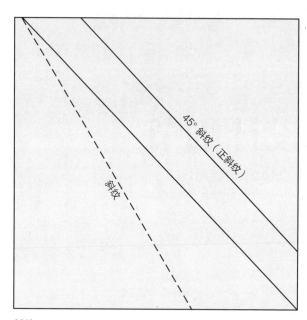

斜纹

斜纹（Bias Grain）：与经纱或纬纱不平行的纹理线。正斜线与直纹和横纹交叉处呈45°角。在斜纹纹理上设计服装可以使织物与身体的曲线保持一致，从而达到合身的目的。斜纹常用于：

· 使用柔软、轻巧和疏松机织物设计贴身服装；
· 为由重型或紧密机织物裁剪而成的服装创造柔软的悬垂感或轮廓感；
· 强调织物几何印花、光泽、光的折射或金银丝线；
· 提升机织物服装的弹力；
· 强调衣服或身体的某个部位。尽量减少格子图案在服装部位上的匹配。衣服的大部分在直纹

直纹（Straight Grain）：机织物的经纱方向（针织物的纬编方向）平行于布边。直纹是最稳定的，因为经纱比纬纱强度高。大多数服装都是在直纹上裁剪的，以保证清晰的外观。

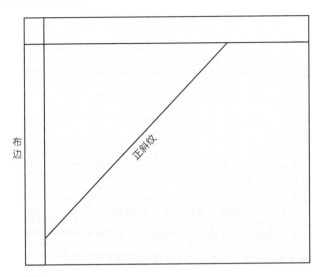

正斜纹

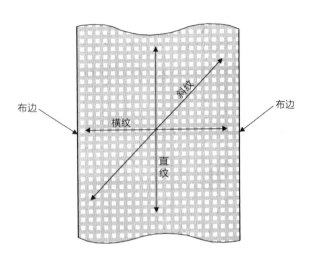

横纹

上裁剪，小的细节在斜纹上裁剪，反之亦然。斜裁细节的例子包括育克、标签、肩章、袖口、腰带、衣领，口袋和前襟；

· 当斜纹或格子布被裁剪并缝合在一起形成V形或倒V形时，就会产生人字形效果。

横纹（Cross-Grain）：机织物的纬纱方向（针织物的经编方向），垂直于布边。裁剪边缘饰物时，通常以横纹进行裁剪。由于边缘饰物是与织物的布边平行印花的，所以边缘饰物需要以横纹裁剪，以显示服装边缘的图案。

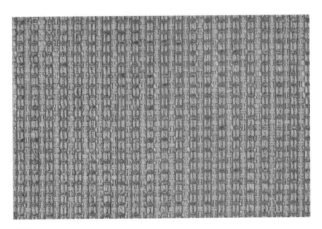

顺纹

经纬歪斜

顺纹（On-Grain）：织物中的经纱和纬纱以直角相交。

经纬歪斜（Off-Grain）：织物中的经纱和纬纱是歪斜的，不能以直角相交。服装将无法顺直悬垂，并会出现扭曲。这种扭曲通常在洗涤时变得更糟，而且无法纠正。

织物布纹线（FABRIC GRAIN）

斜裁［Cut on the Bias（Bias Cut）］：服装面料可进行斜裁，以影响服装的丰满度并使其与身体的曲线保持一致。斜裁常用于：

· 用柔软、轻便、疏松机织物制作较合体贴身的服装；

· 用重型、紧密机织物制作的服装轮廓清晰，与身体存在一定空间；

· 强调几何图案、有光泽、对光线反射或闪光的新奇面料。

斜裁服装依靠接缝来满足合体度，强调设计细节或扩展织物宽度。

服装的裁剪（下摆的裁剪）［Cut of the Garment（Flare）］：在不使用省道、褶裥或抽褶的情况下，对面料进行处理，使其与身体轮廓、接缝线或外廓型一致，需要控制服装下摆的夸开程度。可以对织物进行处理，使其在服装的同一部位内同时出现直纹和斜纹，如整圆裙。通过对服装下摆的剪裁，设计师设计出了裙子、吊带衫或披肩、宽松外套、喇叭袖、泡泡袖或喇叭裤。

将普利特褶或抽褶引入服装喇叭形部位可以增加丰满度、设计点或款式变化。衣服下摆的夸开程度可以很小，也可以很夸张，这取决于面料、轮廓或想要的设计效果。

斜裁

下摆的裁剪

松量类型（TYPES OF EASE）

松量是指板型开发中织物应满足身体活动的数量值，即按预期号型完成的成品尺寸和人体尺寸之间的差异量（服装尺寸减去人体尺寸等于松量）。松量是指衣服既能贴合身体，又能保持活动量和舒适度，是服装设计、板型开发和服装结构的重要内容。设计师也依靠松量设计来达到款式和审美情趣。接缝或轮廓线可以控制一部分松量的分布，而不形成抽褶、塔克褶或省道。松量可用于：

·在合身的袖子或裙子、后肩缝、肩胛骨、胸围或臀围处代替省道的作用，出现在紧身上衣的腰围、袖山、裤子和裙子上；

·把大一点的服装部位和小一点的服装部位连接起来；

·在紧身上衣胸凸区域形成公主线接缝。

与紧密的机织物相比，疏松机织物和针织物更容易产生松量和拉伸变形。

功能性松量（穿着松量）[Functional Ease (Wearing Ease)]：在服装的长度和宽度方向上增加多余的量，以满足身体的活动。

设计性松量（款式松量）[Design Ease (Garment Ease or Style Ease)]：在人体尺寸或人台尺寸基础上增加多余的量，满足功能性松量外，实现了所需的服装设计。

省道和接缝（DARTS AND SEAMS）

省道和接缝是一种使织物成型以适合身体的方法。省道可以去掉多余的织物，并围绕身体的弧线将织物塑造成型。省道形式多样，使衣服适合身体的同时，呈现光滑细腻的外观或设计细节。接缝将服装部件连接在一起，并根据服装部件连接的方式提供光滑或有肌理的外观。设计师可以水平、垂直或斜向设计省道和接缝，以提供除功能之外的设计细节。

省道（Dart）：去掉服装边缘的多余织物，逐渐收敛递减到一个点，从而使织物贴合身体。为适应人体轮廓而形成的省道在形状和大小上各不相同，有塑造直线、凹面或凸面的几种省道线。直线省道一般出现在胸部、肘部、腰部、臀部、颈部和肩部。凹面省道向身体弯曲，它们用在腰部以上的中腹部到胸高点（胸围）水平线之间。曲线弧度越大，与身体的贴合越紧密。凸面省道从身体由内向外弯曲，这些省道适用于身体向外弯曲的区域，如胸部、腹部和臀部，它们还可以替代裙子上从臀部到腰部区域的侧缝或结构线的形状。成衣上的省道合并线表示省道的形状。省道可用于造型的部位有：

·上衣前片胸部；

·肩膀上部，在后颈部或后肩缝处为肩胛骨预留松量；

·上衣后片腰部； ·肘部，为长袖预留松量；

·腰部，在裙子、长裤和短裤的臀部预留松量；

·腰部，在裙子或插片裙的前侧或后侧臀部预留松量。

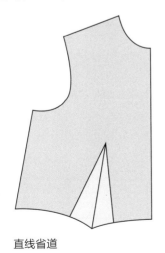

直线省道

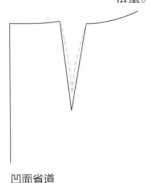

凹面省道

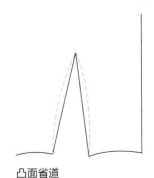

凸面省道

装饰性省道

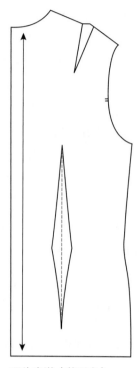

双头省道（菱形省）

装饰性省道（Decorative Dart）：用省道在衣服的表面上创造出一种设计效果，并强调款式风格。这些省道可以用顺色线、对比线、锁眼线迹，或使用装饰缠绕线迹起强调作用。

双头省（菱形省）[Double-Ended Dart（Double Dart）]：省道始于胸高点，并延伸至臀部，对织物进行塑型，使其符合身体曲线。双头省道适合一片式连衣裙、外套或长夹克的腰部。双头省道的大小和长度会有所不同，其类型有直线、凹形或凸形省道线。

褶式省（Flange Dart）：省道的一端松开，在前片、后片的肩线和袖窿弧线上形成褶。褶式省可以塑造肩膀更宽的视觉，在胸部、背部和袖窿上部形成更大的松量。

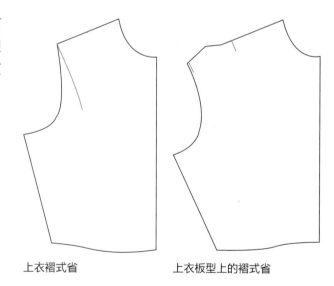

上衣褶式省　　　　　　　　上衣板型上的褶式省

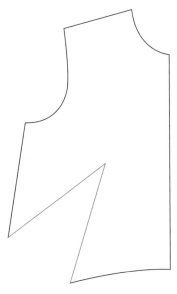

法式省

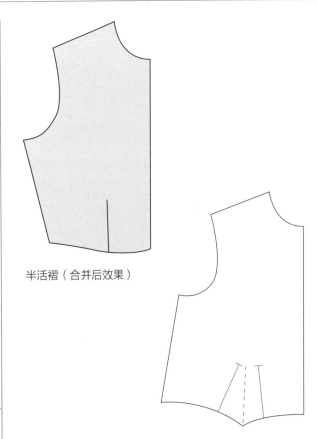

半活褶（合并后效果）

半活褶（合并前效果）

法式省（French Dart）：斜向省道，从臀围线到腰部以上5.08厘米（2英寸），位于侧缝上的任何点开始，逐渐合并变细到胸围线。

碎褶式省（Dart Slash）：与胸部、肩部或臀部轮廓相吻合的省道。碎褶式省常用于：

· 提高设计丰满度以达到造型效果；
· 水平使用时在臀部或肩部形成育克效果；
· 水平使用会产生腹带或腰带效果；
· 在袖子轮廓上产生变化。

半活褶（Dart Tuck）：去掉一定数量的多余织物，这些织物收敛到衣服边缘的一个或多个定点上。半活褶常用于：

· 去掉多余的面料以符合腰围、肩部或前中心线身体的轮廓；
· 在裙子、长裤或短裤的腰围处，为臀部和腹部提供松量；
· 为一片式服装合身区域的上方和下方提供松量；
· 使长袖的袖口更合体；
· 呈现比其他省道形式更灵动的设计效果。

多余的织物可以分布在两个或多个半活褶中。半活褶是通过沿其合并线部分缝合省道以去掉另一端而形成的。

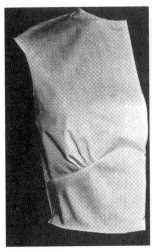

碎褶式省

省道和接缝（DARTS AND SEAMS）

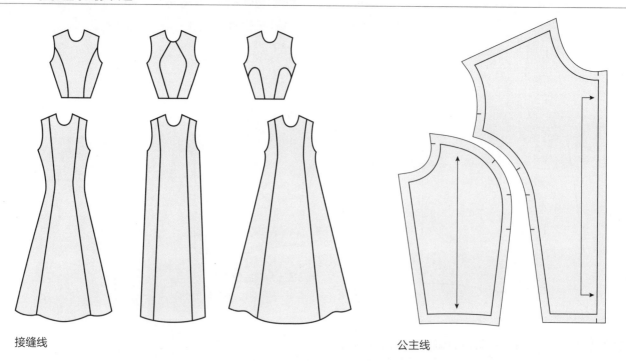

接缝线   公主线

接缝线（Seams）：通过缝合两片或多片裁片以去除多余织物，形成符合身体曲线的外轮廓。将服装部件缝合在一起的是接缝线。接缝线的功能有：

· 代替省道、塔克褶或碎褶，使服装贴合身体；
· 形成合体公主线结构的服装；
· 形成插片裙或从肩部到下摆有多个衣片裁片的服装，如罩衫、披风、外套和夹克。

公主线［Princess Line Seam（Princess Style Line）］：根据所需的设计效果，接缝线经过胸高点并延伸到肩线或袖窿弧线。紧身胸衣的公主线经过胸高点，起始并终止于罩杯边缘的任一点，形成两片或多片裁片。公主线的功能有：

· 穿过胸部、腰部和臀部区域，使服装贴合身体；
· 在连衣裙上形成多片结构；
· 使裙子合体或形成喇叭形状。

侧片（Side Panel）：位于服装的侧面，为服装提供合体度和造型的部位。侧片的接缝线在服装上呈现垂直方向，并距离胸高点几厘米（英寸），而公主线的接缝则穿过胸高点。夹克衫、外套、紧身运动背心和套头毛衣等服装侧面设计侧片而非采用侧缝分割线，此设计同时为服装塑造微妙的形状。

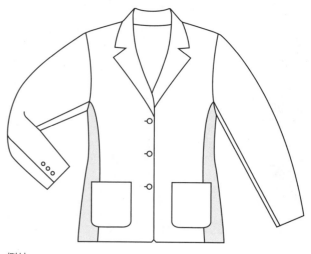

侧片

省道和接缝（DARTS AND SEAMS）

多片裙（Gores）：将裙子以竖线分割成若干片就是通常所说的多片裙。喇叭口可增加服装的造型感。裙片的数量决定了多片裙的名称。裙子前片和后片的分割不一定是一样的，它们可以是：

· 四片裙——分割线位于前中心、后中心和侧缝处，形成四个裙片。

· 六片裙——分割线位于前片和后片公主线以及侧缝处，形成六个裙片。

· 十片裙——分割线位于前片和后片公主线、侧缝线，以及公主线和侧缝之间的二等分点处，形成十个裙片。

四片裙（A型裙）　　　六片裙抽褶　　　十片裙（小喇叭裙）

裙子的分割变化

碎褶、普利特褶和塔克褶（GATHERS, PLEATS AND TUCKS）

抽褶、普利特褶和塔克褶可以为服装塑造合体度。也可以通过在外套上缝套管穿行松紧带或束带，或直接将松紧带缝制在衣服上，当松紧带拉伸时衣服的合体度能达到所需围度。褶皱是织物上的平行褶裥，塑造了服装的合体度和动感。它们通常采用垂直线设计，方便了身体的活动。

褶皱既可以是平面的，也可以是立体的。平面褶皱可以压褶或不压褶，留有折痕，或缝合到指定的长度。褶皱可以单独出现、成组设计或等间隔排列。立体褶皱则是指织物上的褶皱被永久设定为凹凸状。平面褶皱和立体褶皱可以通过造型以适合身体轮廓。褶

皱的折痕顺着织物的布纹线，但太阳褶除外，因为太阳褶是辐射状褶皱。紧实的机织物比柔软或松散的机织物和针织物的褶皱保型性更好。特殊的机器可以帮助专业打褶师根据设计师的要求，在预先准备好的服装裁片上永久地设定长度和宽度确定的褶皱。

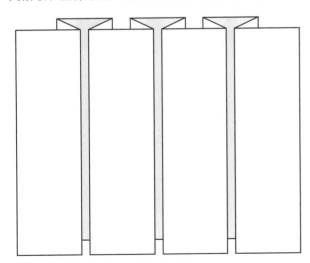

平面褶皱

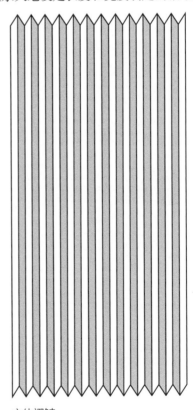

立体褶皱

第十八章　设计细节　　**257**

碎褶、普利特褶和塔克褶（GATHERS, PLEATS AND TUCKS）

抽褶（碎褶）[Gathering（Shirring）]：根据相邻接缝线或指定的身体尺寸将多余织物聚拢形成柔软、细小、数量众多的褶皱。接缝线隐藏了形成褶皱的针迹。可以通过平缝机车缝一行、两行或三行平行的线迹或专用的机器来进行抽褶。碎褶可均匀聚拢织物，常用于：

· 育克或腹部；

· 领围线或腰围线；

· 在袖山上，形成泡泡袖；

· 袖口、裙子、裤脚口；

· 荷叶边、木耳边和其他褶饰（衬衫正面的褶饰）。

抽褶（碎褶）

弹性带抽褶（Elastic Shirring）：多条平行缝制的松紧带或松紧绳，用以控制松紧度，使服装某部位产生膨胀和收缩。碎褶形成了服装表面可见的装饰设计细节。碎褶的形态取决于针迹的长度、松紧带的类型和弹性、平行针迹行的数量和间距以及它们与织物的相互关系。可以通过在平缝机或锯齿形缝纫机的梭芯中使用弹性线，将弹性线作为平缝线迹或锯齿形线迹来产生碎褶效果。弹性带抽褶的功能有：

· 可适应多种身体尺寸或体型；

· 控制松量；

· 为抹胸、吊带衫和连衣裙造型。

弹性带抽褶（服装表面）

弹性带抽褶（服装里面）

碎褶、普利特褶和塔克褶（GATHERS, PLEATS AND TUCKS）

法式褶

法式褶［French Shirring（French Gathering）］：由多针工业缝纫机缝制的三行或更多行平行的针迹形成。针迹行数取决于服装的部位、身体轮廓和所需的设计细节。可以使用顺色线、对比色线、锁眼线或装饰线进行缝制。抽褶部位背面的衬具有保型作用。抽褶完成后，褶边是固定的，缺乏弹性。法式褶的功能有：

·在肩膀或臀部产生育克效果；

·在袖子的下边缘形成带状效果；

·在抽褶部位的上方和下方形成蓬松效果。

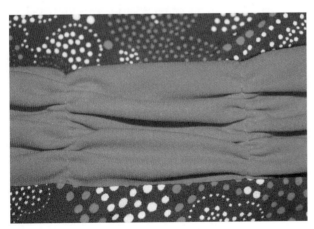

褶饰

褶饰（Ruching）：预先确定的抽褶，以对应平行的褶缝或在褶缝两边形成蓬松感。只要将多余织物以抽褶的形式均匀分布到服装上，就会在服装水平或垂直方向形成柔软褶皱。还可以采用织物或缎带的形式，将其以重复的样式缝制，以在饰边上产生扇形或褶皱效果。褶饰可为育克、腹部或袖子、袖口、下摆边缘提供装饰性细节。

碎褶、普利特褶和塔克褶（GATHERS, PLEATS AND TUCKS）

华夫褶（Waffle Shirring）：网格状弹性褶，在服装部位产生双向拉伸和收缩。褶的形态取决于针迹的长度；弹性绳的类型和延伸性；线迹行的数量和间距以及它们与织物的相互关系。华夫褶是在织物的纵向和横向纹理上产生的。华夫褶的功能有：

· 在服装上提供双向拉伸，如紧身衣、泳装、运动服；

· 可适应多种人体尺寸或体型；

· 控制整件上衣、部分上衣、腹部或臀部的蓬松度；

· 形成抹胸或吊带裙的上半部分；

· 塑造或缩小服装某部位；

· 在服装表面形成装饰设计细节。

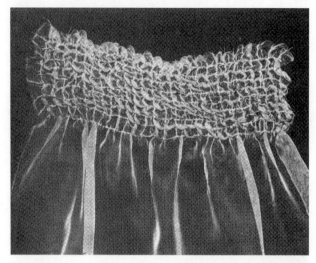

华夫褶

褶皱（Pleat）：通过将多余织物进行自身折叠，从而形成织物的褶皱，褶皱宽度为15.875~50.8毫米 $\left(\frac{5}{8}\sim2\text{英寸}\right)$。褶皱可以单独使用或成组使用。成组的褶皱可以朝一个方向，也可以朝向彼此，在褶皱发散点可以产生柔和的效果。褶皱有装饰效果，常出现于：

· 腰部、肩部、臀部；

· 育克分割线下方；

· 袖的下边缘，使之与袖口相吻合；

· 袖山处；

· 上衣、衬衫或夹克衫上，使胸部、肩部丰满。

褶皱

碎褶、普利特褶和塔克褶（GATHERS, PLEATS AND TUCKS）

手风琴褶（Accordion Pleat）：由工业打褶机形成的均匀分布、永久固定的有凸起和凹陷的褶皱。服装面料在打褶之前先裁剪并锁边，面料未锁边的边缘可调整以适合身体体型或设计造型线。手风琴褶可以使裙子、袖子和衬衫上呈现直的或圆柱形的轮廓。

手风琴褶

箱型褶（Box Pleat）：将织物以均匀的间隔折叠起来，并使两条折痕相背。箱型褶裥的底层深度不必等于箱型褶裥的宽度。箱型褶裥可以不压烫或压烫后在固定位置进行缝制。可以对它们进行组合设计，在裙子、衬衫、上衣的臀部或肩部育克处做造型。

箱型褶

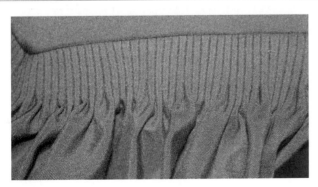

带状褶［Cartridge Pleating（Gauging）］：三排或三排以上的均匀间隔的缝线，形成尺寸可控、形态确定的褶皱，可与较小的接缝、规定的人体尺寸或服装面积相对应。在服装表面可见这些由测量板型形成的小而均匀的褶皱。每行针脚必须与其余的针脚完全对齐。连续针脚的长度可能在3.175~9.525毫米 $\left(\dfrac{1}{8}\sim\dfrac{3}{8}\right.$ 英寸 $\left.\right)$ 。带状褶强调在服装款式中形成丰满感，如学士服和牧师长袍。

带状褶

第十八章 设计细节 **261**

水晶褶

内工字褶

水晶褶（Crystal Pleat）：一系列狭窄的类似手风琴的折痕，形成均匀间隔的样式。可以将褶皱设计在服装某部分的面料中，以产生新颖效果。将服装面料进行裁剪，并在打褶之前或之后将其锁边，以产生褶的效果。设计师采用水晶褶进行细节设计，常用于：

· 筒型或圆柱型轮廓的服装；

· 晚装或新娘装；

· 连衣裙、半裙、袖子和衬衫风格的服装；

· 荷叶边和褶边。

内工字褶（Inverted Pleat）：将织物自身间隔一定距离向中心点对折，形成内陷的、两倍于织物厚度的褶裥。设计师采用内工字褶进行细节设计，常用于：

· 裙子和裤子的前中线、后中线或侧缝处；

· 男式衬衫和夹克的后中线，方便手臂活动；

· 插片裙和有公主线的服装，以增加围度；

· 外套和夹克的后中线，提供坐姿松量。

碎褶、普利特褶和塔克褶（GATHERS, PLEATS AND TUCKS）

开衩褶（Kick Pleat）：在膝围线或膝围线以下的位置设计的一种插片式内褶或侧开衩褶。开衩褶可以设计为单褶、双褶或插入另外的材料作插片。开衩褶可增加紧身服装的围度，从而增加前中心、后中心或侧缝处的行走松量。

开衩褶

刀褶（Knife Pleat）：通过织物自身折叠形成的一系列褶裥，织物厚度增加了一倍，褶裥宽度15.875毫米（$\frac{5}{8}$英寸）或更小，刀褶永久倒向同一个方向。刀褶不适用于弹力、膨松或起绒织物。这种褶皱可以成组设计，也可以等距设计，以增加服装的围度。刀褶可以作为插片，与裙子、衬衫、上衣的育克配合使用。

刀褶

碎褶、普利特褶和塔克褶（GATHERS, PLEATS AND TUCKS）

侧褶（单褶或多褶）[Side Pleat（Single or Multiple）]：服装上的一个或多个褶皱以适合身体起伏。折叠层的宽度为15.875~50.8毫米 $\left(\frac{5}{8}~2英寸\right)$。侧褶可以重复形成一个系列，朝向同一个方向。可以将织物折叠起来不压烫或压烫后部分缝合，以适合身体的轮廓。侧褶的功能有：

· 位于肩部下方，为手臂活动增加松量；位于臀部育克分割处；

· 在外套和夹克公主线上增加坐姿和走姿松量；

· 增加喇叭裙、公主线服装、袖子下边缘和袖山的围度；

· 在胸高点或肩部形成蓬松感。

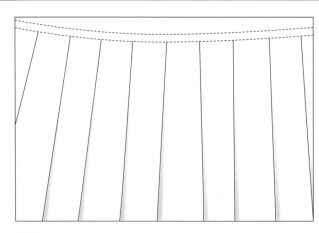

侧褶

放射状褶（Sunburst Pleat）：在透明轻质的织物上产生凸起和凹陷的一系列辐射状褶皱。在打褶之前，衣片要裁成预定的尺寸。褶裥是由工业打褶机形成永久的形态。衣服的底边和缘饰是在衣服完成后再确定的。褶皱的狭窄部分出现在服装的腰线、肩线或袖山处。放射状褶的功能有：

· 形成喇叭形或圆形轮廓；

· 轮廓饱满而腰部无累赘；

· 增强荷叶边和褶边的趣味性。

放射状褶

针缝细褶（Pin Tucks）：3.175毫米 $\left(\frac{1}{8}英寸\right)$ 或以下均匀间隔的平行褶皱，从织物边缘或适合区域按指定长度缝合。针缝细褶可以单独或按组保持均匀的间隔，从接缝线或服装某部位开始缝合。针缝细褶在服装表面形成褶皱，设计出有限的丰满度。

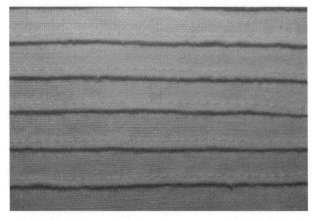

针缝细褶

碎褶、普利特褶、塔克褶（GATHERS, PLEATS, AND TUCKS）

塔克褶（服装正面或反面）[Release Tucks (Outside and Inside)]：褶的均匀折叠部分为6.35~15.875毫米 $\left(\dfrac{1}{4} \sim \dfrac{5}{8}\right.$英寸$\left.\right)$，褶皱部分缝合以适合衣服的某个部位，然后终止缝合以产生所需的松量。褶皱可能在衣服的正面或反面。它们可能全部面向一个方向，朝向或远离服装中心，或者成对地彼此相向或相背。形成的褶缝可以单独均匀地间隔，也可以成组均匀地间隔。塔克褶可以使用顺色线、对比线、锁眼线，或者使用花式绳形成特殊效果。塔克褶可以作为垂直或水平装饰元素进行设计，从接缝线或服装的某区域内开始缝合。塔克褶的功能有：

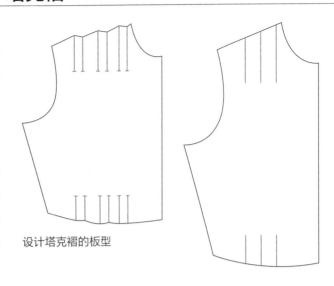

设计塔克褶的板型

- 在肩部或臀部垂直设计育克分割，在缝合线以下形成丰满感；
- 在袖子上水平使用，形成袖子松量；
- 在一片式服装的腰部进行设计，形成缝合线上方和下方的丰满度；
- 在长袖的袖口进行设计，形成系扎效果。

塔克褶

套管（CASINGS）

套管是将织物边缘折叠或外加条带，使其成套管装，将绳带或松紧带塞入套管并拉紧，以缩小服装围度适合相应的身体部位。套管位于服装的边缘、接缝线或结构线处，可以在不合身服装或一片式服装上使用。

设计师们把它们用在服装上，以满足多种体型或作为一个设计细节。套管的尺寸应比松紧带或拉绳宽6.4毫米 $\left(\dfrac{1}{4}\right.$英寸$\left.\right)$。在价格较高的服装上，套管两端使用3.2毫米 $\left(\dfrac{1}{8}\right.$英寸$\left.\right)$的封口，以保证弹性的稳定性并修整边缘。此外，穿过套管侧面接缝的垂直针迹有助于固定和稳定松紧带。松紧带可以是缎带、罗纹或织带。选择套管的应用类型或方法取决于：

- 服装款式和设计；
- 服装功能；
- 服装护理；
- 织物类型和重量；
- 橡皮筋或拉绳的类型和宽度。

套管（CASINGS）

抽绳套管（Drawstring Casing）：将绳带穿入套管内，穿着者能够自己控制衣服的围度，使身体舒适并使服装合身。抽绳可以是绳索、编织带、缎带、皮革带或织物条带。套管可以出现在服装的内部或外部，从开口部位穿出，如眼状缝隙、扣眼、金属小孔、索环或接缝开口。当设计师使用对比色面料制作套管时，套管可能成为服装的焦点。在裙子、长裤、短裤、衬衫和夹克的腰围线上，抽绳套管可以按预定的合体度收紧。在领口、袖子、下摆、一片式服装的腰围线和露脐装的高腰围处进行抽绳设计，还可以改变服装样式效果。

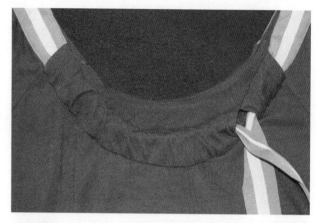

抽绳套管

松紧带套管（Elastic Casing）：将松紧带穿入套管。松紧带可以是丝带、罗纹、织带或透明带，有多种宽度可供选择。松紧带套管的功能有：

·方便穿脱；

·在没有腰部曲线的人体上支撑服装；

·去掉了针织物或弹力织物制成的服装的腰部系带；

·在无肩带服装的上边缘，以及裙子、长裤、短裤的腰围提供支撑；

·在领口、袖口边缘和裤腿上使用，可调整服装款式效果；

·提供舒适的泳装和紧身衣裤脚口。

松紧带套管

带封口的套管（Casing with Heading）：与服装成品边缘保持一定距离的套管。当松紧带或拉绳被完全穿入套管后，在套管两端要进行封口。封口和套管的宽度由服装款式和预期效果决定。带封口的套管可以在轻薄织物和中等重量织物制成的服装的领口、腰线、下摆和兜帽上形成抽褶效果。

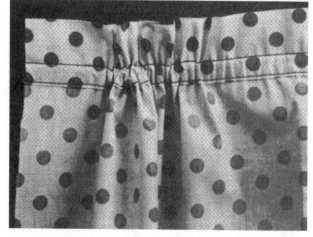

带封口的套管

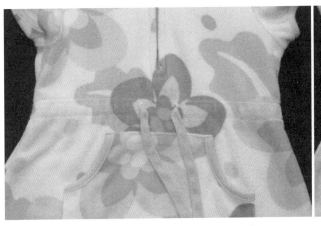

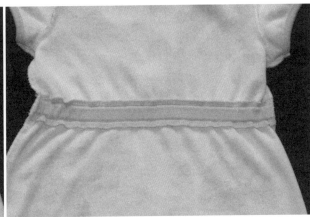

内部缝合套管（正面效果）

内部缝合套管（反面效果）

内部缝合套管（Inside Applied Casing）：在服装内部的边缘、接缝处或结构线处缝合织物套管。套管的材料可以是缎带、斜纹带、织物本身(服装材料)或轻质对比织物。内部缝合套管的功能有：

· 替换由厚而笨重的布料本身或弯曲边缘形成的套管；
· 在离服装边缘一定距离的地方做出褶裥、荷叶边或腰部装饰；
· 使服装符合人体表面的起伏。

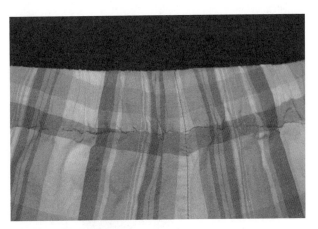

外部缝合套管

织物自身缝合形成的套管

外部缝合套管（Outside Applied Casing）：缝合在服装表面接缝线或结构线处的织物套管。套管材料可以是缎带、斜纹带、织物本身或对比织物。外部缝合套管用于距服装边缘一定距离的位置，以强调设计元素，产生褶皱、荷叶边或腰部装饰。

织物自身缝合形成的套管（Self Casing）：将服装边缘折叠并缝合形成的套管。织物自身套管的宽度取决于服装设计和所需效果。在薄纱、轻质或中等重量的织物上，织物自身套管效果很好，常用于：

· 直边和弧度较小的曲线；
· 裙子、长裤、短裤、衬衫和夹克的腰部；
· 袖子、裤腿和兜帽的边缘。

腰部的处理（WAISTLINE TREATMENTS）

腰带和腰饰可以把衣服固定在身体合适的位置。款式宽松度作为设计的一部分，它与穿着松量应包括在腰带和腰饰板型开发的过程中。服装上的腰线可以设计成没有开口，或者可以根据服装的设计和功能在前中心线、后中心线、侧缝或公主线处设计有门襟或开口。设计有水平接缝线连接上半部分和下半部分的服装被认为是腰围断开或有插片的服装。在一件连体衣上，可以通过腰线上的套管、松紧带或抽褶将多余的织物收紧以贴合身体。腰带类型或腰部处理的方式取决于：

· 服装类型和款式；　　　· 服装功能；
· 服装护理；　　　　　　· 织物类型和重量；
· 织物设计；　　　　　　· 生产和制作过程。

接缝腰围线（Seamed Waistline）：服装的上下部分由水平接缝线连接起来。腰围水平设计线包括：

· 帝政腰围线——位于胸围线下面；
· 高腰围线——略高于自然腰围线；
· 自然腰围线——人体实际的腰围线；
· 低腰围线——略低于自然的腰围线；
· 下腰围线——臀围线附近。

接缝线包括：

· 穿入绳带、缝合套管或使用装饰物；
· 使用装饰带、缎带或饰边。

无接缝腰围线（Unseamed Waistline）：分割线跨越腰部上方和下方，没有水平接缝线或腰带。分割线可以形成紧身、筒型、A型、斗篷型轮廓，多种分割线组合使用控制服装松量，可能会限制身体的活动。

接缝腰围线

无接缝腰围线

腰部的处理（WAISTLINE TREATMENTS）

抬高腰围线

抬高腰围线（Built-up Waistline）：服装腰部高于自然腰围线，并设计有省道或插片以适合身体形状。腰部的面料和衬里被横向分割和纵向分割，以加强对腰部的修饰。抬高腰围线可以替代增加腰带而产生的水平接缝线。

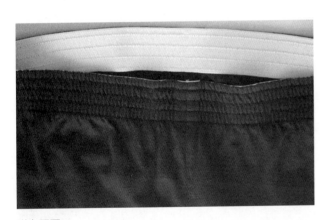

弹力腰围

弹力腰围（Elasticized Waistline）：用多种方法将弹力材料应用于腰围边缘或腰围区域。不同的弹性织带宽度和弹性程度会产生不同的设计效果。弹力腰围的功能有：

· 使服装穿脱方便；

· 收紧不合身的腰围；

· 提升舒适度。

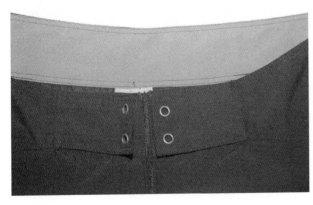

腰部贴边

腰部贴边（Faced Waistline）：用于腰围区域，与腰围形状相同的一组服装部件。通常将贴边固定在服装内侧，但也可以将其作为装饰固定在服装表面。当其他腰部设计会干扰服装设计或限制身体运动时，这种类型的腰部处理方式是比较理想的选择。

腰部的处理（WAISTLINE TREATMENTS）

斜裁腰头（Bias-Faced Waistline）：使用斜裁织物、对比色织物或更轻的织物制作的腰头，其形状适合服装腰部的轮廓。斜裁腰围可以减小织物的膨胀感，提供比其他类型的腰带更平坦的效果。

斜裁腰头

织带包边腰头（Ribbon-Faced Waistline）：罗纹、斜纹或缎纹的织带作腰头，其轮廓与服装的腰围线相匹配，呈现出平整的外观效果。这种腰围处理可为孔眼、镂空或轻质织物提供光滑的外观，在这些织物上，织带会映射到服装的表面。织带包边腰头比限制性较大的宽面腰带具有更大的灵活性。

织带包边腰头

嵌入式腰带（缝合式腰带）[Insert Waistline（Inset Waistline）]：由织物自身或对比鲜明的织物或缎带制成的腰饰或直条腰带，缝合在上衣和下装之间，以强调腰线。嵌入式腰带的宽度和形状因设计而异。嵌入式腰带可以模仿服装上系扎的腰带，位于自然腰围线的上下方或跨越腰部。

嵌入式腰带（缝合式腰带）

带有弧度的腰头

带有弧度的腰头（Contoured Waistband）：适合中腹部和臀部之间身体曲线的腰头。根据所需要的支撑量，可对有弧度的腰头进行拼接、加衬等处理。它可以沿任一边缘或两个边缘进行装饰，并具有均匀或渐变的宽度。有弧度的腰头需要有独特表面的面料来匹配服装。这种腰头可以为服装提供特殊的设计特点，如降低或提高腰围线。

直腰头

直腰头（Straight Waistband）：缝合在腰围处的两层或多层的宽度为5.1厘米（2英寸）或更窄的腰头。腰头的上边缘折叠或有缝迹线，并且与服装边缘齐平，从而隐藏了延伸的衬里。可以针对搭接门襟将腰带头设计为尖头或圆形。该腰头可以在前中线、后中线、侧缝线或公主线处打开。直腰头的功能有：

· 提供稳定的成衣边缘；
· 支撑覆盖下半身的服装，如长裤、短裤、裙子；
· 固定覆盖上半身的服装，如夹克、衬衫。

弹性衬底直腰头

弹性衬底直腰头（Elastic-Backed Straight Waistband）：松紧带附加在单层自织物腰头的内部，成品宽度为6.4厘米 $\left(2\frac{1}{2}英寸\right)$ 或以下。弹性衬底直腰头用于针织面料，以提供与服装面料相匹配的延伸性。

防滑衬底腰头

防滑衬底腰头（Non-Slip-Backed Waistband）：附加在单层自织物腰头内部，其表面编织有成排的橡胶纱线、黏有压纹或印刷的硅树脂，从而在腰头上产生防滑效果。裤子和裙子上使用防滑衬底腰头，以将塞入下装的上衣和衬衫固定在适当的位置。

腰部的处理（WAISTLINE TREATMENTS）

织纹衬底直腰头（Ribbon-Backed Straight Waistband）：宽度为5.1厘米（2英寸）或以下的自织物腰头，底衬是罗纹或斜纹织带。织纹衬底直腰头的功能有：

- 消除笨重、粗糙织物造成的服装的膨胀；
- 为透明和松散织物制成的服装增添造型感和稳定性；
- 防止服装面料直接接触人体，造成刺激。

织纹衬底直腰头

弹力腰头（Stretch Waistband）：缝合式的弹力腰头或包裹弹性材料的套管，其长度与服装腰围接缝线相同。对于由弹性有限的针织面料制成的服装，可能需要一个前门襟。弹力腰头使针织裤、裙子和短裤的穿脱更为方便。

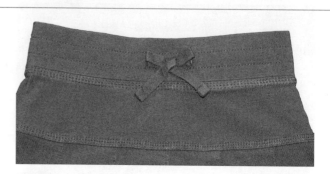

弹力腰头

西裤裤腰头〔Trouser Waistband（Curtain Waistband）〕：由与服装面料相同的织物斜裁制成的腰头，与腰围接缝线下方的门襟共同构成了裤子的腰部结构。裤腰与裤子的上边缘相缝合，宽度为1.9~5.1厘米 $\left(\frac{3}{4}~2英寸\right)$。此腰头常用于定制西裤，对服装起支撑作用。

西裤裤腰头

套管式腰头（Waistline with Casing）：应用于腰部边缘、跨过腰围区域在边缘折叠形成的织物套管，内穿抽绳或松紧带。可以将套管设计到服装的表面，起到装饰作用。套管和松紧带的宽度会影响服装的轮廓。腰头的宽度、弹性程度和应用方法会在灵活性或设计效果上产生差异。套管式腰头允许穿着者调整不适合的腰围，将其控制在合适的围度。

套管式腰头

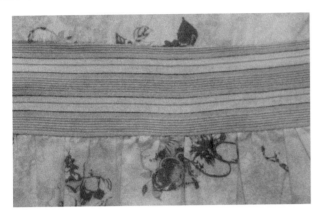

条带

条带（Band or Banding）：直裁、斜裁或边缘定型的本织物或对比织物，穿入或以明线缝制在服装上。条带的功能有：

- 完成服装或服装某部件的边缘；
- 使服装边缘具有延伸性，如夹克、衬衫、袖子、连衣裙、半裙或裤子的底边；
- 用作装饰。

眼形缝隙

眼形缝隙（Eye Slit）：通过缝合、裁切和开牙嵌条或小片制成的边缘垂直或圆形开口。眼形缝隙的功能有：

- 为抽绳或条带提供一个装饰性的开口；
- 创建眼形扣眼；
- 穿入装饰性的绳带。

接缝孔隙、纽扣孔、扣眼或索环均可以用于开口缝隙。

对接（斜接）

对接（斜接）[Chevron（Mitering）]：将几何图案织物或装饰物的相邻裁片以相同的角度裁剪和缝制时，在缝线处产生的装饰性"V"形图案。将要裁剪的织物放置妥当，使裁片的大小和颜色相同，能产生相同的"V"字形图案。

荷叶边（Flounce）：将圆形裁切的裁片顺畅地缝合到相邻的接缝线上产生荷叶边形状。荷叶边能增强边缘装饰的效果。

荷叶边

插片（Godet）：三角形或圆形裁片，与服装的一个或多个切口的接缝相缝合。插片的长度、宽度和形状根据服装款式或所需效果有所不同。插片的功能有：

- ·加大裙子、裤子、袖子、上衣、夹克、外套和斗篷的下摆以及衬裙、内衣、睡袍和围裙的设计效果；
- ·形成荷叶边的效果；
- ·使轮廓更饱满。

插片

菱形插片（Gusset）：缝合在服装部位有较大切口处的菱形片。可使用一个、两个或四个菱形插片来设计服装结构。菱形插片常用于袖子、长裤或短裤的胯部，保暖内衣、贴身服装和运动服，为身体的活动提供松量。

菱形插片

褶皱饰边 (Ruffle)：将单层或双层织物条在一侧经抽褶或打褶缩到预定的长度，然后与一条需要装饰的接缝线缝合。褶皱饰边加强了下摆、袖口、前襟和领口的装饰效果。

褶皱饰边

弹力衣褶 (Smocking)：织物表面由装饰缝合线形成的弹力衣褶。装饰图案根据针迹或针迹组合而有所不同。织物拉伸程度根据弹力线或绳的类型和延伸性、针迹的长度以及平行针迹行的数量和间距而变化。在缝合衣片之前，先在织物或服装衣片上完成机器打褶工作。弹力衣褶的功能有：

· 产生可延伸或可收缩的装饰图案效果；
· 在批量生产的服装中模拟手工打褶，可降低成本；
· 形成育克、束腹带、带子或袖口的装饰效果；
· 可适应一种以上的身体尺寸或体型；
· 塑造针迹上方和下方的丰满度。

弹力衣褶

底衬 (Underlay)：织物本身、对比色织物或缎带，经测量并裁剪成与要匹配的服装部位相适应的大小，位于织物折叠层、裁片相缝合的接缝线下方。底衬的功能有：

· 创建单独的一层织物以完成褶皱；
· 稳定公主线或多片式服装的接缝；
· 稳定服装前中线或后中线设计的褶裥；
· 保持衬衫开衩或裤脚的形态稳定；
· 可采用对比色织物，形成褶裥，运用于口袋开牙处或接缝处，保持饰边、钩环、扣眼以及衣襟或服装开合部位的稳定性；
· 保护内衣或身体免受拉链齿磨损。

底衬

其他设计细节（MISCELLANEOUS DESIGN DETAILS）

编织成型（Full Fashioned）：二维服装衣片在平针机上编织成型后，可以进行组装缝合。服装部件通过线圈串套形成服装成品，该过程是将需要连接的衣片的每条接缝边缘上的每个针脚串套缝合在一起。与裁剪—缝合式的针织服装相比，编织成型服装具有如下特点：

· 需要更少的接缝线来构造服装；

· 更加合体；

· 质量更好，但生产成本高。

编织成型

织可穿（无缝）服装［Knit-and-Wear（Seamless）］：根据预先确定的形状一次编织成型的适合身体形状的三维服装，需要最少的后整理过程。产品由针织机编织完成即可穿用。这种编织过程消除了预准备和组装操作，如裁剪、捆扎、缝合和连接等。无缝服装价格不等，其款式、合体度和设计复杂性均有所不同。织

可穿服装包括：

· 袜类；

· 紧身裤；

· 毛衣；

· 内衣。

织可穿服装编织机

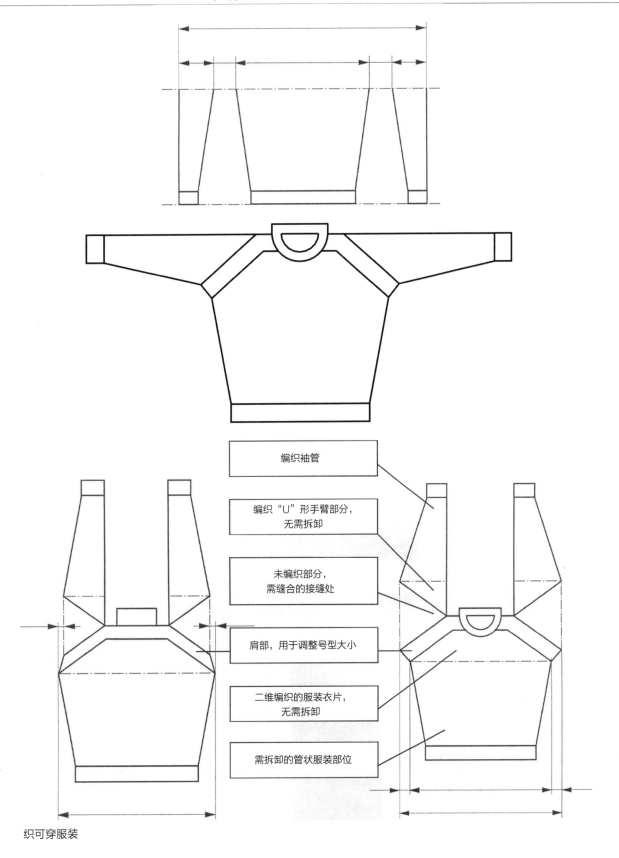

编织袖管

编织"U"形手臂部分，
无需拆卸

未编织部分，
需缝合的接缝处

肩部，用于调整号型大小

二维编织的服装衣片，
无需拆卸

需拆卸的管状服装部位

织可穿服装

第十九章
CHAPTER 19

服装的开口
Garment Openings

当设计师开发系列服装时，会考虑与每件服装功能有关的整体美学。服装的开口形式是经过精心设计的，它提供了一种穿脱服装的方法。功能性开口设计为穿衣时提供便利，并可以根据所需效果使用各种类型的闭合件固定。

服装开口类型的选择取决于：

- ·服装设计和款式；
- ·服装类型和功能；
- ·开口目的和位置；
- ·应用方法；
- ·织物类型和重量；
- ·服装护理。

门襟（PLACKET）

门襟是服装成品的开口部位。它的设计样式应具有足够的长度，以使服装穿脱变得容易和方便。袖子上的开口可扩大袖口的窄端，并在袖克夫打开时提供空间。门襟可以代替前领口或后领口的拉链。前门襟被设计为可安装纽扣、按扣和其他闭合件的部位。门襟类型和长度的选择取决于：

- ·门襟的位置；
- ·门襟的功能；
- ·服装设计和类型；
- ·服装功能；
- ·织物类型和重量；
- ·服装护理；
- ·工艺制作方法。

带状门襟（Band Placket or Tab Placket）：两条等宽的成品带状门襟，叠搭闭合，重叠的条带门襟在服装的正面可见。叠搭门襟设计可以扩展为包括多个部位的组合，如将领围带和门襟带结合起来。门襟带的末端可以并入板型下摆的缝份余量中，以在下摆形成整齐的方形止口。门襟的下端可以设计成带有尖头或圆形的延伸部分，以用于装饰。门襟的延伸部分可以自由悬垂，也可以缝合在服装上。门襟可以配合使用或不使用其他紧固件。带状门襟一般出现在领口、袖子、连衣裙、短裙、长裤、休闲裤和短裤的开口部位。此外，它可以用在没有开口的服装上，如套头衫，形成设计点。

带状门襟

对襟（Bound Placket）：一种不叠搭的服装开合方式，织物经处理、裁剪、翻折，加工成门襟接缝。对襟带可以由织物自身或其他织物经斜裁或直裁制成。对襟的功能有：

- ·在没有设计接缝线的地方形成开口；
- ·突出领部或袖子开口，用钩环或条带进行闭合；
- ·为上衣、裙子、长裤或短裤上的开合部位提供边缘修饰；
- ·在上衣、裙子、长裤或短裤的下边缘增加松量，或作为装饰设计细节。

对襟

连续滚边叠搭开口（Continuous Lap Placket）：用一条斜裁或直裁织物条包住衣片的毛边而形成的服装部位开口。连续叠搭开口的功能有：

· 隐藏服装开口部位的毛边；
· 使手轻松穿过袖口，脚轻松穿过裤脚口；
· 为领口和袖口提供了另一种开合方式。

连续滚边叠搭开口

接缝处的开口（Continuous Lap Placket Placed in a Seam）：在服装衣片接缝处将衣片毛边翻折形成的开口方式。接缝处的开口常应用于：

· 在接缝开口处代替拉链；
· 当服装的接缝部位需要开口设计时；
· 加强纽扣、按扣和钩眼在接缝处的紧固作用。

接缝处的开口

贴边开口（Faced-Slashed Placket）：整齐的开合方式，没有叠搭，是由服装内部缝合贴边形成的。贴边开口适用于衣片边缘对接而非叠搭的部位，其不适用的部位如下：

· 没有接缝线的领口和袖口；
· 用领结或环扣闭合的领部或袖子开口；
· 需要松量的上衣、裙子、短裤的下边缘。

贴边开口

门襟（PLACKET）

包边开口（Hemmed-Edge Placket）：应用在有褶边的服装边缘，是包边带两端之间的水平开口方式。系紧带子后，包边会形成褶皱。包边开口为膨松或松散的机织物提供经济而又简单的开合方法。

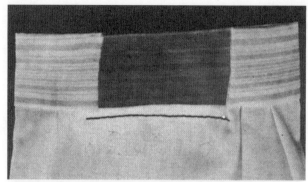

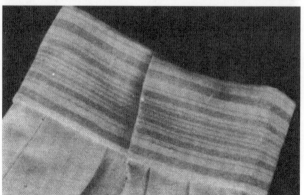

包边开口

定制的开口或衬衫袖开衩（Tailored Placket or Shirtsleeve Placket）：两条宽度不等的包边条，包住袖开衩的毛边。较宽的、明线迹缝合的包边条将较窄的包边条隐藏在下方。明线迹缝合的部分显示在服装的表面。这种开口方式坚固且平整，强调开口设计，常用于袖子和裙子上的叠搭部位。

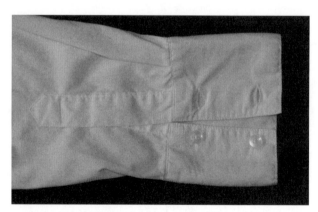

定制的开口或衬衫袖开衩

拉链的运用（ZIPPER APPLICATIONS）

拉链的应用取决于服装的设计和闭合功能。拉链可以打开和闭合服装部位，也可以起装饰作用。

中心缝合拉链（插槽拉链）［Centered Zipper Insertion（Slot Zipper Insertion）］：服装的两条接缝边缘在拉链的中心折叠、对接或作贴边，与拉链缝合后的接缝线平行，其宽度为6.4~12.7毫米$\left(\frac{1}{4} \sim \frac{1}{2}英寸\right)$。中心缝合拉链常用于：

· 裙子、休闲裤和短裤的后中线开口部位；
· 连衣裙的公主线和插片裙的分割线处；
· 衬衫、连衣裙的前中线和后中线开口部位；
· 合体袖开口部位；
· 风衣、滑雪服、划船夹克和其他运动装的前襟；
· 外套和夹克的风帽；
· 口袋开口处。

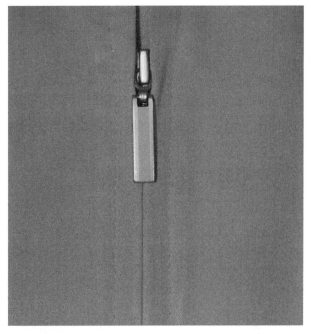

中心缝合拉链（插槽拉链）

外露拉链（Exposed Zipper Insertion）：拉链齿较大、底带较宽，显示在服装表面的装饰拉链。拉链头可以设计为装饰性吊坠。拉链齿和底带可能形成对比效果。其类型有两端分离拉链、底部封闭拉链或两端封闭拉链。外露拉链常用于：

· 风衣、滑雪服、滑船夹克和其他运动装的前襟和口袋；
· 外套和夹克的风帽；
· 便于穿脱的运动服和工作服。

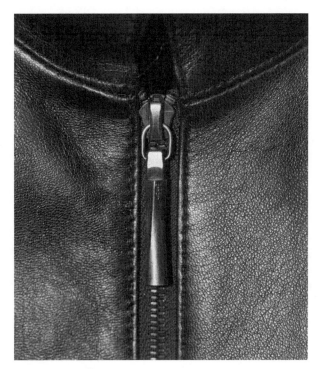

外露拉链

门襟翼覆盖的拉链（Fly-Front Concealed Zipper Insertion）：将其中一条拉链布带缝合到里襟边缘，并延伸到里襟止口线之外一定距离。拉链的另一条布带缝合在门襟翼的背面，当拉链闭合时，拉链便隐藏在门襟翼下面。门襟翼覆盖的拉链常用于：

- 外套、夹克、雨雪天气装备和运动服的中线或不对称部位的开口处；
- 冬季服装，与其他紧固件一起使用；
- 其他紧固件或拉链的使用会影响服装的外观时；
- 门襟的延伸部分作为实穿性和设计点。

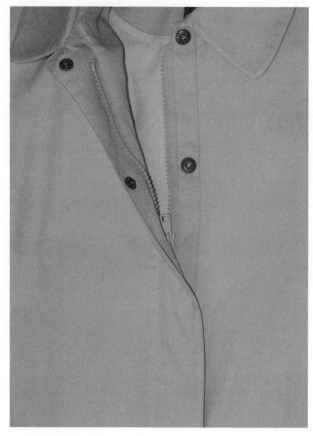

门襟翼覆盖的拉链

叠搭门襟的拉链（Lap Zipper Insertion）：沿拉链布带边缘将拉链缝合到服装的叠搭开口部位。服装门襟翼的止口线与里襟上缝合拉链布带的接缝线叠搭量为6.4~12.7毫米（$\frac{1}{4}$~$\frac{1}{2}$英寸），形成一个隐藏拉链和里襟的门襟结构。完成后，只能看到一条明缉线。叠搭门襟的拉链常用于：

- 裙子和裤子的接缝开口处左侧；
- 裙子的前门襟；
- 前中线和后中线开口部位；
- 外套和运动装上有隐蔽需要的开口部位，与纽扣、栓扣、卡扣一起使用；
- 合体袖的开口部位。

叠搭门襟的拉链

隐形拉链（Invisible Zipper Insertion）：当拉链闭合时，拉链隐藏在接缝线中。拉链明缉线迹不会出现在服装的表面，只显示光滑、连续的服装接缝线。隐形拉链常用于：

· 合体袖开口处；

· 领围开口处；

· 连衣裙、半裙、裤子的背面或侧面接缝开口处。

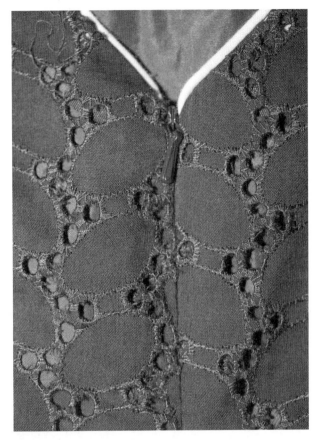

隐形拉链

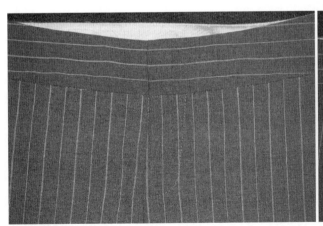

裤门襟拉链

裤门襟拉链（Trouser Fly Zipper Insertion）：将其中一条拉链布带缝合到双层门襟翼上，该门襟面料被折回并从折叠边缘的3.8厘米（1.5英寸）处和拉链缝合，以隐藏另一条拉链布带，该另一条拉链布带被缝合到延伸至超出裤门襟前中心线的里襟上。除西裤外，裤门襟拉链在休闲裤和牛仔裤上也很流行。

第二十章

边缘的整理

Hem Finishes

边缘是成衣的下摆或其他的止口，它能防止服装的毛边磨损或撕裂。边缘可以折向服装的反面或内侧，在服装表面形成装饰，也可以不翻折而使用装饰线迹进行装饰。

边缘（HEMS）

止口线是用来折边、贴边或作装饰的轮廓线。止口线可以缝合或固定在服装的适当位置，也可以用黏合剂进行整理。黏合剂取代了机器缝线，加快了服装的制作过程。边缘缝合使用不同的针迹可以复制手工针迹图案和外观，也可以在服装表面以隐藏的多种针迹组合进行暗缝。出于功能性或装饰性目的，使用机器缝制的边缘明缉线会显示在服装的正面。边缘类型和装饰的选择依据如下：

- 织物类型和后整理；
- 织物重量和手感；
- 服装款式和设计；
- 服装类型；
- 服装护理；
- 现在的生产工艺方法。

镶边边缘（Band Hem）：形状确定、斜裁或直裁的双层织物，折叠或缝合在服装的边缘上。镶边将服装边缘包裹起来，以产生干净的效果。镶边可能会使服装的颜色或纹理与边缘形成对比，或增加服装的长度。

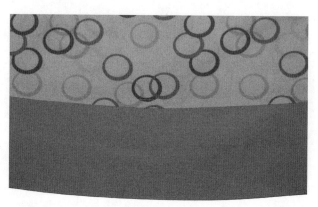

镶边边缘

暗缝边缘（Blind-Stitched Hem）：服装下摆折向服装内侧，由一系列在服装表面看不见的互锁线圈固定。所用的暗缝机类型取决于织物的类型、边缘的位置、服装的用途、缝纫线的类型以及所需的线圈针数。暗缝线迹将服装毛边和面料层固定在一起。可以在有或没有胶带或黏合剂的情况下使用暗缝线迹。

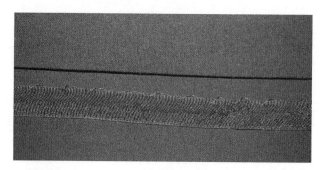

暗缝边缘

装订线迹边缘（Book Hem）：毛边经两次折叠到服装反面，并用隐蔽的缝线将其固定在服装上。缝纫线可以用热塑性线制成，当通过热、蒸汽或压力作用时，该线将下摆黏合到服装上。装订线迹修饰衬裙、裙子、裤子、夹克和大衣的下摆边缘。这种类型的线迹适用于明缉线会损害服装外观或毛边容易磨损的服装。

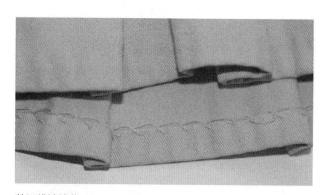

装订线迹边缘

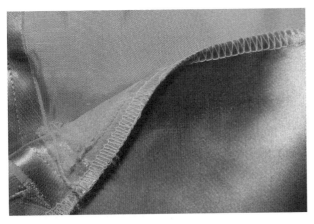

黏合边缘

黏合带

黏合边缘（Bonded Hem）：黏合带置于折回的边缘和服装之间，并加热使之融合。黏合边缘适用于机织和针织面料。黏合带有各种宽度：1.9厘米、3.8厘米、12.7厘米和45.7厘米（$\frac{3}{4}$英寸、$1\frac{1}{2}$英寸、5英寸和18英寸）。明缉线显示在服装表面损害服装外观时，黏合边缘则提供了平滑的效果。

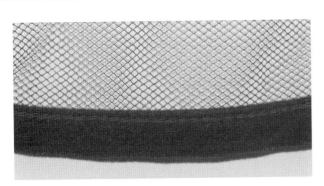

包边（1）

包边（2）

包边（港式缘饰或沿边）[Bound Hem（Hong Kong Finish or Welt Finished Edge）]：自身织物或其他织物的斜裁条包边，用于遮盖或黏合毛边。包边可作为装饰性细节，或在由厚面料制成的服装（易磨损）要求边缘平整时使用。

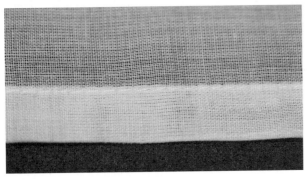

双折边

双折边（Double-Fold Hem）：直裁的服装边缘以相同的宽度折叠两次，可增加服装下摆的重量和造型感。双折边在透明轻质的面料中很常见，在这种情况下，服装需要更硬挺、更重的下摆。对于需要经常清洗的坚固耐磨的服装，双折边可提高耐用性。

双明缉线边缘（Double-Stitched Hem）：由机器车缝的两条平行线迹，其中一条位于折痕与毛边之间，另一条位于毛边边缘。双明缉线为边缘提升了牢固性，因此，如果一条缝线断裂，边缘也不会脱散。双明缉线是厚重和重磅织物的理想选择，可以支撑垂坠的下摆。

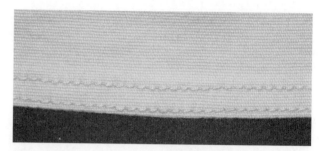

双明缉线边缘

折边缝边缘（Edge-Stitched Hem）：直裁面料的毛边折向衣片反面，折痕宽度为6.4毫米$\left(\frac{1}{4}英寸\right)$，机器车缝形成明缉线。折边缝的功能有：

· 防止边缘脱散；

· 提供较柔软的边缘；

· 可为机洗的服装提供坚固的边缘。

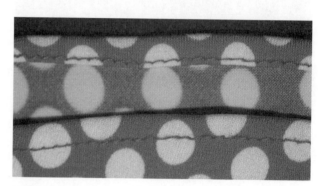

折边缝边缘

贴边边缘（Faced Hem）：通过将类似形状的面料缝在服装边缘，然后将其翻转至内部，形成干净平整的边缘。贴边边缘的功能有：

· 保持圆顺的边缘；

· 减少由厚重面料制成的成衣的膨胀感；

· 提供支撑并保持扇形边缘形状；

· 延长底边。

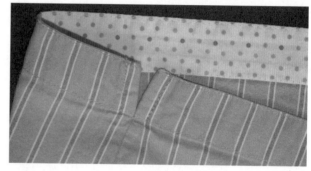

贴边边缘

平折边（翻折边）[Flat Hem（Plain Hem or Turned Flat Hem）]：服装毛边折向反面，缝纫机在毛边上车缝，在服装表面形成明缉线。平折边外观平整，不臃肿，适用于不脱散的织物边缘。

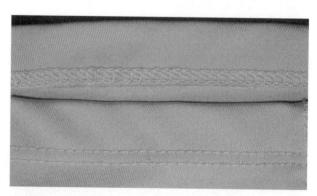

平折边（翻折边）

胶黏边缘

胶黏边缘（Glued Hem）：把带黏性的带子折叠黏合到服装的毛边处。黏边适用于皮革、绒面革和其他皮革制成的服装，也适用于毛毡和其他不适用于缝纫机车缝的织物。

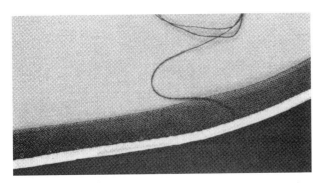

马尾衬边缘

马尾衬边缘（Horsehair Hem）：在折边和服装之间有一条坚硬、透明的斜裁编织带，它的一边有一根粗线，便于塑型。马尾衬可以增加下摆重量，在边缘产生饱满效果，塑造造型感。马尾衬边缘的功能有：

· 在袖子、宽领、披肩、连衣裙和长礼服的下摆处提供造型修饰；

· 使轻薄或透明面料打造出蓬松轮廓；

· 保持厚重织物下摆的稳定性。

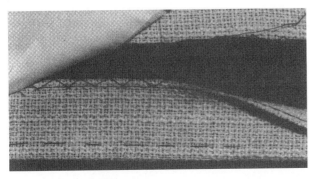

内衬边缘（夹边边缘）

内衬边缘（夹边边缘）[Interlined Hem（Interfaced Hem）]：下摆折边和服装之间有一条另外的加固带，用于保持边缘形状。夹边边缘的功能有：

· 增加边缘的重量感；

· 防止边缘松散和起皱；

· 是边缘造型的基础；

· 改变服装下摆的轮廓。

机缝边缘

机缝边缘（Machine-Stitched Hem）：边缘是用一条或多条平行的缝纫机缝线固定住的，缝线穿过所有折叠的织物层，线迹可见于织物表面。机缝边缘常用于经常被磨损和清洗频繁的衣物，如工作服和休闲服。这种边缘处理方式可以用于由紧固机织物或膨松织物制成的服装边缘。

边缘（HEMS）

对接边缘（Mitered Hem）：边缘折边在拐角处以一个平分该角的角度对接缝合。对接边缘的功能有：

· 消除拐角处的臃肿感；

· 获得拐角处的平整效果；

· 与相邻边缘形成织物正面可见的呈直角的边缘；

· 将束带或饰边装饰在服装的边缘时，可以产生连续平滑的外观；在减法设计中形成光滑平整的拐角。

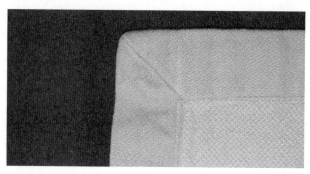

对接边缘

锁边边缘（Over-Edged Hem）：锁边机在毛边上形成互锁的螺纹环。锁边边缘的功能有：

· 在未翻折的毛边上形成整齐的边缘；

· 防止边缘脱散；

· 在针织和弹力织物上形成花饰边缘的效果。

锁边边缘

衬垫边缘（Padded Hem）：在边缘折边和服装之间衬垫一块厚而柔软的织物。衬垫织物超出下摆区域6.4毫米（$\frac{1}{4}$英寸）到12.7毫米（$\frac{1}{2}$英寸），并在服装折痕处折叠以形成柔软的效果。衬垫边缘的功能有：

· 防止折边处出现明显的折痕；

· 消除厚织物边缘的隆起；

· 形成下摆圆顺的边缘；

· 增加重量感。

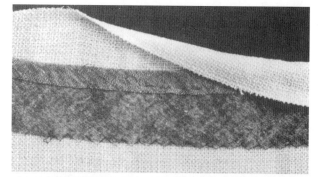

衬垫边缘

卷边边缘

卷边边缘（Rolled Hem）：狭窄的双折边缘，折叠宽度为0.2毫米（$\frac{1}{8}$英寸），用专用缝纫机一次性完成毛边的折叠和缝合。卷边为轻薄面料制成的蓬松服装提供狭窄、轻巧的边缘效果。

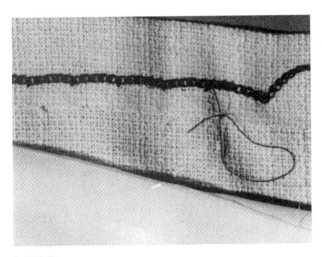

加重边缘

加重边缘（Weighted Hem）：将金属链（各种长度、宽度和金属材质），方形或圆形的铅片（可能包裹在织物内）或铅珠（未被织物覆盖或包裹在织物中）附着在成衣边缘的内部。加重边缘的功能如下：

· 控制下摆的垂坠感；
· 帮助下摆均匀垂落；
· 保持下摆挺直；
· 固定下摆的各个细节；
· 防止下摆部分移动或卷翘；
· 为轻质面料的下摆增添重量。

这种边缘处理方式通常出现在褶皱和开衩的边缘，以及大衣和夹克的前衣角。

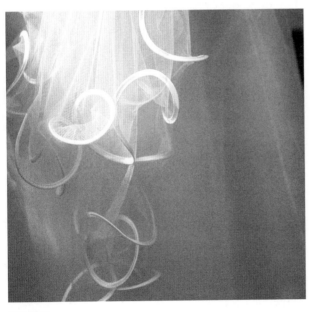

加线边缘

加线边缘（Wired Hem）：将塑料丝或金属丝穿入边缘的狭窄折叠部位，以产生硬挺的边缘效果。加线边缘的功能有：

· 在没有重量的边缘区域增加造型感；
· 获得所需的边缘形状；
· 设计褶皱和饰边的结构细节；
· 在薄纱和轻质织物上形成花饰边缘的形状。

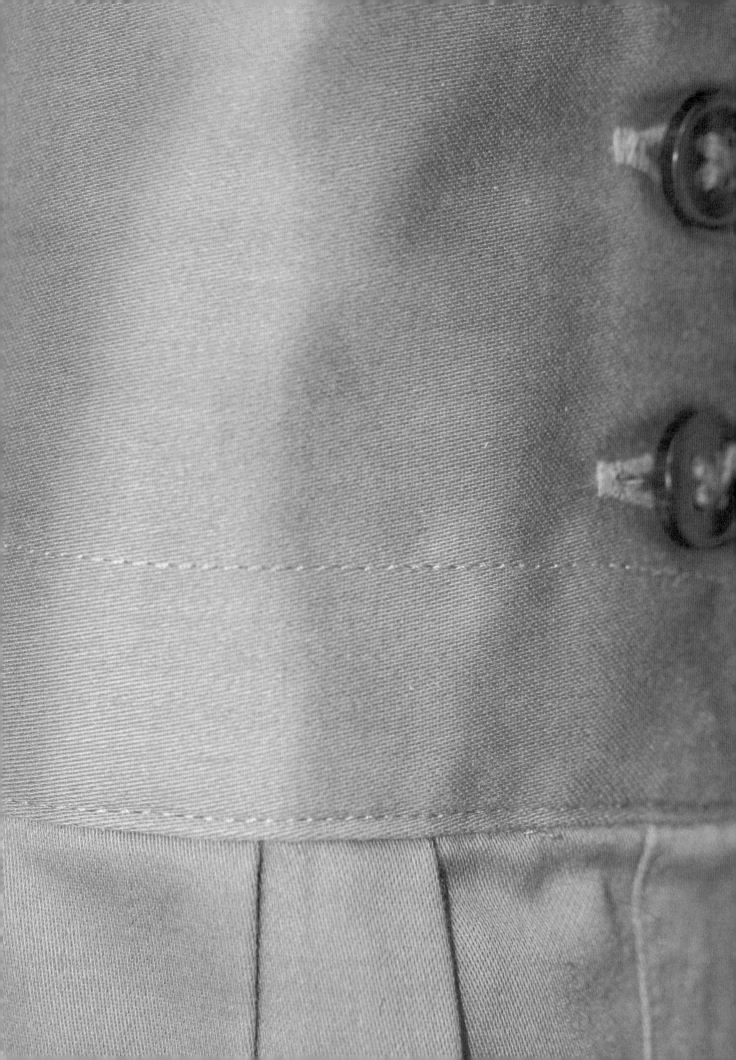

ASTM和ISO线迹分类
ASTM and ISO Stitch Classifications

线迹是通过机器或手工将一条或多条缝纫线自连、互连、交织在缝料上，形成缝口和表面装饰的单元结构。形成一系列线迹的过程称为缝迹。

线迹长度以毫米（mm）度量，或以每英寸的线迹个数（SPI）、每厘米的线迹个数（SPC）表示。线迹可以在服装内部隐藏或显现在服装外表面。线迹类型是描述其结构或呈现效果的术语。

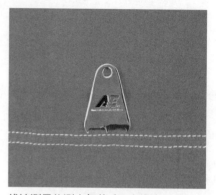

线迹测量仪测出每英寸9个线迹

构成线迹的缝线之间的状态称为缝线张力。当缝线之间张力平衡时，缝迹表面看起来很平整，缝线会在织物层中间相互交织。如果张力不合适，就会引起缝线之间的张力不平衡，在缝迹线表面或内部会出现珠球或环状的缝线。当缝线张力太松，在缝口上施加压力时，就会引起缝迹在缝口表面上浮的现象，影响服装外观。如果缝线张力太紧，缝口处会出现皱褶，当施加张力时，可能会导致缝线断裂。

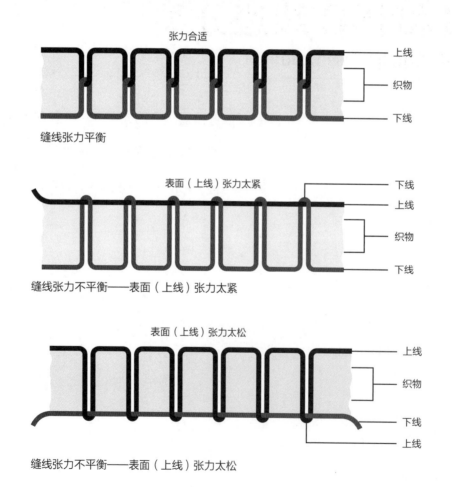

张力合适

上线

织物

下线

缝线张力平衡

表面（上线）张力太紧

下线

上线

织物

下线

缝线张力不平衡——表面（上线）张力太紧

表面（上线）张力太松

上线

织物

下线

上线

缝线张力不平衡——表面（上线）张力太松

为避免生产过程中产生混乱，生产技术人员需要将线迹进行数字化分类。服装行业遵循ASTM（American Society for Testing and Materials，美国材料与试验协会）有关线迹和缝口的D6193标准操作规程（以前是联邦标准751a）或ISO 4915有关缝纫线的术语和编号标准，对线迹进行分类，这些标准将线迹分为六大类。每大类线迹采用三位数字，数字中的第一位数字加以区分，从100到600。每大类线迹形成的结构（即缝线相互串套的方式）不同，可通过第二、三位数字进一步加以区分。ISO每一类线迹的数字都对应一个名称，ASTM和ISO线迹类别包含：

- 100类链式线迹；
- 200类仿手工线迹；
- 300类锁式线迹；
- 400类多线链式线迹；
- 500类包边链式线迹；
- 600类覆盖链式线迹。

ASTM D6193标准还包括一个附录：用于纽扣、搭扣、挂钩的缝制以及锁眼附件、锁眼线迹、套结（加固缝）线迹、假缝、特殊缝迹（缝口）和每英寸针迹数的参考。

工业用缝纫机通常只能完成一种线迹的生产加工，机器上配有可调节线迹大小的装置，缝纫时，可按每厘米（SPC）或每英寸（SPI）设定线迹的数量或线迹密度。设置的数字是每厘米或每英寸上线迹个数的近似值，该设置只是一个经验值，需要通过实际操作测试其是否准确。影响线迹形成的因素包括：

- 织物类型和重量；
- 缝合的层数；
- 缝线规格；
- 机器型号；
- 每厘米或每英寸线迹数量；
- 缝线张力。

之字机、锁扣眼机和折边线迹缝纫机以及特殊的辅助件，因操作时机针左右运动会产生咬口，咬口指的是机针的轨迹或缝型的宽度。暗缝机可形成各种不同的缝迹结构，将两层衣片缝合在一起时，在衣片表面看不见缝线。在选择缝纫机线迹类型和型号时，可依据：

- 服装设计和风格；
- 服装用途和功能；
- 服装护理方式；
- 服装预期寿命；
- 织物类型和重量；
- 线迹在服装上的位置；
- 工艺技术；
- 加工方式；
- 服装生产质量。

100类链式线迹（100 CLASS CHAIN STITCHES）

一根针线穿过一层或多层织物，并在其反面自链（与自己形成的线环）串套形成线环的线迹类型。这种线环结构形成的线迹不稳定，一旦缝线被拉断或剪断，这种单线链式线迹就易脱散，只要拉动缝线未锁住的一端就可拆除线迹。缝纫操作员可用来调节线迹长度。

单线链式线迹用于：

·半裙、裤子、夹克、连衣裙下摆的暗缝；

·简化工艺；

·辅助缝纫；

·假缝；

·链式线迹可固定衬里或连接衣片面料和里料。

100类链式线迹类型编号从101到105，服装上最常用的线迹是103号链式暗线迹和104号鞍型线迹。

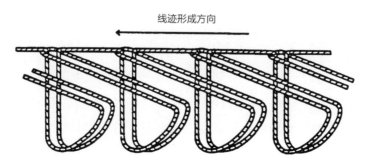

线迹形成方向

ASTM线迹类型103暗缝线迹形成

注：线迹类型103由一根针线形成，在面料表面自链串套形成系列线环。针线穿过但不穿透上层（正面）面料，且水平经过下层（反面）面料。

缝口正面图示

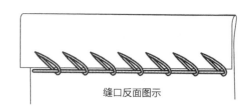

缝口反面图示

ASTM 103（ISO 103）缝口正面和反面图示

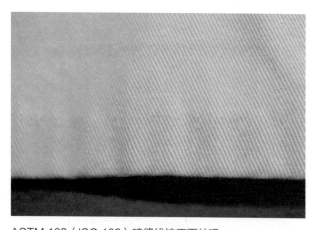

ASTM 103（ISO 103）暗缝线迹正面外观

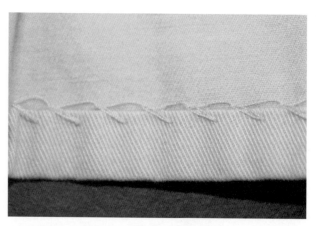

ASTM 103（ISO 103）暗缝线迹反面外观

100类链式线迹（100 CLASS CHAIN STITCHES）

线迹形成方向

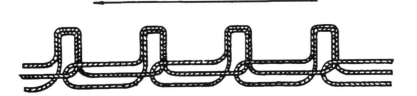

ASTM 线迹类型 104 暗缝线迹形成

注：线迹类型 104 由一根针线形成，在面料下层表面（反面）自链串套形成系列线环。

缝口正面图示

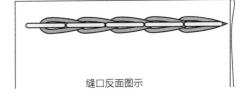

缝口反面图示

ASTM 104（ISO 104）暗缝线迹缝口正面和反面图示

ASTM 104（ISO 104）暗缝线迹正面外观

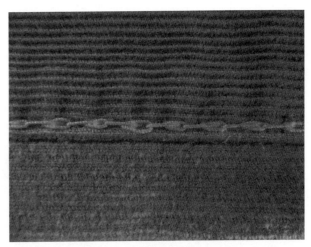

ASTM 104（ISO 104）暗缝线迹反面外观

200类仿手工线迹【200 CLASS (ORIGINATED AS HAND STITCHES)】

通过手工或机器模仿手工操作形成的一类线迹。一根或多根缝线穿过一层或多层织物自链成环，并循环往复在服装正面和反面交替穿过织物而形成。纯手工线迹的劳动量和强度都较大，在批量生产服装中应用较少。仿手工线迹需要由专用设备完成。在批量生产中，仿手工线迹大多以装饰为目的，以缝合为主的功能应用较少。

仿手工线迹主要用于服装表面呈现的装饰线迹。200类线迹类型编号从201到205。最常用的线迹为：

· 202倒回针法或刺针法；
· 203装饰链式针法；
· 204叠针法或人字针法；
· 205平针或弓形针法。

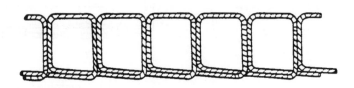

线迹形成方向

ASTM线迹类型202仿手工线迹形成

注：线迹类型202由一根针线形成，针线穿过面料后向前移动两个针迹的长度，再次过面料后返回一个针迹的长度第三次穿过面料。

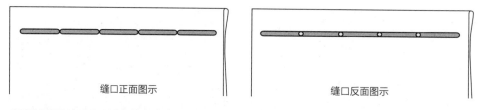

缝口正面图示　　　　　　缝口反面图示

ASTM 202（ISO 202）仿手工线迹缝口正面和反面图示

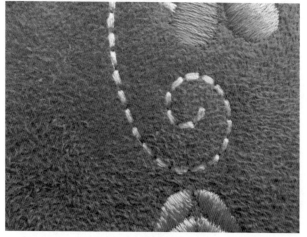

ASTM 202（ISO 202）仿手工线迹正面外观

ASTM 202（ISO 202）仿手工线迹反面外观

200类仿手工线迹【200 CLASS (ORIGINATED AS HAND STITCHES)】

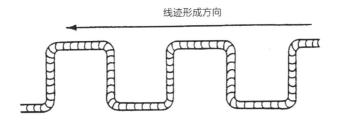

ASTM 线迹类型 205 仿手工线迹形成

注：线迹类型205由一根或多根针线形成，大多数线迹不会自链串套也不与其他任何缝线串套形成线环。借助于一种
　　双中心定位眼针，缝线完全穿过缝料后再从另一面返回。这类线迹是仿手工线迹。

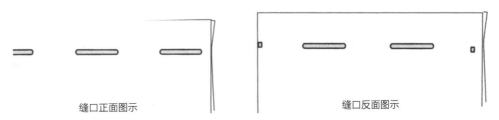

　　　缝口正面图示　　　　　　　　　　　缝口反面图示

ASTM 205（ISO 205）仿手工线迹缝口正面和反面图示

ASTM 205（ISO 205）仿手工线迹正面外观

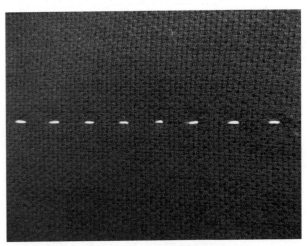

ASTM 205（ISO 205）仿手工线迹反面外观

300类锁式（梭式）线迹（300 CLASS LOCKSTITCHES）

由单针线或双针线与旋梭线在织物层表面的中间位置相互交织形成的线迹。被缝制物送入机器时，在织物的正、反表面会形成相同的线迹外观。双针机的双针距离为1.6~2.7毫米 $\left(\frac{1}{16}\sim\frac{1}{2}英寸\right)$ 的不同规格。有些人认为在工业生产中锁式线迹是标准或通用的设备线迹，依据各类设备型号的不同，线迹长度一般每英寸4~30个线迹。锁式线迹大多为直线或之字型。

之字型锁式线迹通过机针和面料的共同运动而形成，机针左右摆动、机器将面料经过机针处向前输送，针线和旋梭线相互交织。窄咬口用于缝合缝口，深咬口用于包覆缝料裸露的边缘。不同工业用缝纫设备可提供类型各异的线迹，两针之字线迹是机针往同方向走两针后再向反方向走两针而形成，三针之字形线迹由一个方向的三针和相反方向的三针组成。

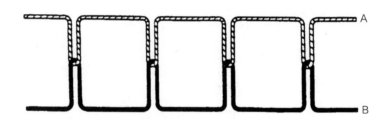

ASTM301（ISO 301）线迹类型301锁式线迹形成

注：线迹类型301由两根缝纫线形成：一根针线A和一根旋梭线B。针线A的线环需穿过缝料并与旋梭线B相互交织，针线A需往回拉紧，以便交织点能位于缝料表面中间位置或缝料被缝合。

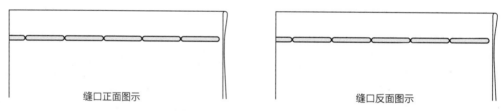

缝口正面图示　　　　　　　　　　　缝口反面图示

ASTM 301（ISO 301）锁式线迹缝口正面和反面图示

ASTM 301（ISO 301）锁式线迹正面外观

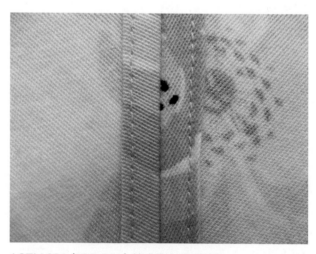

ASTM 301（ISO 301）锁式线迹反面外观

300类锁式（梭式）线迹（300 CLASS LOCKSTITCHES）

锁式（梭式）线迹主要用于：

· 直线型线迹和缝口的缝合；

· 连接两块或两块以上的织物；

· 单层织物的缝迹；

· 刺绣；

· 缝钉服饰品；

· 装饰线迹；

· 套结线迹；

· 缝钉裤串带襻；

· 钉扣；

· 锁眼线迹；

· 包覆裸露边缘；

· 弹性织物的应用；

· 连接弹性织物。

300类线迹类型编号从301到306，服装上最常用的线迹类型是301号锁式线迹和304号之字锁式线迹。

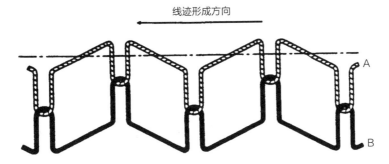

ASTM 304 线迹类型 304 锁式线迹形成

注：线迹类型304由两根缝纫线形成：一根针线A和一根旋梭线B。这类线迹与301号线迹形成方式几乎相同，只是线迹外观的显著特征是之字。

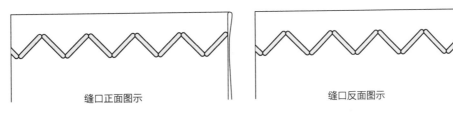

缝口正面图示　　　　缝口反面图示

ASTM 301（ISO 304）锁式线迹缝口正面和反面图示

ASTM 304（ISO 304）锁式线迹正面外观

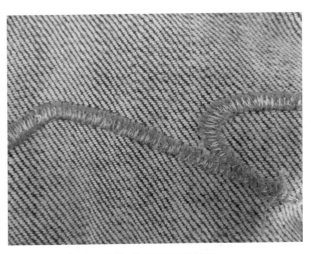

ASTM 304（ISO 304）锁式线迹反面外观

400类多线链式线迹（400 CLASS MULTITHREAD CHAIN STITCHES）

由单针或双针线与弯针线在织物层表面相互串套形成的线迹。被缝制物送入机器时，在织物的正面形成与锁式线迹相同的线迹外观，反面则形成锁链状线迹。双针机的双针距离为1.6~2.7毫米（$\frac{1}{16}$~$\frac{1}{2}$英寸）的不同规格。锁链状线圈的形式使得该类线迹灵活性较好，因此，400类线迹在所有线迹类型中的强度和弹性最好。因线迹结构由两根或两根以上缝线组成，

当缝线被拉断或剪断时，线迹不会像100类线迹那样易于脱散。线迹结构、尺寸、咬口和间距依据不同的设备会有差异，线迹长度可调节。

多线链式线迹用于：

·直线型缝迹或缝口的缝合；

·连接两块或两块以上的织物；

·主要缝口处的缝合；

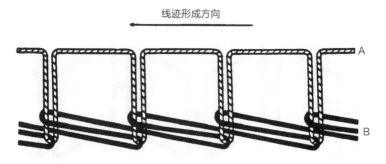

线迹形成方向

ASTM线迹类型401多线链式线迹形成

注：线迹类型401由两根缝纫线形成：一根针线A和一根线环线B。针线A的线环穿过缝料并与缝线B的线环相互串套，相互串套的线环被拉紧并贴于织物层反面。

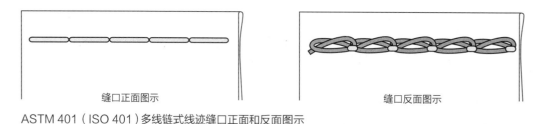

缝口正面图示　　　　　　　　缝口反面图示

ASTM 401（ISO 401）多线链式线迹缝口正面和反面图示

ASTM 401（ISO 401）多线链式线迹正面外观

ASTM 401（ISO 401）多线链式线迹反面外观

400类多线链式线迹（400 CLASS MULTITHREAD CHAIN STITCHES）

· 针织服装的缝边（双针线迹）；
· 绣花；
· 缝钉服饰品；
· 固定褶裥加工；
· 缝钉弹性材料。

400类线迹类型编号从401到411，服装上最常用的线迹类型是401号双线或多线链式线迹（使用单针或双针），402号饰边线迹和406号双针底边覆盖线迹，这两类也称绷缝线迹。

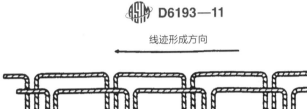

ASTM线迹类型402双针多线链式线迹形成

注：线迹类型402由三根缝纫线形成：两根针线A和A'，以及一根线环线B。针线A和A'的线环穿过缝料并与缝线B的线环相互串套，相互串套的线环被拉紧并贴于织物层反面。

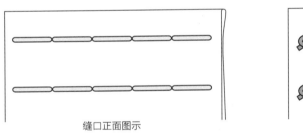

缝口正面图示   缝口反面图示

ASTM 402（ISO 402）双针多线链式线迹缝口正面和反面图示

ASTM 402（ISO 402）双针多线链式线迹正面外观

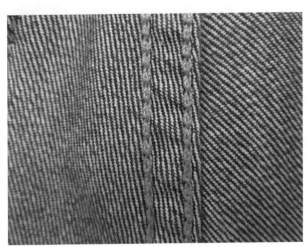

ASTM 402（ISO 402）双针多线链式线迹反面外观

400类多线链式线迹（400 CLASS MULTITHREAD CHAIN STITCHES）

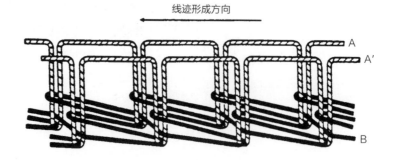

ASTM 线迹类型 406 双针底边覆盖链式线迹形成

注：线迹类型406由三根缝纫线形成：两根针线A和A′，以及一根线环线B。针线A和A′的线环穿过缝料并与缝线B的线环相互串套，相互串套的线环被拉紧并贴于织物层反面。

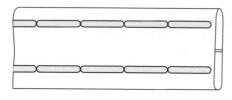

缝口正面图示

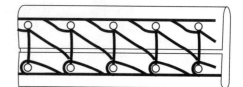

缝口反面图示

ASTM 406（ISO 406）双针底边覆盖链式线迹缝口正面和反面图示

ASTM 406（ISO 406）双针底边覆盖链式线迹正面外观

ASTM 406（ISO 406）双针底边覆盖链式线迹反面外观

500类包边链式线迹（500 CLASS OVEREDGE CHAIN STITCHES）

由一根或多根缝线相互交织，同时将织物裸露的毛边包覆起来的线迹。线迹结构、尺寸、咬口和间距，依据不同的设备和织物类型以及需要达到的效果有所区别。包边机线迹可用于流苏和荷叶边的加工，荷叶边是一种有褶的、无须折返的衣片边缘，是将针织物拉伸后经过包边机加工而形成的，其外观与荷叶边相似。安全缝线迹是同时形成两条平行独立的包边线迹。安全缝线迹是在被包覆边缘一定距离，同时形成两条

500类包边链式线迹（500 CLASS OVEREDGE CHAIN STITCHES）

平行独立的一条锁式线迹和多线链式线迹的包边线迹。这种线迹的组合提高了锁式线迹一旦被剪断或断裂时的缝合强度，缝合安全性加强。包边线迹的强度、耐久性和弹性较好。增加缝口的缝份尺寸，可有效避免因缝线张力设定不合适而发生的缝口错位问题。

包边线迹用于：

· 主要缝口的缝合；
· 衣片边缘的修饰；
· 防止缝口和衣片边缘磨损、撕裂或脱砂；
· 针织或有延展性织物服装缝口的缝合；
· 服装边缘的弹性连接；
· 在服装表面形成的起装饰或造型作用的缝口连接；

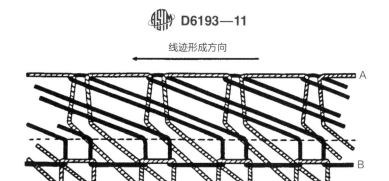

线迹形成方向

ASTM线迹类型503缝口边缘单圈双线包边链式线迹形成

注：线迹类型503由两根缝纫线形成：一根针线A，一根线环线B。针线A的线环穿过缝料并绕过衣片边缘同时被缝线B的线环串套，缝线B的这个线环需从刚才串套针线A的位置继续延伸到下一个针迹处，同时被针线A的线环串套。

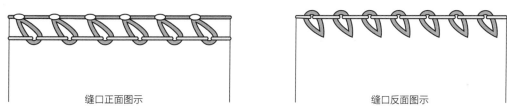

缝口正面图示　　　　　　　　缝口反面图示

ASTM 503（ISO 503）缝口边缘单流苏双线包边链式线迹缝口正面和反面图示

ASTM 503（ISO 503）缝口边缘单流苏双线包边链式线迹
正面外观

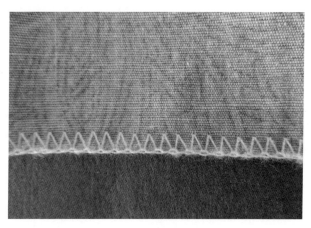

ASTM 503（ISO 503）缝口边缘单流苏双线包边链式线迹
反面外观

500类包边链式线迹 (500 CLASS OVEREDGE CHAIN STITCHES)

·修饰缝边的装饰;

·衣领、口袋、围巾、荷叶边的修饰。

500类包边链式线迹类型编号从501到522, 服

装上最常用的线迹类型是503号双线包边线迹(边缘单圈), 504号三线包边线迹, 514号四线包边线迹和516号五线包边安全线迹。

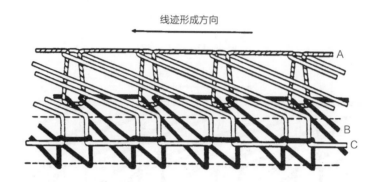

ASTM线迹类型504三线包边链式线迹形成

注:线迹类型504由三根缝纫线形成:一根针线A,一根线环线B和一根覆盖线C。针线A的线环穿过缝料在正下方的位置被缝线B的线环串套;缝线B的这个线环从刚才串套针线A的位置延伸绕过缝料的边缘,同时被覆盖线C的线环串套;覆盖线C的这个线环需从刚才串套缝线B的位置继续延伸到下一个针迹处,同时被针线A的线环串套。

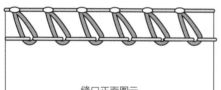

缝口正面图示

缝口反面图示

ASTM 504 (ISO 504) 三线包边链式线迹缝口正面和反面图示

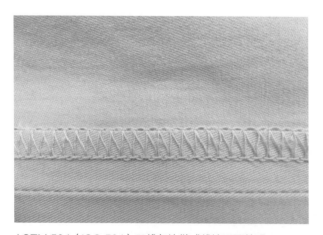

ASTM 504 (ISO 504) 三线包边链式线迹正面外观

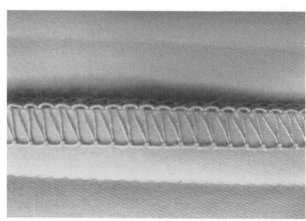

ASTM 504 (ISO 504) 三线包边链式线迹反面外观

500类包边链式线迹（500 CLASS OVEREDGE CHAIN STITCHES）

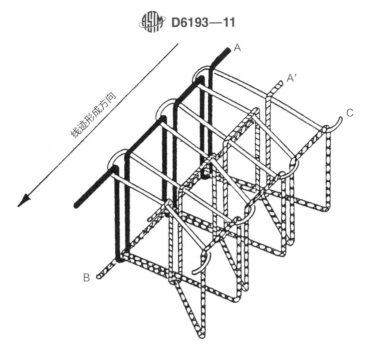

ASTM线迹类型514四线包边链式线迹形成

注：线迹类型514由四根缝纫线形成：两根针线A和A'，一根线环线B和一根覆盖线C。针线A和A'的线环均穿过缝料并在正下方的位置依次被缝线B的线环串套；缝线B的这个线环从刚才串套针线A和A'的位置继续延伸绕过缝料的边缘，同时被覆盖线C的线环串套；覆盖线C的这个线环需从刚才串套缝线B的位置继续往下一个针迹处延伸，并依次被针线A和A'的线环串套。

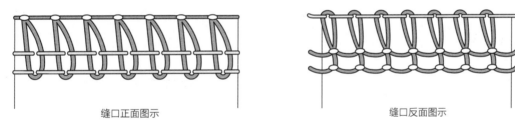

缝口正面图示　　　　　　　　　　缝口反面图示

ASTM 514（ISO 514）四线包边链式线迹缝口正面和反面图示

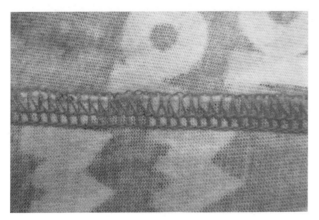

ASTM 514（ISO 514）四线包边链式线迹正面外观

ASTM 514（ISO 514）四线包边链式线迹反面外观

500类包边链式线迹（500 CLASS OVEREDGE CHAIN STITCHES）

D6193—11

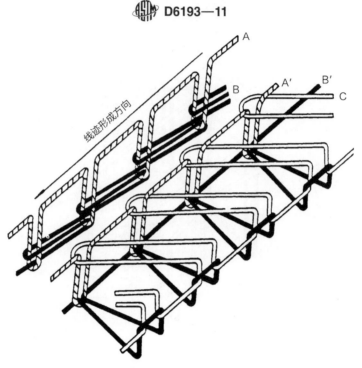

ASTM线迹类型516五线包边安全链式线迹形成

注：线迹类型516是由在缝料边缘设定距离上的一条401号双线链式线迹和一条缝料边缘的
504号三线包边线迹复合而成。

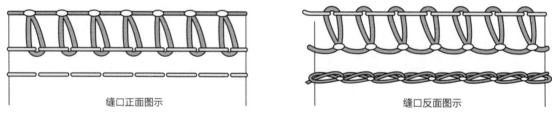

缝口正面图示　　　　　　　　　　缝口反面图示

ASTM 516（ISO 516）五线包边安全链式线迹缝口正面和反面图示

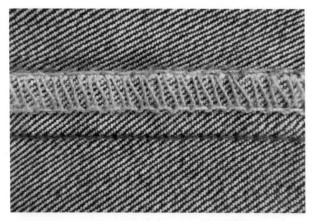

ASTM 516（ISO 516）五线包边安全链式线迹正面外观

ASTM 516（ISO 516）五线包边安全链式线迹反面外观

600 类覆盖线迹（600 CLASS COVERING STITCHES）

由两组或两组以上的线环相互串套而成的线迹，其中两组缝线覆盖织物层正反两面裸露的缝份。缝线在缝料表面环绕并与针线线环相互串套，而针线线环在织物的背面与下面的缝线线环相互串套。线迹结构、尺寸、咬口和间距，依据不同的设备和织物类型以及需要达到的效果会有所差异。

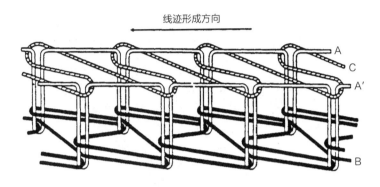

线迹形成方向

ASTM 线迹类型 602 双针四线覆盖线迹形成

注：线迹类型 602 由四根缝纫线形成：两根针线 A 和 A'，一根线环线 B 和一根覆盖线 C。针线 A 和 A' 的线环在穿过覆盖线 C 的线环时穿过缝料正面表层，而后穿过缝料并在其反面与缝线 B 的线环相互串套。

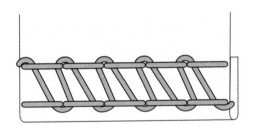

缝口正面图示　　　　　　　缝口反面图示

ASTM 602（ISO 602）双针四线覆盖线迹缝口正面和反面图示

ASTM 602（ISO 602）双针四线覆盖线迹正面外观

ASTM 602（ISO 602）双针四线覆盖线迹反面外观

第二十一章　ASTM 和 ISO 线迹分类　　**311**

600类覆盖线迹（600 CLASS COVERING STITCHES）

覆盖线迹应用于：

· 针织服装的衣片缝合；

· 装饰缝；

· 紧身服装如泳衣、塑身衣、保暖内衣和运动服装衣片的缝合；

· 对接缝口的缝合。

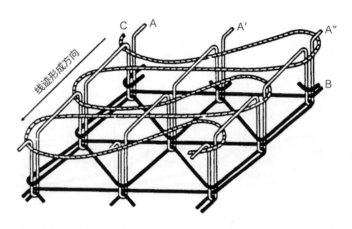

ASTM线迹类型605三针五线覆盖线迹形成

注：线迹类型605由五根缝纫线形成：三根针线A、A′和A″，一根线环线B和一根覆盖线C。针线A、A′和A″的线环穿过覆盖线C的线环时穿过缝料正面表层，而后穿过缝料并在其反面与缝线B的线环相互串套。

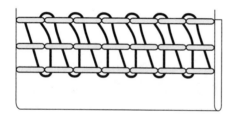

缝口正面图示

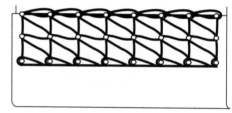

缝口反面图示

ASTM 605（ISO 605）三针五线覆盖线迹缝口正面和反面图示

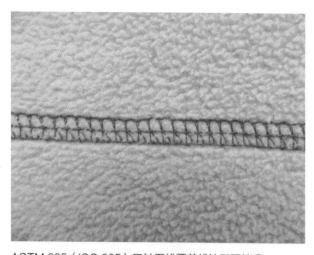

ASTM 605（ISO 605）三针五线覆盖线迹正面外观

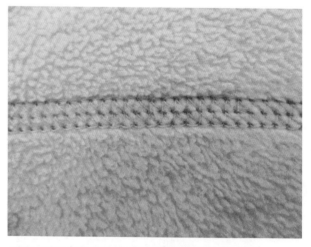

ASTM 605（ISO 605）三针五线覆盖线迹反面外观

600类覆盖线迹（600 CLASS COVERING STITCHES）

600类线迹类型编号从601到610，服装上最常用的线迹类型是602号双针四线覆盖线迹，605号三针五线覆盖线迹，607号四针五线覆盖线迹。

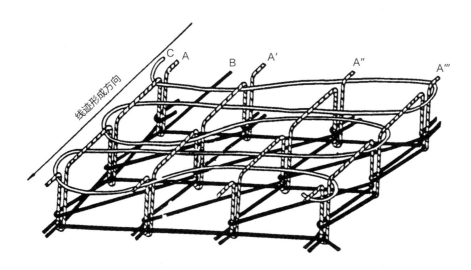

ASTM线迹类型607四针五线覆盖线迹形成

注：线迹类型607由六根缝纫线形成：四根针线A、A′、A″和A‴，一根线环线B和一根覆盖线C。针线A、A′、A″和A‴的线环穿过覆盖线C的线环时穿过缝料正面表层，而后穿过缝料并在其反面与缝线B的线环相互串套。

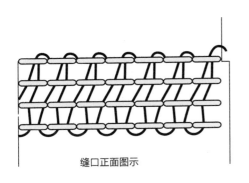

缝口正面图示

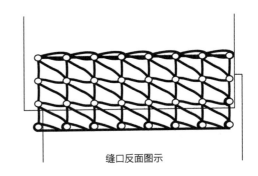

缝口反面图示

ASTM 607（ISO 607）四针五线覆盖线迹缝口正面和反面图示

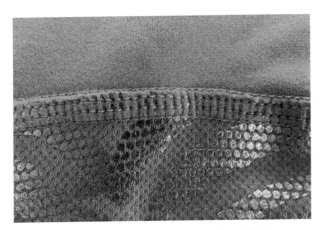

ASTM 607（ISO 607）四针五线覆盖线迹正面外观

ASTM 607（ISO 607）四针五线覆盖线迹反面外观

锁眼缝迹（BUTTONHOLE STITCHING）

　　锁缝扣眼的缝迹有流苏式和鞭式。流苏式缝迹外观从细密到粗疏，这与所选用的缝线规格有关。扣眼架或加强绳用于保持扣眼形状和稳定扣眼结构。流苏式缝迹是由一根机针线穿过扣眼中心，随着机针位置从一边移动到另一边与底线相互交织。鞭式缝迹是之字形锁式线迹，由一根机针线和一根旋梭线在机针左右移动位置时相互交织形成。流苏式缝迹锁眼密度较大。扣眼类型有平头扣眼、圆头扣眼、平圆头扣眼和假扣眼，无论何种类型的扣眼，其尾端必须封住以免线迹脱散。

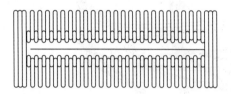

流苏式缝迹的平头扣眼

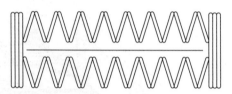

鞭式缝迹的平头扣眼

　　扣眼切割有两种方式：先切后锁式和先锁后切式。先切后锁式的扣眼长度通常为1.27厘米$\left(\dfrac{1}{2}\text{英寸}\right)$~4.45厘米$\left(1\dfrac{3}{4}\text{英寸}\right)$。这种方式可加工出高质量的扣眼，因缝迹覆盖住被切割织物的毛边使扣眼外观很干净平整。先切后锁式的扣眼加工费用较高，在轻奢设计师和设计师（奢侈品）品牌等高价位的服装中应用较多，这类服装大多使用黏合衬以确保服装在加工过程中板型保持稳定。

　　先锁后切式的扣眼长度通常为1.27厘米$\left(\dfrac{1}{2}\text{英寸}\right)$~5.08厘米（2英寸）。这种方式通常应用在经济型、中等价位和中高价位的服装上，可用于针织或机织物，柔软的、挺括的或衬布等类型的材料。先锁后切式的扣眼有可能会出现不光滑整洁的外观，因切刀较钝或设备落后，有时裁断织物后会有露出的织物毛茬或线头留在扣眼的开口处。

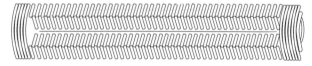

端部平套结平头扣眼

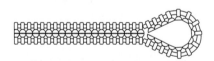

开尾圆头扣眼

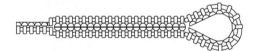

合尾圆头扣眼

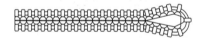

开尾平圆头扣眼

合尾平圆头扣眼

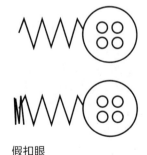

假扣眼

缝钉纽扣、按扣、挂钩和搭扣的缝迹类型
(STITCH CONFIGURATIONS FOR ATTACHING BUTTONS, SNAPS, HOOKS AND EYES)

缝钉纽扣、按扣、挂钩和搭扣的针迹个数有6、8、12、16、24或32针。最常用的针迹密度是8、16或32针，在服装上缝钉纽扣、按扣、挂钩和搭扣时针迹数取决于织物重量和纽扣、按扣孔的数量。表21.1列举了常用织物重量与缝钉纽扣时采用的针迹密度。

表21.1　不同织物重量经常使用的针迹密度

织物重量	针迹密度
超轻1~3盎司/平方码（33.91~101.72克/平方米）	6针和8针用于挂扣、搭扣、按扣以及两孔或四孔平纽扣或带柄纽扣（工字扣）
轻型4~6盎司/平方码（135.62~203.43克/平方米）	8针用于挂扣、搭扣、按扣以及两孔平纽扣或带柄纽扣 16针用于四孔平纽扣
中等重量7~9盎司/平方码（237.34~305.15克/平方米）	16针用于挂扣、搭扣、按扣以及两孔或四孔平纽扣或带柄纽扣
厚重10~12盎司/平方码（339.06~406.87克/平方米）	16针用于挂扣、搭扣、按扣以及两孔或四孔平纽扣或带柄纽扣
超重14~16盎司/平方码（474.68~542.49克/平方米）	16针用于挂扣、搭扣、按扣 16或32针用于两孔或四孔平纽扣或带柄纽扣

交叉缝迹是一种特有的缝钉纽扣缝迹，应用于缝钉某些四孔平纽扣，是一次循环完成的操作。交叉缝迹是为了能从纽扣的一个缝合区域移至另一个缝合区域。交叉缝迹类型有C型、S型和Z型，最常应用于缝钉纽扣、按扣、挂钩和搭扣的缝迹结构有：

·两孔垂直或水平缝迹；
·四孔有交叉或无交叉平行缝迹；
·四孔有交叉或无交叉X型缝迹；
·有或没有支撑纽扣的带柄纽扣；
·有绕脖线的带柄纽扣。

水平缝迹的两孔平纽扣

平行缝迹的四孔平纽扣

C型交叉的平行缝迹四孔平纽扣

S型交叉的平行缝迹四孔平纽扣

Z型交叉的平行缝迹四孔平纽扣

X型缝迹的四孔平纽扣

X型垂直交叉的平行缝迹四孔平纽扣

挂钩和搭扣缝迹

平行缝迹的按扣

有支撑纽扣的带柄纽扣

没有支撑纽扣的带柄纽扣

有绕脖线的带柄纽扣

加固缝迹（REINFORCEMENT STITCHING）

　　加固缝可提高服装某些特定部位的强度和安全性。加固缝迹有回针和套结两种类型。回针缝迹在缝线的起点和终点至少倒回三针而成，目的是防止缝迹脱散或增加缝迹强度。套结缝迹由连续的鞭式（之字）线迹构成，用于缝钉皮带襻或肩带襻、加固袋口两端开口，缝口边缘、拉链门襟或扣眼缝迹线开始或结束部位的加固。套结缝应用时有14、21、28、36、42、56或64针可选择，样式分有W型、X型和Z型。

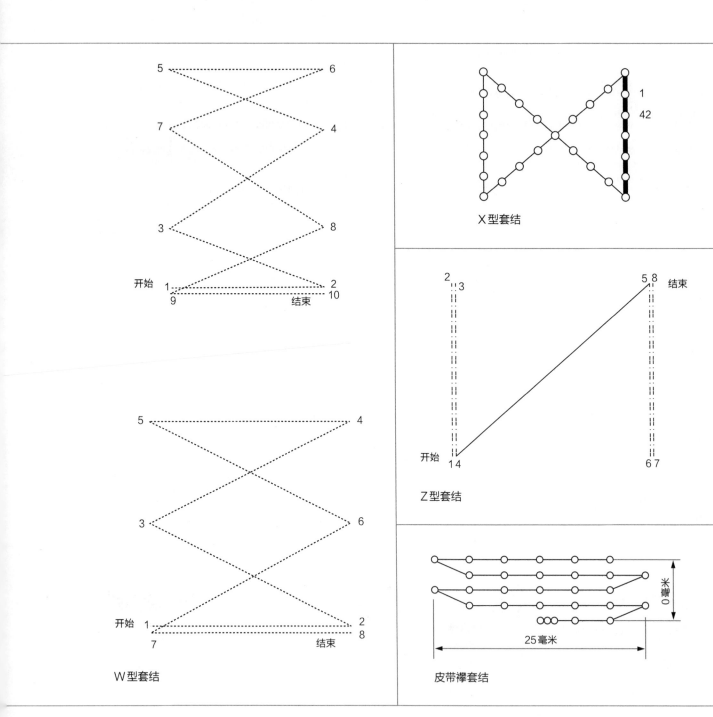

X型套结

Z型套结

W型套结

皮带襻套结

缝制生产设备（PRODUCTION SEWING EQUIPMENT）

　　服装生产需要各种类型的缝纫设备完成不同类型的线迹、缝口结构、缝迹细节的加工。工业用缝纫设备是为完成某类线迹的加工而专门设计的。

　　套结机：能完成密实的之字形缝迹的缝纫设备，用于加固服装某些需要额外增加强度的部位。套结机用于缝钉或加固：

- 皮带襻；
- 口袋两端开口处；
- 牛仔裤拉链前门襟底部。

套结机

　　锁眼机：能完成锁眼缝迹的缝纫设备。锁眼机能加工：

- 平头扣眼；
- 平圆头扣眼；
- 圆头扣眼。

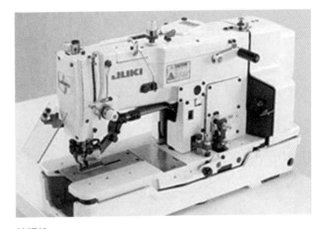

锁眼机

　　钉扣机：将纽扣和按扣缝钉在服装上的缝纫设备。

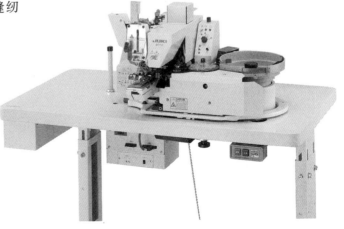

钉扣机

缝制生产设备（PRODUCTION SEWING EQUIPMENT）

链缝机：能实现一根线环线自链成环（新线环穿入旧线环中）或一根环线与一根针线相互串套形成线迹的缝纫设备。链缝机种类包含：

· 暗线迹；

· 单针链式线迹假缝；

· 平板式双针双链式线迹；

· 高台式搭接缝口；

· 高台式双链式线迹；

· 高台式四针双链式线迹；

· 高台式四针对接缝口。

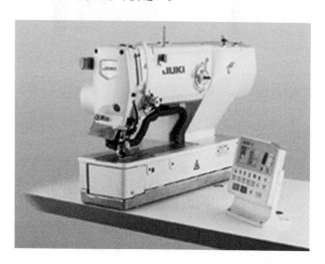

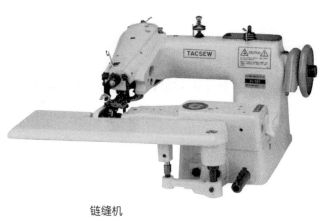

链缝机

覆盖线迹缝纫机：能实现一根环线与多根针线相互串套，在连接两片织物的同时将毛边锁缝的缝纫设备。

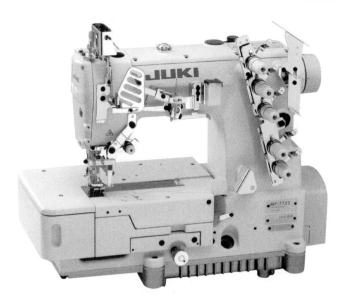

覆盖线迹缝纫机

缝制生产设备（PRODUCTION SEWING EQUIPMENT）

锁缝机（梭缝机）：能通过底线（旋梭线）和针线相互交织形成连续的直线线迹的缝纫设备。双针机可同时完成两条平行线迹的缝制。锁缝机类型包括：

· 单针锁缝机；

· 双针锁缝机；

· 单针之字锁缝机。

锁缝机

包缝机：能形成包覆缝口边缘线迹的缝纫设备。当织物喂入机器设备时，其所形成的线迹会包覆织物的毛边。有些包缝机配有刀片，可以把多余的织物切掉，然后将缝份包覆住。

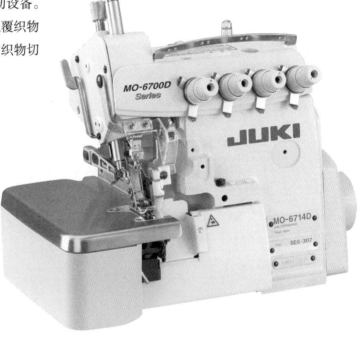

包缝机

原文参考文献（References）

ASTM International. (2016). D6193 ASTM International standards (Vol. 07.02). West Conshohocken, PA: Author. International Organization for Standardization (ISO). (1991). International Standard 4915, Textiles—Stitch Types—Classification and Terminology. Switzerland, 1–48.

第二十二章

ASTM和ISO缝口分类

ASTM and ISO Seam Classifications

缝口是通过线迹或热黏合方式将两片及两片以上织物连接在一起形成的。缝口具有一定的功能性和装饰性，服装上的线条和设计特征往往借助于缝口来表达。缝口线是沿着被连接的缝口而设计的线条，缝份是指织物边缘到缝迹线之间的距离。工艺设计人员根据缝口类型、缝份工艺处理以及服装设计的需要，确定缝份宽度。大多数缝口位于服装的内侧或反面。

为避免生产过程中产生混乱，生产技术人员需要将缝口进行数字化分类。服装行业遵循ASTM有关线迹和缝口的D6193标准操作规程或ISO 4916有关纺织服装—缝口类型—分类和术语的国际标准。ASTM D6193将缝口分为六大类，每一类缝口由两个或多个对缝口进行分类的大写字母表示，随后用一个或两个小写字母表示该大类内的缝口类型，以及一个或多个数字表示缝口的缝迹行数。ISO 4916将缝口分为八大类，每一类缝口由一个包含五位数字的数字序列表示。第一位数字表示缝口类别（1~8），后面加点；第二、第三位双位数字（01~82）表示组成缝口的织物数量和配置形态，后面加点；第四、第五位双位数字（01~12）表示形成缝口时机针穿刺织物的部位和方式。

ASTM D6193缝口类型分为：

- SS 叠合缝口；
- BS 包边缝口；
- OS 装饰缝口；
- LS 搭接缝口；
- FS 对接缝口；
- EF 整边缝口。

ISO 4916缝口类型分为：

- 1类缝口；
- 3类缝口；
- 5类缝口；
- 7类缝口；
- 2类缝口；
- 4类缝口；
- 6类缝口；
- 8类缝口。

缝口类型的选择取决于：

- 织物的类别；
- 缝口所处位置或定位；
- 销售价格区间；
- 服装的用途；
- 服装护理方式。

叠合缝口（SS类）和1类缝口
[SUPERIMPOSED SEAMS (SS CLASS) AND CLASS 1 SEAMS]

将两层或两层以上的织物叠置在一起且毛边对齐，在距离毛边设定的位置，用一行或多行缝迹将织物缝合在一起的缝口类型。这类缝口可经过一步或两步操作完成。当缝口一次操作完成时，织物层需在毛边对齐并在设定的缝口线位置进行缝合。两次操作完成的缝口，即封闭式缝口，则是将毛边折叠并隐藏在缝口的织物层中间。叠合缝口的缝份被分开时，称为分开缝。ISO1类缝口的织物主要是叠合放置的，但也有很少一部分是搭接和对接的缝口。叠合类缝口和1类缝口在服装结构工艺中应用最为普遍。在叠合类缝口结构中使用ASTM和ISO线迹类型最多的是：

- 100类链式线迹；
- 300锁式线迹；
- 400多线链式线迹；
- 500类包边链式线迹。

有55种叠合类缝口结构和26种1类缝口形式。叠合类缝口和1类缝口用于：

- 服装、女衬衫、男衬衫、裙子、牛仔服、长裤、裤子、短裤、上衣外套、大衣和睡衣的基础缝合；
- 有衬里的服装；
- 运动衫和针织服装的裁剪与缝合；
- 领子、袖口、领围线、腰头和腰围线的外缘；
- 缝合里料；
- 缝合扣眼衬条；
- 能看到缝口的如薄绸、欧根纱、乔其纱和蝉翼纱等透明织物制作的服装。

在服装结构工艺中经常用到的几种与ISO缝口类型相对应的叠合缝口如下：

- SSa 缝口类型 = 1.01 缝口类型；
- SSh 缝口类型 = 4.03 缝口类型；
- SSk 缝口类型 = 1.12 缝口类型；
- SSab 缝口类型 = 1.23 缝口类型；
- SSae 缝口类型 = 1.06 缝口类型；
- SSag 缝口类型 = 4.10 缝口类型；
- SSaw 缝口类型 = 2.19 缝口类型。

ASTM命名的叠合类缝口

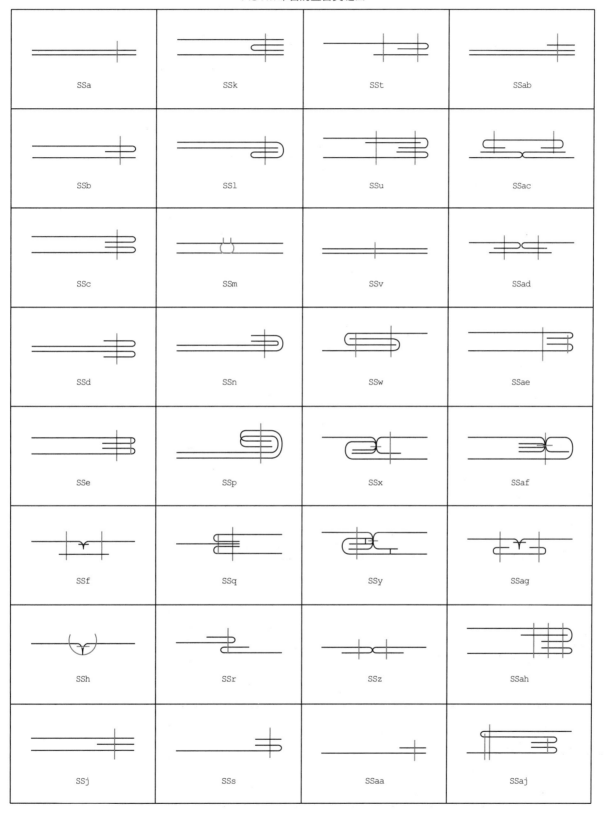

续

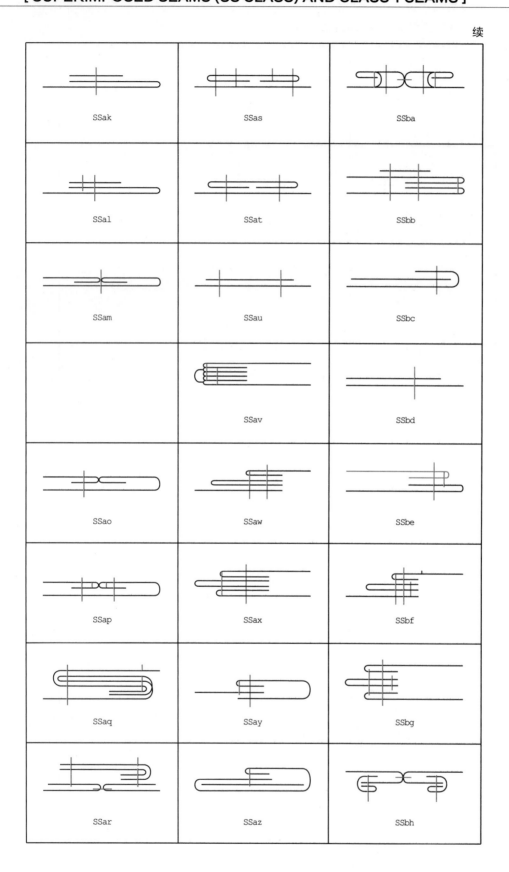

SSa和1.01缝口类型：平缝口，在这类缝口中最常使用，应用于直线和弯曲部分的普通缝合。

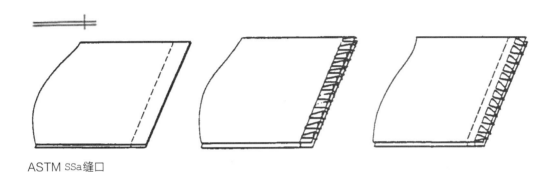

ASTM SSa缝口

ASTM SSa单行线迹缝合毛边正面图示

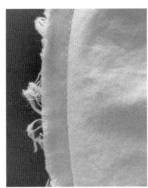

ASTM SSa单行线迹缝合毛边反面图示

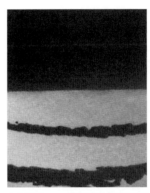

ASTM SSa单行包边线迹正面图示

ASTM SSa单行包边线迹反面图示

ASTM SSa缝份分开包边缝口正面图示

ASTM SSa缝份分开包边缝口反面图示

ASTM SSa安全缝线迹缝口正面图示

ASTM SSa安全缝线迹缝口反面图示

叠合缝口（SS类）和1类缝口
[SUPERIMPOSED SEAMS (SS CLASS) AND CLASS 1 SEAMS]

SSh和4.03缝口类型：窄缝口，用于运动衫等服装边缘的基础缝合。应用时，先用SSh和4.03类缝口缝合，然后将缝份分开，而后再采用覆盖线迹缝合。

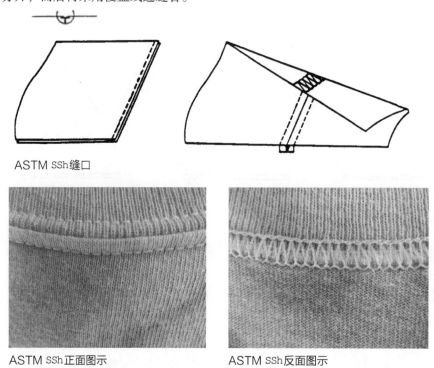

ASTM SSh缝口

ASTM SSh正面图示

ASTM SSh反面图示

SSk和1.12缝口类型：在服装衣片中夹入装饰带的镶（嵌）边缝口，管状条带或绳带在缝口结构中也可作为附加层加入。

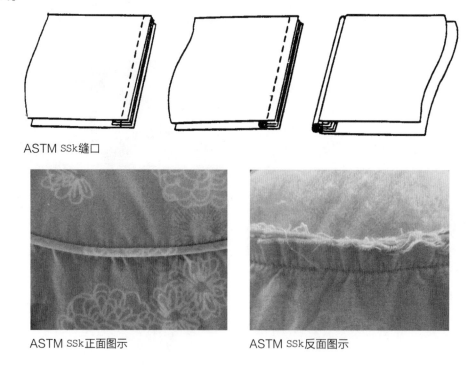

ASTM SSk缝口

ASTM SSk正面图示

ASTM SSk反面图示

SSab 和 1.23 缝口类型：采用斜纹带、透明的弹性带或在衣服的领口、肩缝处和腰部作为面料的织物上附加加强带的缝口，以增加这些部位的稳定性和强度。

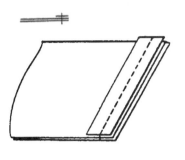

ASTM SSab 缝口   ASTM SSab 正面图示   ASTM SSab 反面图示

SSae 和 1.06 缝口类型：法式缝口（来去缝），是一种将缝份包裹在接缝中的缝口类型，用于包覆容易脱散的轻薄或透明织物服装的直边缝合。

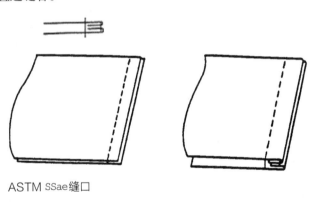

ASTM SSae 缝口

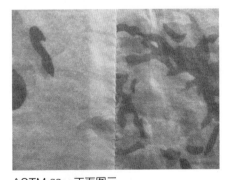

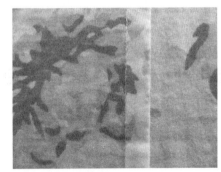

ASTM SSae 正面图示   ASTM SSae 反面图示

叠合缝口（SS类）和1类缝口
[SUPERIMPOSED SEAMS (SS CLASS) AND CLASS 1 SEAMS]

　　SSag和4.10缝口类型：斜裁带可增加针织服装肩缝的强度，将无衬里夹克衫的缝口毛边隐藏在叠置的斜裁带缝口中。

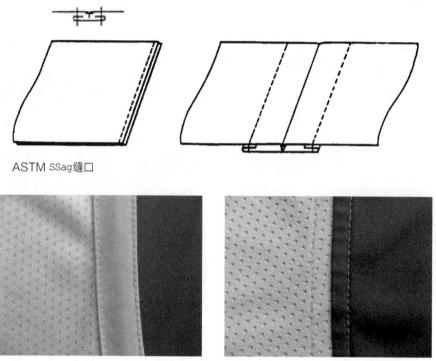

ASTM SSag缝口

ASTM SSag正面图示　　　　　　　　ASTM SSag反面图示

　　SSaw和2.19缝口类型：管状条带或绳带镶嵌在缝口中。

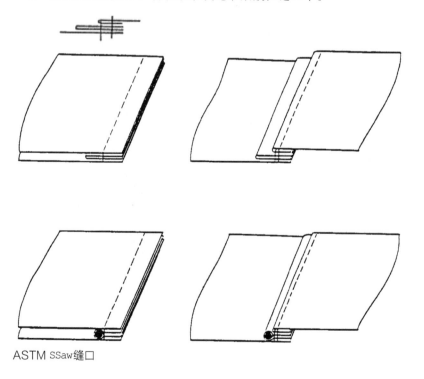

ASTM SSaw缝口

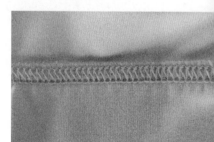

ASTM SSaw正面图示

ASTM SSaw反面图示

叠合缝口（SS类）和1类缝口
[SUPERIMPOSED SEAMS (SS CLASS) AND CLASS 1 SEAMS]

生产过程中经常用到的ASTM、ISO线迹类型和ASTM叠合类缝口、ISO 1类缝口如表22.1所示。

表22.1　生产中常见的ASTM、ISO线迹类型和叠合类缝口(SS)、ISO 1类缝口

生产作业	ASTM&ISO线迹	ASTM缝口	ISO缝口
机织和针织服装的基础缝合	301, 401, 512, 514	SSa	1.01
针织服装的缝合与覆盖缝口	先405后504	SSh	4.03
镶、嵌、管状带的缝口	301, 401, 504	SSk	1.12
固定、加强带的缝合	301, 401, 504	SSab	1.23
边缝、贴边缝、法式缝（来去缝）	301	SSae*	1.06.03*
缝合，然后连接针织服装领部和肩部	301, 401	SSag*	4.10.02*
缝合男衬衫、连衣裙和夹克过肩边缘的嵌边	301, 401	SSaw	2.19

*需要两步操作完成。

资料来源：American Efird, 2006; ASTM International, 2016; ISO, 2015

搭接缝口（LS类）和2类缝口
[LAPPED SEAMS (LS CLASS) AND CLASS 2 SEAMS]

由两层或两层以上织物在裸露毛边的一侧相互搭叠（防止织物脱散或撕裂）或将缝份折叠在下面，而后用一行或多行线迹缝合形成的缝口类型。在搭接缝口中常用的ASTM和ISO线迹类型有：300类锁式线迹，400类多线链式线迹。

这一类型包含101种搭接缝口的配置和46种2类缝口的变化，搭接类和2类缝口用于：

- 牛仔夹克衫、牛仔裤和外套的基础缝合；
- 不易脱散的皮革、绒面革、麦尔登呢、毡制品、蕾丝等织物；
- 无衬里的服装缝合、男衬衫边缝；
- 蕾丝与其他织物的缝合；
- 缝钉贴袋；
- 服装过肩、衣袖或附件与其他部位的缝合；
- 装饰线迹用缝口。

服装工艺中经常使用的搭接缝口和对应的ISO缝口类型如下：

- LSc缝口类型 = 2.04；　　· LSd缝口类型 = 5.31；
- LSq缝口类型 = 2.02.03；
- LSbm缝口类型 = 2.02。

生产作业中经常用到的ASTM、ISO线迹类型和ASTM搭接类缝口、ISO 2类缝口如表22.2所示。

表22.2　生产中常见ASTM、ISO线迹类型和搭接类缝口(LS)、ISO 2类缝口

生产作业	ASTM&ISO线迹	ASTM缝口	ISO缝口
机织物的双包边缝	2针或3针401	LSc	2.04
缝钉贴袋、门襟、装饰带	301	LSd	5.31
机织物缝合、缉明线	301, 401	LSq*	2.02.03
牛仔裤、卡其裤、夹克衫边缝口的缝合	1针或2针301或401	LSbm*	2.02*

*需要两步操作完成。

资料来源：American Efird, 2006; ASTM International, 2016; ISO, 2015

ASTM命名的搭接缝口

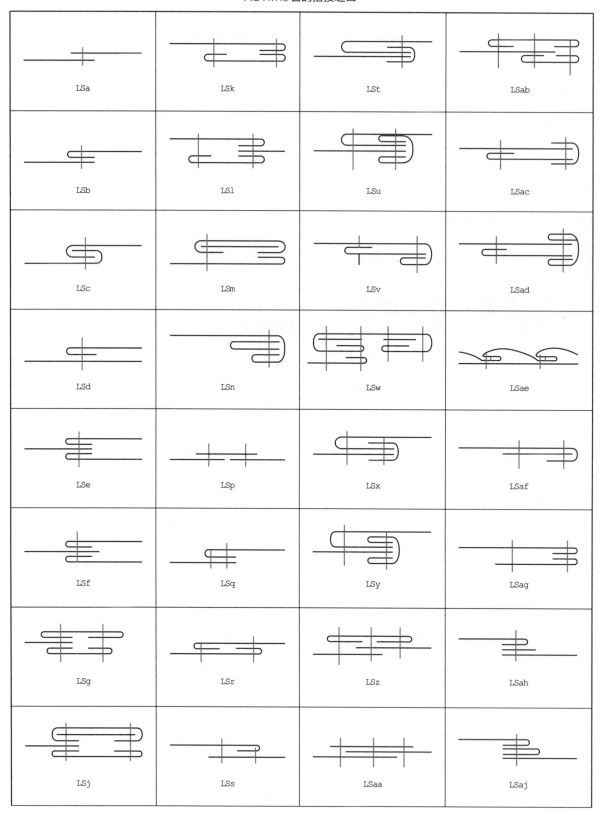

LSa LSk LSt LSab

LSb LSl LSu LSac

LSc LSm LSv LSad

LSd LSn LSw LSae

LSe LSp LSx LSaf

LSf LSq LSy LSag

LSg LSr LSz LSah

LSj LSs LSaa LSaj

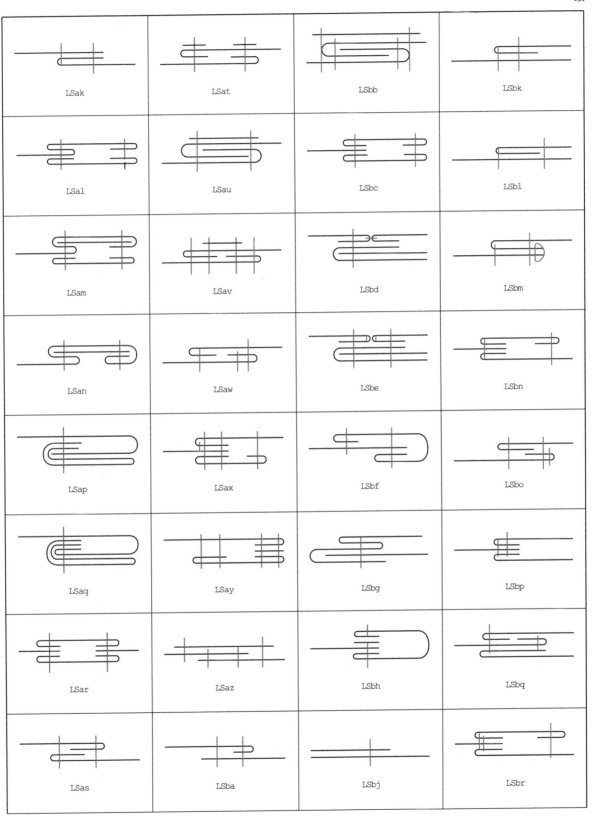

搭接缝口（LS类）和2类缝口
[LAPPED SEAMS (LS CLASS) AND CLASS 2 SEAMS]

续

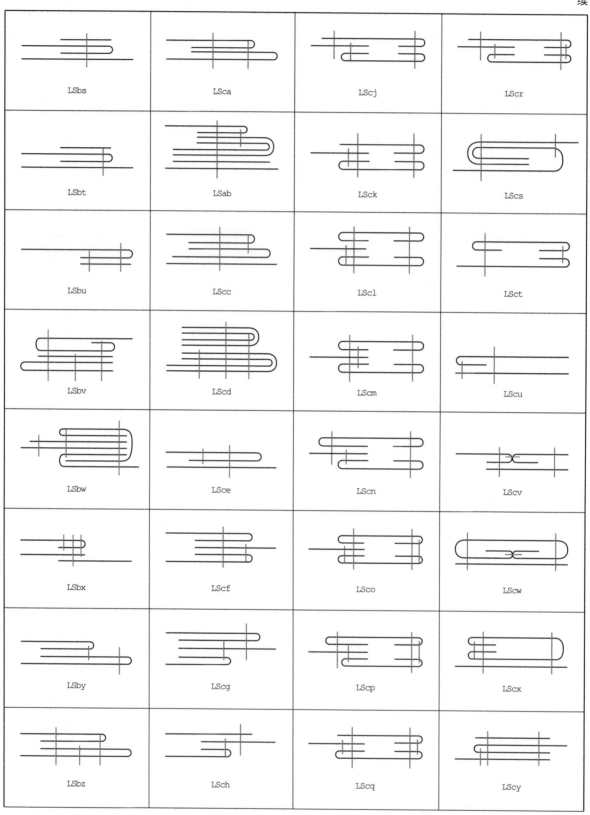

LSbs LSca LScj LScr

LSbt LSab LSck LScs

LSbu LScc LScl LSct

LSbv LScd LScm LScu

LSbw LSce LScn LScv

LSbx LScf LSco LScw

LSby LScg LScp LScx

LSbz LSch LScq LScy

续

LSbz
LSda
LSdb
LSdc
LSdd

LSc和2.04缝口类型：将所有毛边包裹在缝口里的扁平的砍倒缝缝口（握手缝），用于对强度和耐久性要求较高的服装直线缝合。

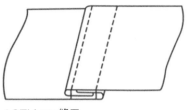

ASTM LSc缝口

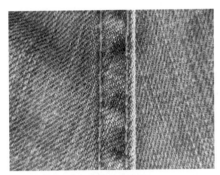

ASTM LSc两行线迹正面图示

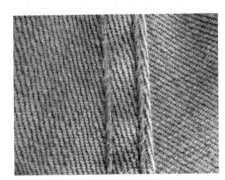

ASTM LSc两行线迹反面图示

搭接缝口（LS类）和2类缝口
[LAPPED SEAMS (LS CLASS) AND CLASS 2 SEAMS]

LSd和5.31缝口类型：应用于缝钉贴袋的缝口。

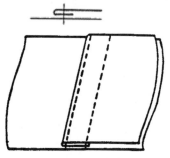

ASTM LSd缝口

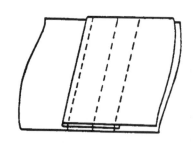

ASTM LSd一行线迹正面图示

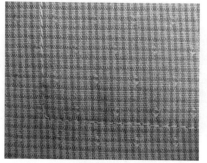

ASTM LSd一行线迹反面图示

ASTM LSd两行线迹正面图示

ASTM LSd两行线迹反面图示

LSq和2.02.03缝口类型：贴边缝口没有包覆住所有毛边，而是采用SSa的缝口结构叠置织物，然后翻转一片织物到反面用一行或多行线迹固定缝边。贴边缝口在服装正面看到的是与砍倒缝一样扁平的外观，但反面可以看到织物的毛边。

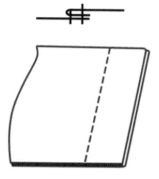

ASTM LSq缝口

ASTM LSq正面图示

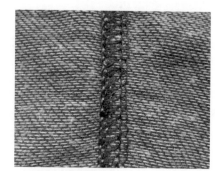

ASTM LSq反面图示

搭接缝口（LS类）和2类缝口
[LAPPED SEAMS (LS CLASS) AND CLASS 2 SEAMS]

　　LSbm和2.02缝口类型：类似于LSq的缝口。贴边缝口没有包覆住所有毛边，而是采用SSa-2的缝口结构叠置并用一行包边线迹缝合织物，然后翻转一片织物到反面用一行或多行线迹固定缝边。贴边缝口在服装正面看到的是与双包边缝一样扁平的外观，但反面可以看到用包边线迹包覆的织物毛边。

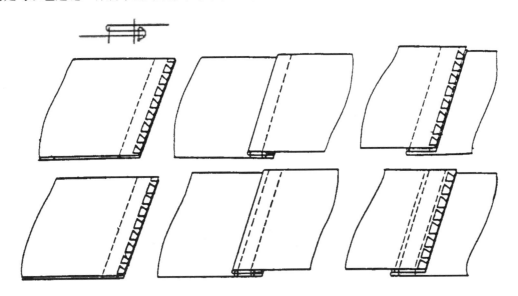

ASTM LSbm缝口

ASTM LSbm一行线迹正面图示

ASTM LSbm一行线迹反面图示

ASTM LSbm两行线迹正面图示

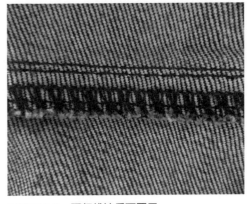

ASTM LSbm两行线迹反面图示

包边缝口（BS类）和3类缝口
[BOUND SEAMS (BS CLASS) AND CLASS 3 SEAMS]

由一层或一层以上织物在裸露毛边的缝份处用斜裁布条包裹，并用一行或多行线迹缝合而形成的缝口类型。在包边缝口中常用的ASTM和ISO线迹类型有：300类锁式线迹，400类多线链式线迹。

这一类型线迹包含18种包边缝口的配置和46种3类缝口变化，包边类和3类缝口用于：

· 领口、袖口或各类裤子的腰口修饰；

· 无衬里夹克衫和大衣的缝份修饰；

· 设计和装饰细节；

· 毛边的修饰；

· 蕾丝主题设计的实现。

在这类缝口中，服装工艺经常使用的包边缝口只有几种类型，与ISO缝口对应的类型如下：

· BSa 缝口类型 = 3.01；

· BSb 缝口类型 = 3.03；

· BSc 缝口类型 = 3.05；

· BSm 缝口类型 = 7.40。

生产作业中经常用到的ASTM、ISO线迹类型和ASTM包边类缝口、ISO 3类缝口，如表22.3所示。

表22.3　生产中常见的ASTM、ISO线迹类型和包边缝口(BS)、ISO 3类缝口

生产作业	ASTM&ISO线迹	ASTM缝口	ISO缝口
针织物绱领或绱袖的包边	602 或 605	BSa	3.01
针织物绱领、裤脚口和门襟开口的包边	406	BSb	3.03
绱袖面（净边*），外衣边缘的滚边	301 或 401	BSc	3.05
覆盖针织衬衫后领缝份（净边*）	301	BSm	7.40

*净边=织物表面看不出毛边。

资料来源：American Efird, 2006; ASTM International, 2016; ISO, 2015。

包边缝口（BS类）和3类缝口
[BOUND SEAMS (BS CLASS) AND CLASS 3 SEAMS]

ASTM命名的包边缝口

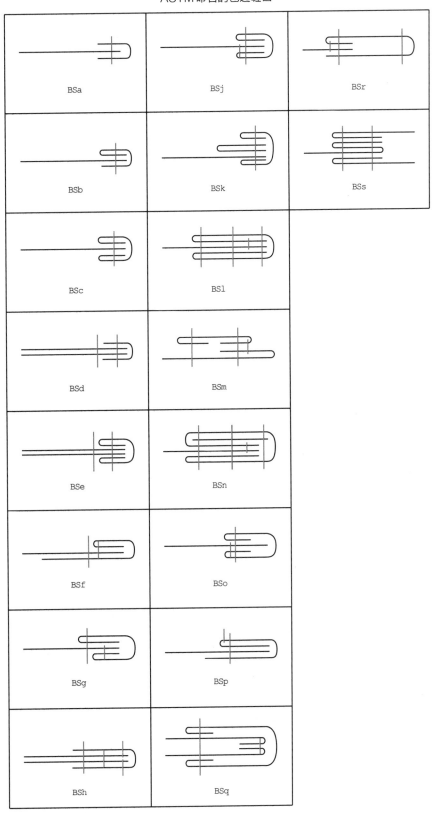

包边缝口（BS类）和3类缝口
[BOUND SEAMS (BS CLASS) AND CLASS 3 SEAMS]

BSa和3.01缝口类型：用织带、皮革带、绒面革带、斜裁带一次折叠包覆织物边缘的包边缝口。

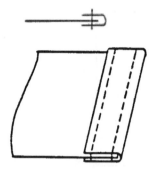

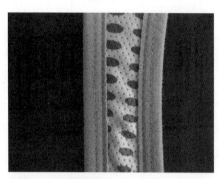

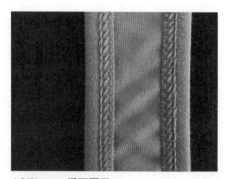

ASTM BSa缝口   ASTM BSa正面图示   ASTM BSa反面图示

BSb和3.03缝口类型：用一边折叠斜裁带包覆织物边缘的包边缝口。服装正面的斜裁条毛边折在里面，沿着毛边隐藏的一侧缝合，但在服装反面可以看见毛边。

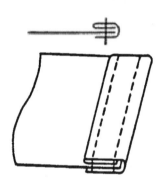

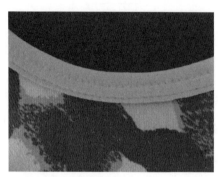

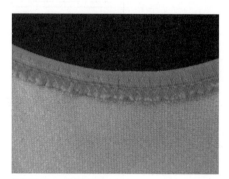

ASTM BSb缝口   ASTM BSb正面图示   ASTM BSb反面图示

BSc和3.05缝口类型：用双边折叠斜裁带包覆织物边缘的包边缝口。正反面斜裁带的毛边都折在里面被隐藏。

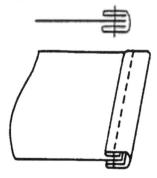

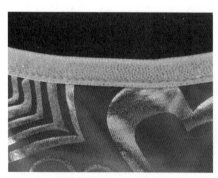

ASTM BSc缝口   ASTM BSc正面图示   ASTM BSc反面图示

BSm和7.40缝口类型：覆盖针织衬衫后领缝份，提高领围的稳定性、防止磨损，同时让后领围看起来更加整洁美观。

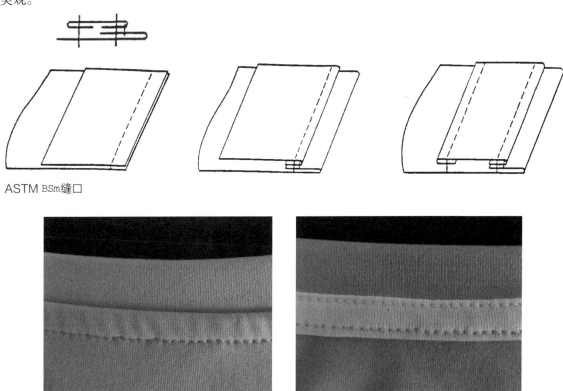

ASTM BSm缝口

ASTM BSm正面图示

ASTM BSm反面图示

对接缝口（FS类）和4类缝口
[FLAT SEAMS (FS CLASS) AND CLASS 4 SEAMS]

织物片的毛边对接或相互略微搭叠后，用覆盖缝口的线迹连接在一起的缝。对接缝口没有缝份，减少了织物用量，但缝纫线消耗量增加。对接缝口中应用ASTM和ISO线迹种类如下：

· 300类锁式线迹（各类之字形线迹）；
· 400类多线链式线迹（各类之字形线迹）；
· 600类覆盖线迹。

这一类型线迹包含六种对接缝口的配置和14种4类缝口变化，对接类和4类缝口用于：

· 缝份可能会对身体造成不适的贴身衣物；
· 延展性高的织物；
· 运动服装、塑身衣、内衣、女式紧身内衣、保暖内衣、泳衣以及带网眼的腋下片或袖片；
· 减小缝口的体积；
· 毛皮条的拼接缝合。

对接缝口（FS类）和4类缝口
[FLAT SEAMS (FS CLASS) AND CLASS 4 SEAMS]

在这类缝口中，服装工艺经常使用的对接缝口是FSa和4.01缝口类型，用于将服装衣片连接在一起并形成较薄缝口的场合。

生产作业中经常用到的ASTM、ISO线迹类型和ASTM对接类缝口、ISO 4类缝口，如表22.4所示。

ASTM命名的对接边缝口

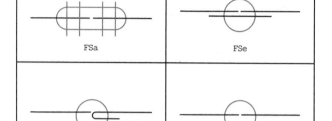

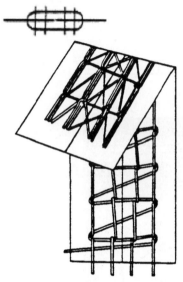

ASTM FSa缝口

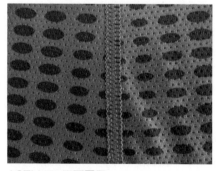

ASTM FSa正面图示   ASTM FSa反面图示

表22.4　生产中常见的ASTM、ISO线迹类型和对接缝口（FS）、ISO 4类缝口

生产作业	ASTM&ISO线迹	ASTM缝口	ISO缝口
针织服装的缝合	607	FSa	4.01

资料来源：American Efird, 2006; ASTM International, 2016; ISO, 2015。

装饰缝口（OS类）和5类缝口
[ORNAMENTAL SEAMS (OS CLASS) AND CLASS 5 SEAMS]

通过直线或弯曲线条的创新设计，或按需求进行设计，以便为一层或多层织物增加装饰而形成的一类缝口。在装饰缝口中常用的ASTM和ISO线迹类型有：

· 100类链式线迹；

· 200类装饰和仿手工线迹；

· 300类锁式线迹；

· 400类多线链式线迹。

这一类型线迹包含八种装饰缝口的配置和45种5类缝口变化，装饰类缝口用于：

· 缝钉设计的工艺细节、嵌入绳、管状带；

· 缝合褶裥和凸起的装饰带；

· 缝合箱型或阴褶裥；

· 装饰线迹。

服装工艺中经常使用的装饰缝口与ISO缝口对应的类型如下：

· OSa 缝口类型 = 5.01 和 5.02；

· OSe 缝口类型 = 5.32；

· OSf 缝口类型 = 5.45。

生产作业中经常用到的ASTM、ISO线迹类型和ASTM装饰缝口、ISO 5类缝口，如表22.5所示。

ASTM命名的装饰缝口

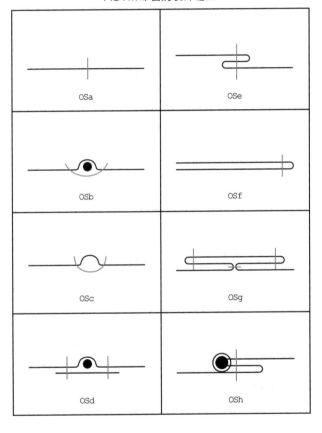

表22.5　生产中常见的ASTM、ISO线迹类型和装饰缝口(OS)、ISO 5类缝口

生产作业	ASTM&ISO线迹	ASTM缝口	ISO缝口
装饰线迹	607, 201, 202, 203, 204, 205, 301, 304, 404	OSa	5.01, 5.02
缝合褶裥	301	OSe	5.32
缝合省道	301	OSf	3.05

资料来源：American Efird, 2006; ASTM International, 2016; ISO, 2015。

装饰缝口（OS类）和5类缝口
[ORNAMENTAL SEAMS (OS CLASS) AND CLASS 5 SEAMS]

OSa，5.01和5.02缝口类型：直线装饰线迹。

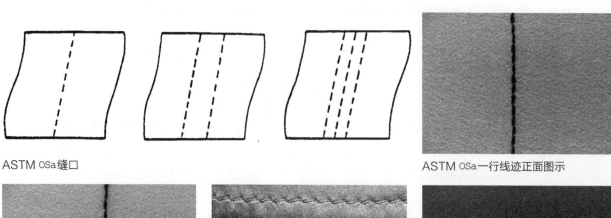

ASTM OSa缝口

ASTM OSa一行线迹正面图示

ASTM OSa一行线迹反面图示

ASTM OSa三行线迹正面图示

ASTM OSa三行线迹反面图示

OSe和5.32缝口类型：折叠织物形成褶裥并在其上缉缝线迹。

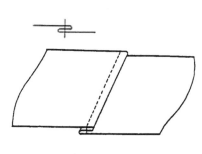

ASTM OSe缝口

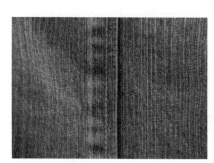

ASTM OSe正面图示

ASTM OSe反面图示

装饰缝口（OS类）和5类缝口
[ORNAMENTAL SEAMS (OS CLASS) AND CLASS 5 SEAMS]

OSf和5.45缝口类型：用线迹缉缝靠近织物折叠一侧的边缘而形成的缝口。

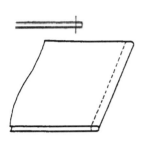

ASTM OSf缝口

ASTM OSf正面图示

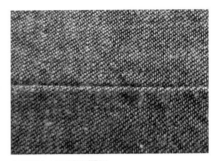

ASTM OSf反面图示

整边缝口（EF类）和6、7、8类缝口
[EDGE FINISH SEAMS (EF CLASS) AND CLASS 6, 7 AND 8 SEAMS]

用一片或两片织物整理服装或产品边缘而形成的一类缝口。在这类缝口中，有三种整边形式。第一种为确保边缘折叠，在服装面料的正面或反面缉缝边缘；第二种是在织物边缘缉缝线迹或覆盖毛边，边缘可以折叠也可以不折叠；第三种应用在固定单层缝份毛边整理的场合。最常使用的是7（7.40）类缝口，对应ASTM的BSm缝口。在整边缝口中常用的ASTM和ISO线迹类型有：

· 100类链式线迹；
· 200类装饰和仿手工线迹；
· 300类锁式线迹；
· 400类多线链式线迹；
· 500类包边线迹。

生产作业中经常用到的ASTM、ISO线迹类型和ASTM整边缝口、ISO 6、ISO 7、ISO 8类缝口，如表22.6所示。

表22.6　生产中常见的ASTM、ISO线迹类型和整边缝口(EF)、ISO 6、ISO 7和ISO 8类缝口

生产作业	ASTM&ISO线迹	ASTM缝口	ISO缝口
机织物卷边	301, 401	EFa	6.02
针织物卷边	双针406	EFa	6.02
机织物净边卷边*	301	EFb	6.03
针织物暗卷边	503	EFc	6.06
整理毛边	503, 504, 505	EFd	6.01
对接式条带缝合	503, 504, 505+401	无对应类型	8.02.01
对接式条带缝合	301, 401, 402	EFh	8.03
缝合细条带、细绳或隐藏毛边的领带	301, 302, 401, 402	EFu*	8.06*

*净边 = 外观看不到毛边。

资料来源：American Efird, 2006; ASTM International, 2016; ISO, 2015。

整边缝口（EF类）和6、7、8类缝口
[EDGE FINISH SEAMS (EF CLASS) AND CLASS 6, 7 AND 8 SEAMS]

ASTM命名的装饰缝口

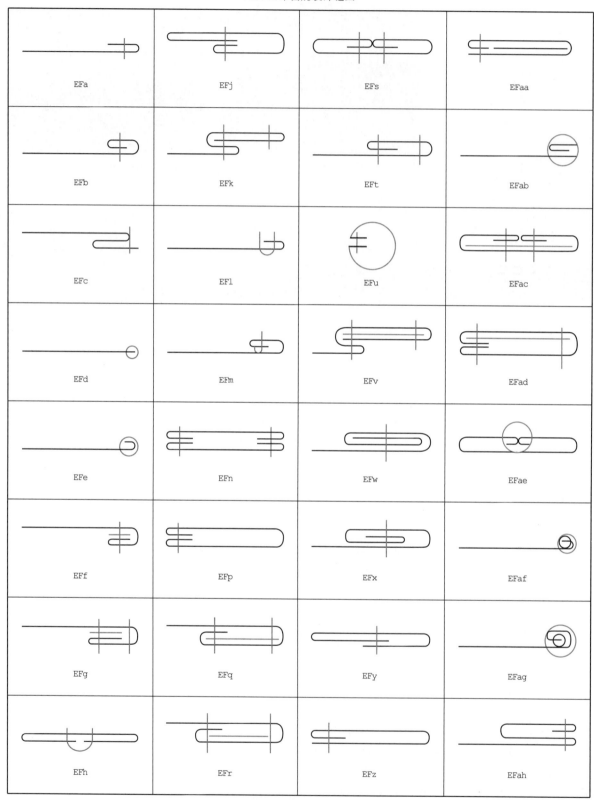

整边缝口（EF类）和6、7、8类缝口
[EDGE FINISH SEAMS (EF CLASS) AND CLASS 6, 7 AND 8 SEAMS]

这一类型线迹包含32种整边缝口的配置和8种6类、82种7类和32种8类缝口变化，整边类缝口用于：

- 卷边；
- 净边；
- 缝合对接式条带；
- 缝合裤襻、细带、细绳。

在这类缝口中，常用的整边缝口有：

- EFa 缝口类型 = 6.02；
- EFb 缝口类型 = 6.03；
- EFc 缝口类型 = 6.06；
- EFd 缝口类型 = 6.01；
- 无对应 ASTM 类型 = 8.02.01；
- EFh 缝口类型 = 8.03；
- EFu 缝口类型 = 8.06。

EFa和6.02缝口类型：在服装边缘一次折叠后在其上缉缝线迹而形成的缝口。

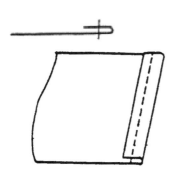

ASTM EFa缝口

ASTM EFa正面图示

ASTM EFa反面图示

整边缝口（EF类）和6、7、8类缝口
[EDGE FINISH SEAMS (EF CLASS) AND CLASS 6, 7 AND 8 SEAMS]

EFb和6.03缝口类型：衬衫下摆卷边，两次折叠并在靠近服装边缘处缉缝线迹。

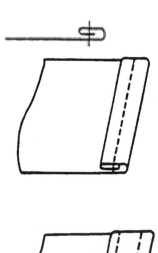

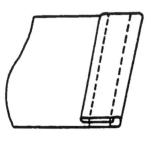

ASTM EFb缝口

ASTM EFb一行线迹正面图示

ASTM EFb一行线迹反面图示

ASTM EFb两行线迹正面图示

ASTM EFb两行线迹反面图示

EFc和6.06缝口类型：暗卷边是将衣片织物边缘向回折叠，在边缘缉缝线迹同时部分穿透折叠处织物的边缘。当服装一片铺平后，正面几乎看不到缝迹。

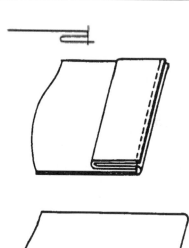

ASTM EFc缝口

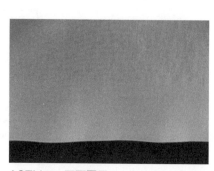

ASTM EFc正面图示

ASTM EFc反面图示

EFd和6.01缝口类型：通过包覆织物边缘直接缝合而形成的卷边。

ASTM EFd缝口

ASTM EFd正面图示

ASTM EFd反面图示

8.02缝口类型：对接式条带。先将一根窄织物条两边用500类包边线迹覆盖住其毛边，之后将两侧毛边分别向中心线对折（靠近但不能接触），再每侧分别独立缉缝线迹。ASTM没有对应的缝口类型。

ISO 8.02.01正面图示

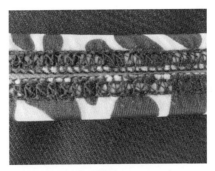

ISO 8.02.01反面图示

EFh和8.03缝口类型：对接式条带。将织物条向背面的中心线对折，织物毛边对接或略微搭接，而后在毛边上辑缝线迹，覆盖住织物毛边。

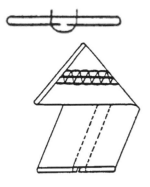

ASTM EFh缝口

ASTM EFh正面图示

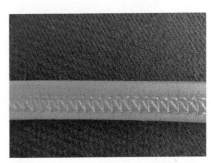

ASTM EFh反面图示

整边缝口（EF类）和6、7、8类缝口
[EDGE FINISH SEAMS (EF CLASS) AND CLASS 6, 7 AND 8 SEAMS]

EFu和8.06缝口类型：细带（滚条）、细绳或服装领滚边，将织物条缝合后翻转到正面，毛边隐藏在里侧后，其上缉缝线迹。

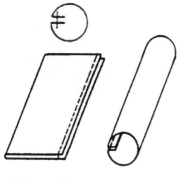

ASTM EFu缝口

ASTM EFu正面图示

ASTM EFu反面图示

线迹缝口的其他形式（ALTERNATIVES TO STITCHED SEAMS）

无缝服装：是服装裁剪和缝制的一种变化形式，在第十八章"设计细节"中曾阐述过针织类服装可应用。采用这种技术的服装外观平滑，因为没有庞大的缝口和缝份；同时也因为没有缝口给身体施加压力，从而增加了穿着者的舒适度。这种无缝服装目前仅限于在内衣、塑身衣和功能性运动服装上应用，大众化穿着的服装生产应用还有待行业进一步推进。

另一种服装裁剪和缝制的变化形式是无线迹服装。当需要生产一件没有线迹连接的服装时，无线迹缝合技术，如热熔接、激光熔接和超声波熔接则为服

无缝服装

装提供了更好的舒适性和耐磨性，它同样具备无缝口服装的优点。无线迹服装技术目前也仅限于在内衣生产、功能性运动服装加工和户外服装的应用，但它更具有经济和环境友好的潜力，因其能够减少材料的浪费，降低劳动力成本，可用于生产比使用线迹缝口加工方式重量更轻的服装。虽然这些技术有巨大的应用潜力和较大的经济效益，但它们需要新设备的投资、花费时间和精力去培训工人掌握生产高质量缝口的技术和方法，也是一种比较高的成本。

热熔接：热塑性薄膜黏合剂用于黏合内衣、户外服装和功能性运动服装的缝口连接。这种缝口结构可用于纤维素、蛋白质和合成纤维织物。用于热熔接的薄膜黏合剂材料有：

· 聚氯乙烯（PVC）；

· 聚氨酯（PU）；

· 聚乙烯（PE）；

· 聚丙烯（PP）。

热熔接缝口具有以下优势：

· 平整的缝口结构可增加舒适性；

· 服装重量可减轻15%；

· 缝口具有较大的延展性和回弹性；

· 降低劳动力成本。

线迹缝口的其他形式（ALTERNATIVES TO STITCHED SEAMS）

激光熔接：红外激光和激光吸收液技术用于熔融并接合由特殊的、可吸收红外辐射的热塑性纤维材料制成的防水和功能性服装的缝口。激光熔接缝口的优势在于：

· 整洁的缝口；

· 平整的缝口结构增加舒适感；

· 可防止液体或气体在缝口处渗透；

· 结实平整的缝口比热熔接方式更适合曲线的连接。

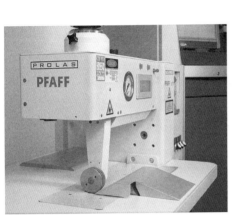

激光熔接设备

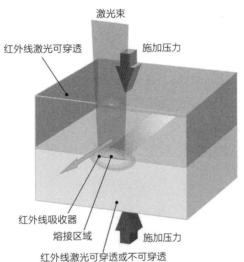

激光束

红外线激光可穿透

施加压力

红外线吸收器

熔接区域

施加压力

红外线激光可穿透或不可穿透

激光熔接图解

激光熔融的织物

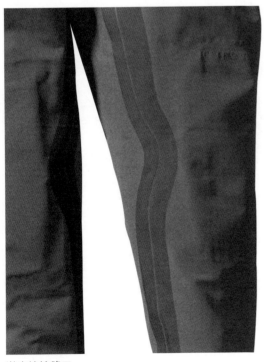

激光熔接缝口

激光熔接服装

线迹缝口的其他形式（ALTERNATIVES TO STITCHED SEAMS）

超声波熔接：高频声波（频率为20000Hz）的振动会引起热塑性纤维之间的分子摩擦加剧，在压力作用下实现由这类材料制成的防水和功能性服装的缝口熔接。超声波熔接缝口的优势在于：

· 整洁的缝口；

· 平整的缝口结构增加舒适感；

· 降低劳动力成本；

· 防止液体或气体在缝口处渗透。

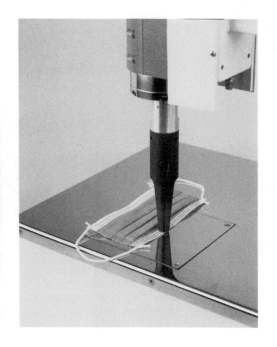

超声波熔接设备

超声波切割：高频声波的振动和压力与超声波熔接同时作用，对缝口或单层热塑性材料的毛边进行切割和熔接。该技术完成的切割边缘整洁、光滑、不易脱散，而且在切割过程中不会形成硬结。

超声波切割

原文参考文献（References）

American Efird. (2006). Seams Drawings—Index. Retrieved January 8, 2016, from http://www.amefird.com/wp-content/uploads/2009/10 / Seam-Type.pdf

ASTM International. (2016). D6293 Standard practice for stitches and seams. 2016 *ASTM International standards* (Vol. 07.02). West Conshohocken, PA.

Bemis Associates Inc. (2007). *An intro to SewfreeR bonding*. Retrieved January 8, 2016, from http://www.bemisworldwide.com/products / sewfree

Bubonia, J. (2014). *Apparel quality: A guide to evaluating sewn products*. New York, NY: Bloomsbury Publishing.

Emerson Industrial Automation. (2015). *Textile and film processing Equipment*. Retrieved January 8, 2016, from http://www.emersonindustrial.com/en-US/branson/Products/plastic-joining/ultrasonic-plastic-welders/textile-and-film-processing/Pages/default.aspx

Hohenstein Textile Testing Institute. (2011, August 8). *Mechanically and visually perfect seams: New absorber systems to improve the quality of laser welded seams on technical textiles*. Retrieved January 8, 2016, from http://hohenstein.de/en/inline/pressrelease_8464.xhtml

International Organization for Standardization (ISO). (2015). *International Standard 4916 Textiles—Seam Types—Classification and Terminology*. Switzerland, 1–64.

Jones, I. (2007). Ec Contract Coop-CT-2005-017614 ALTEX. *Automated laser welding for textiles*. Cambridge, UK: TWI Ltd. Retrieved January 8, 2016, from http://cordis.europa.eu/documents/documentlibrary/121406901EN6.pdf

StreetInsider.com. (2015, August 5). *Bemis Associates' latest collections provide seamless construction and Sewfree? products for athleisure and natural fiber garment designs*. Retrieved January 8, 2016, from http://www.streetinsider.com/Press+Releases/Bemis+Associates' + Latest+Collections+Provide+Seamless+Construction+and+SewfreeR+Bonding+Products+for+Athleisure+and+Natural+Fiber+Garment+Designs/10783289.html

Textile Exchange. (2012). *Fabric welding*. Retrieved January 2, 2016, from http://www.teonline.com/knowledge-centre/fabric-welding .html

Walzer, E. (2011, May/June). The glue guys: Bemis takes bonded tech to the limit. *Textile Insight*. Retrieved January 8, 2016, from http://www.fibre2fashion.com/bemisworldwide/images/Bemis%20100%20Textile%20Insight%20May_2011.pdf

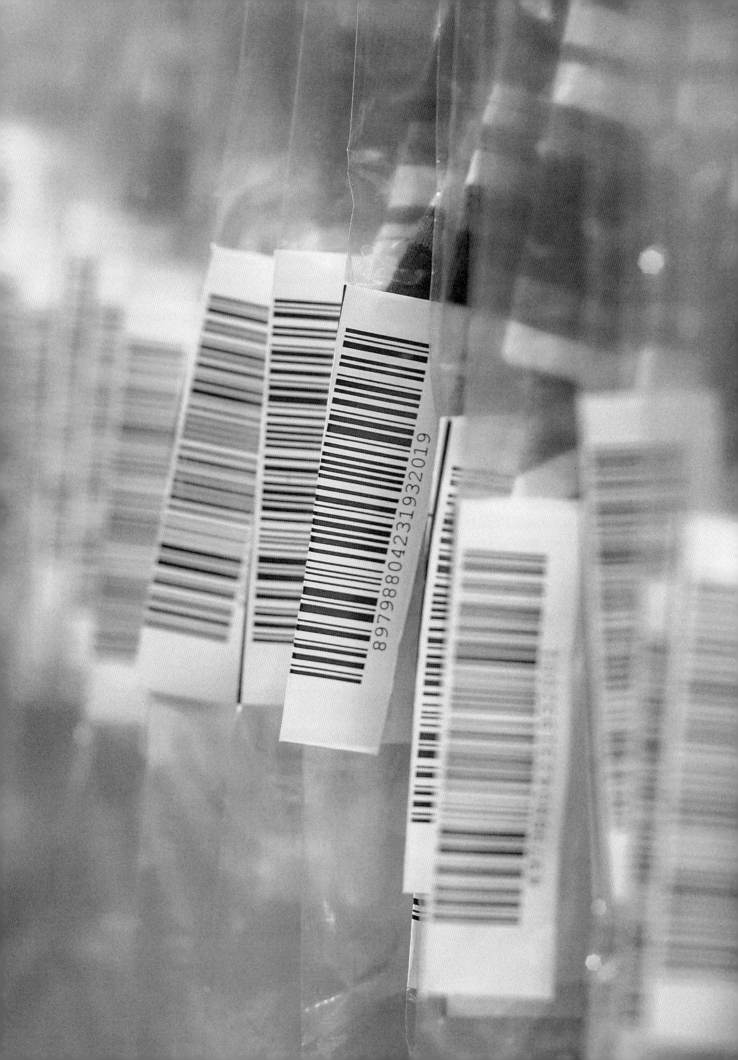

第二十三章
CHAPTER 23

服装产品生产成本
Apparel Production Product Costing

企业做生意是为了获取利润和创造收入。利润是减去生产产品的成本后，通过销售商品获得的差价收入。收入是指在一定的时间范围内，销售产品所产生的收益。设计师、制造商、销售商、市场营销人员和零售商必须确定与可销售产品相关的成本。成本是指生产产品时产生的相关费用。

成本的种类（TYPES OF COSTING）

成本（Costing）：是确定或预计某一特定服装款式产品的资源成本及相关支出总和的方法。详细的成本估算过程框架包括：

- 服装原材料成本；
- 劳动力成本；
- 包装成本；
- 后整理、修整成本；
- 储运成本；
- 可能包含的关税；
- 工厂开销；
- 批发商加价；
- 零售商加价；
- 标价。

许多成本与服装生产相关。商品成本包含所有在生产产品或设计研发服装款式期间产生的可变成本和固定成本。

可变成本（Variable Costs）：用于人工、材料和加工厂的长期支出(投资)。成本的波动与所生产产品的数量成正比。可变成本包括：

- 与产品生产相关的人工费用；
- 服装制作和材料费用；
- 包装费用；
- 运费。

固定成本（Fixed Costs）：基本上不会受产量增加或减少的影响而变化的短期支出，该类成本不会受到所生产产品数量的影响。固定成本包含：

- 水电费；
- 税费；
- 租赁费；
- 员工福利费用；
- 非一线人工成本（非直接参与生产的其他员工）。

制造费用（Manufacturing Overhead）：承包商或制造商为加工厂制造和交付货品而发生的所有费用。制造成本包含：

- 水电费；
- 机器设备保养及零配件消耗；
- 工厂物业税；
- 设施维修及折旧；
- 直接劳动以外的人工费用。

直接成本（Direct Costs）：生产过程中为增加产品价值而产生的支出，如表23.1所示。

直接人工成本（Direct Labor Costs）：直接参与生产服装款式所涉及的工人工资。直接人工包括：

- 生产线主管；
- 裁剪工；
- 缝纫工；
- 直接参与加工服装任务的其他雇员。

间接成本（Indirect Costs）：在生产过程中没有明确增加产品价值，但对工厂运作是必要的支出。间接成本包括：

- 工厂开销；
- 场地费用；
- 生产过程中没有直接增加产品价值的人工费用。

间接人工成本（Indirect Labor Cost）：对维持工厂运转是必要的，但并没有直接涉及服装实际生产的人工工资。间接劳动力包括：

- 设备修理技术员；
- 材料处理人员；
- 维修人员；
- 安全员。

材料清单（Bill of Materials）：一份完整的用来制作某款服装标样的材料清单。材料清单是在样品制作和提交投标方案之前制定的。

投标方案（Bid Package）：一份提供给潜在承包商供其评估服装款式及工艺的文件，包含如下内容：

- 工厂生产能力；
- 生产某类服装产品所需技术能够达到的质量水平；
- 该类服装产品加工费用；
- 生产周期；
- 交付方式。

报价（Price Quote）：承包商为响应包括生产某款服装产品的估价在内的投标方案而提交的书面文件。

批发价（Wholesale Price）：服装标价减去所有优惠和折扣后的实际价格，这是零售商实际支付制造商的产品价格。

表23.1 直接生产成本

产品所需材料	生产所需人工
面料	裁剪
相关材料和设备	打号与捆扎
服装配件	缝纫
缝纫线	湿法处理
修整工具	修整
标签	生产线主管
包装材料	质检员

加价（Markup）：在某款服装批发价基础上增加预定的百分比以获得零售价。

基本原则（Keystone）：50%的加价。

标价（List Price）：产品建议零售价。

边际利润（边际毛利润）（Contribution Margin (Gross Margin Contribution)）：产品价格减去可变成本或商品成本。

毛利（利润率）[Gross Margin (Profit Margin)]：从产品净销售额中减去生产成本。

材料清单

材料成本								
设计号	SUIT0032	加工厂	待选择	季节	春季	状态	报价	
部门	Martin RTW	办事处	纽约	年份	2016	设计日期	2016.2.23	
组别	女装	产品描述	由短上衣、衬衫和直筒裙组成的早春套装			修改日期	2016.3.1	
产品线	Aprés Demain					生产日期	2016.7.15	

物料清单变化号	BOMWM0032	变化描述	物料清单使用替代织物	
样品号	WM0032	样品描述	样品采用w替代面料的生产方法	
说明	注意：这是替代织物，与实际使用的织物重量不同，但纤维成分相同		同系列产品	半裙
物料清单状态	等待审批	估算	估算	

材料	描述	使用量	净重	单价	合计	使用量	净重	单价	合计
类型	使用部位	耗损	计量单位			耗损	计量单位		
Conceptual	100%羊毛绉	1.25	1.225	$5.95	$7.44	1.2	1.18	$5.95	$7.14
套装	主料	2%	码			2%	码		
LIN12348	100%醋酸	1.10	1.08	$3.47	$3.82	1.10	1.08	$3.47	$3.82
里料	全里	1.5%	码			1.5%	码		
说明	注意：这个羊毛绉是替代织物，实际使用的织物要更厚重些								

配件	描述	使用量	净重	单价	合计	使用量	净重	单价	合计
类型	使用部位	耗损	计量单位			耗损	计量单位		
INVZIP06	塑料隐形6英寸拉链	1	1	$0.25	$0.25	1	1	$0.25	$0.25
拉链	后中心线腰部		每个				每个		
BU24L4H	塑料4孔24边圆纽扣	1	1	$0.75	$0.75	1	1	$0.75	$0.75
纽扣	后中心腰带		每个				每个		
说明									

标签	描述	净重	单价	合计	净重	单价	合计
类型	使用部位	计量单位			计量单位		
CADRYC1232	干洗护理标签	1	$0.15	$0.15	1	$0.15	$0.15
护理标签	后右侧腰部	每个			每个		
ABFASH454	主标签	1	$0.21	$0.21	1	$0.21	$0.21
品牌标签	后右侧腰部	每个			每个		
说明							

包装	描述	净重	单价	合计	净重	单价	合计
类型	使用部位	计量单位			计量单位		
HANG248	塑料裙子衣架	1	$0.50	$0.50	1	$0.55	$0.55
裙子衣架	从腰部一边悬挂到另一边	每个			每个		
PLASTIC2	塑料袋	1	$0.02	$0.02	1	$0.02	$0.02
塑料袋		每个			每个		
说明							

说明	织物合计	$11.26	织物合计	$10.96
	配件合计	$1.00	配件合计	$1.00
	标签合计	$0.36	标签合计	$0.36
	包装合计	$0.52	包装合计	$0.52
	预算总计	$13.14	预算总计	$12.99

Karat Manufacturing Company

2016.3.1

5/7页

成本核算方法（COSTING METHODS）

吸收成本法（整体成本计算法）（Absorption Costing）：是与服装材料（面料、配件和辅料）、流水线生产人工费，以及固定制造费用率（按直接人工成本的百分比计算）相关的可变成本的估算值。间接费用分摊率是指某一特定周期内直接人工成本总额除以制造费用总额。因间接成本的应用频率较高，吸收成本法可从其他产品的生产中回收间接成本。

作业成本法（Activity-Based Costing）：是生产某款服装所需的所有直接和间接生产费用的估算值。所有成本都依某款特定服装的需求而变化。作业成本法比其他成本计算方法能更准确地反映与某一特定服装款式相关的成本结构。

直接成本法（直接成本或可变成本）[Direct Cost Estimate（Direct Costing or Variable Costing）]：是与服装材料（面料、配件和辅料）、流水线生产人工费以及制造费用相关的可变成本估算值，这些是确定一件产品成本的直接因素。与通过承包商或外部商店的公司相比，生产基本款产品或在自己工厂加工产品的公司使用直接成本估算策略更为有效。下列按单位计算的非可变成本是将固定成本作为毛利率的一部分或作为目标毛利率百分比的一部分：

- 行政和一般业务费用；　　· 间接制造费用；
- 设计、产品研发费用；　　· 营销、促销费用。

成本核算流程（COSTING PROCESS）

成本核算在产品研发和生产的不同阶段十分重要。成本核算的第一个阶段是预估服装样品的预算费用，第二个阶段是生产费用，第三个阶段是确定生产过程中的实际成本。准确地确定一个服装款式的成本至关重要，它取决于：

- 服装产品设计是否能按目标价位或在某个特定价格区间生产出来；
- 服装款式可获得利益的潜力；
- 服装款式对于生产线加工是否可行。

运费和关税必须包括在服装成本计算公式中，与运输相关的成本，包括海运和内陆运输成本，即通常所说的运费。

离岸价 [Free on Board（FOB）]：当货物从原产国装船运输时，所有权就从出口商或离岸承包商手中转移。出口商在货物价格中所产生的费用包括：

- 出口关税；
- 配额费用（如果适用）；
- 运费（从工厂到港口的内陆运输）；
- 货物到船上的装载费用。

目的港船上交货价（FOB Destination）：当货物到达零售商店或仓储中心，所有权就从出口商或离岸承包商手中转移。货物从原产国装船运输，出口商在货物价格中所产生的费用包括：

- 出口关税，配额费用（如果适用）；
- 所有运费（在原产国从工厂到港口的内陆运输和从目的港到达零售商店或配送中心的运输）；
- 运输过程中货物的装卸费用。

成本、保险、运费（到岸价）[Cost, Insurance, Freight（CIF）]：货物、保险费和到装运港的运输费用。制造商或出口商负责结算和支付包括保险、与货物交付到装运港（不是目的地）有关的所有费用。一旦货物装船后，由买方负责：

- 货物的丢失与损坏；
- 在目的港认领货物；
- 运送到配送中心、商店或仓库的费用。

关税（Duty）：进口货物的税费。

美国海关税率表（2016）
为统计报告作注解

税费

类别、子类别	统计后缀	条款描述	重量单位	税率		
				1		2
				常规	特殊	
6201 (con.)		男士或男童大衣外套、短大衣、披风、斗篷、厚夹克（包括滑雪服）、风衣和类似物品（包括有衬里的、无袖上衣）；其他如6203:(con.)大衣外套、短大衣、披风、斗篷及类似的大衣:(con)				
6201.13		人造纤维：				
6201.13.10	00	羽绒和水鸟羽毛的重量占15%及以上；羽绒的重量占35%或以上；含羽绒重量10%及以上；(653)……	doz.……kg	4.4%	免 (AU, BH, CA,CL, CO, IL, JO,KR, MA, MX, OM, P, PA, PE, SG)	60%
6201.13.30		其他羊毛或动物毛重量36%及以上……	……	49.7￠/kg + 19.7%	免 (AU, BH, CA, CL, CO, IL, JO, KR, MA, MX, OM,P, PA, PE, SG)	52.9￠/kg + 58.5%
	10	男士 (434)……	doz.kg			
	20	男童 (434)……	doz.kg			
6201.13.40		其他……	……	27.7%	免 (AU, BH, CA, CL, CO, IL, JO, KR, MA, MX, OM, P, PA, PE, SG)	
		雨衣：				
	15	男士 (634)……	doz.kg			90%
	20	男童 (634)……	doz.kg			
		其他				
	30	男士 (634)……	doz.kg			
	40	男童 (634)……	doz.kg			
6201.19		其他纺织材料：				
6201.19.10	00	含有70%或更多重量的丝绸或废丝(734)……	doz.kg	免	免 (AU, BH, CA,CL, CO, E*, IL, JO,KR, MA, MX, OM,P, PA, PE, SG)	35%
		其他……	……	2.8%		35%
	10	受**限制类 (334)……	doz.kg			
	20	受羊毛限制类 (434)……	doz.kg			
	30	受人造纤维限制类 (634)……	doz.kg			
	60	其他 (834)……	doz.kg			
6201.19.90 棉 6201（con.）		男士或男童大衣外套、短大衣、披风、斗篷、厚夹克(包括滑雪服)、风衣和类似物品(包括有衬里的、无袖上衣)；其他如6203:(con.)				
		厚夹克(包括滑雪服)、风衣及类似物品(包括有衬垫的、无袖上衣):			免 (AU, BH, CA, CL, CO, IL, JO,KR, MA, MX, P,PA, PE, SG)	58.5%
6201.91		羊毛或好的动物毛发：				
6201.91.10	00	有衬里的、无袖上衣 (459)……	doz.kg	8.5%	1.7% (OM)	
6201.91.20		其他……	……	49.7￠/kg + 19.7%	免 (AU, BH, CA,CL, CO, IL, JO,KR, MA, MX, P, PA, PE, SG)	52.9￠/kg + 58.5%
	11	男士 (434)……	doz.kg			
	21	男童 (434)……	doz.kg		9.9￠/kg +3.9% (OM)	

成本核算流程（COSTING PROCESS）

预计到岸成本［Estimated Landed Cost（ELC）］：在批发、零售加价之前，包含服装原辅材料费、人工费、包装费、厂房设备等使用费、运输成本以及税费的产品总成本。

到岸付税（Landed Duty Paid）：包含任何进口关税的产品到岸价值，如运输、关税、交付、保险和通关费用。

到岸成本（Landed Cost）：支付完与产品相关的所有支出，包括运送到国内零售商店或配送中心的费用，如表23.2所示。

表23.2 商品成本（Cost of Goods）

可变成本	固定成本
设备零部件、油	设备和设施的折旧
缝纫机针	保险
裁刀刀片	相关税费
自动裁剪机的塑料薄膜	租金
设备和工具费用	监管成本
设备维护和修理费用	安全
样板纸	日常营运费用
物料管理及处理*	物料管理及处理*
办公用品*	办公用品*

* 有些项目可分为两类，具体取决于工厂在一年中不同时期的生产水平（如高峰期需要更多资源）。

初步的估算成本（预估成本或速算成本）［Preliminary Cost Estimate（Pre-costing or Quick Costing）］：在产品设计开发阶段，预估服装零部件（包含面料、里料、辅料、配件）、劳动力、工厂加价、包装、后整理（修整）、运输、（适用的）关税税率以及与服装款式零售价相关的批发加价。

初步的估算成本（预估成本或速算成本）

成本计算页—1：1—女式上衣

设计号	001232	加工厂	Active	季节 春季	状态	成本核算
部门	休闲	办事处	Chamonix Intl	年份 2016	设计日期	2016.8.13
组别	女装	产品描述	碎花衬衫		修改日期	2016.8.14
材料					入库日期	

款式信息 / 成本细目

目标零售价(美元)	预估零售价(美元)	目标加价	预估加价	价格类别	国内	提出报价时间	2016.8.13
28.00	28.00	35.00%	66.88%	报价需求		收到报价时间	2016.8.13

服装数量	单位	最少数量	单位	最少颜色	单位	最少款式	单位	报价单号 #	1	报价阶段	其他
500.00	件	100.00	件	50.00	件	50.00	件	产品系列		外套	

说明	假设批量为500件，最少为100件	说明	初期预估成本

报价信息 / 成本核算表—原始成本

报价变动					材料	使用	计量单位
结构变化	1	基础		材料	3.75	1.50	码
物料清单变动	1	基础		材料	1.50	0.50	码
尺码类别	女士（001XS—4XL）				目标成本	预估成本	预估国家
BOL 变化							
预计交货期		实际交货期	2012.1.15		原始：预估-美元：不确定@1		不确定@1
说明	1月中旬需要交货			面料成本	6.38	1.91	0.00
				辅料成本	4.00	5.55	0.00
				标签成本	0.55	0.55	0.00
				包装成本	1.00	0.75	0.00

供应商及工厂信息

办事处/机构	Excellent Clothing	佣金 %	6.00%	劳动力成本	1.55	0.00	0.00
联系人	Robert			后整理	1.16	0.00	0.00
供应商	Accessories International			成本核算	1.00	0.00	0.00
联系人	Jay			免税港7	0.00	0.00	0.00
加工厂				离岸价格	15.64	8.71	0.00
联系人				税费%	0.07	0.04	0.00
交货地	USA			运费（装卸费）	1.11	0.00	0.00
商品原产地	USA			佣金	0.94	0.52	0.00
执行标准(HTS)	100.1938.47657	税费 %	0.45%	报价费	0.45	0.00	0.00
税费类别		税率 1		免税港8	0.00	0.00	0.00

储运信息

				免税港9	0.00	0.00	0.00
空运/海运/陆运	陆运			上岸成本	18.20	9.27	0.00
费用	1.25	每计量单位	盎司	加价%	35.00%	66.88%	0.00
说明	18.00	计量单1.25位	盎司	零售价	28.00	28.00	0.00
公司				超预算	0.00		
联系人							

Freeborders CPM Design 出品，©Freeborders 2016 1/1 页

生产成本（最终估算成本）[Production Costing（Final Cost Estimate）]：在产品开发过程的样衣制作完成之后，需要进行更详细的估算，以确定服装款式的零售价格以及需要的生产制作工时量。生产成本包含：

- 服装零部件（包含面料、里料、辅料、配件）；
- 劳动力；
- 包装和后整理、修整费用；
- 运费和（适用的）关税税率；
- 工厂加价；
- 批发加价。

最终估算成本包含到岸成本。

生产成本（最终估算成本）

成本计算页—1：1—女式上衣

设计号	001232	加工厂办事处	Active Chamonix Intl	季节年份	春季 2016	状态 设计日期	2016.8.13	成本核算
部门	休闲					修改日期	2016.8.14	
组别	女装	产品描述	碎花衬衫			入库日期		
材料								

款式信息 / 成本细目

目标零售价（美元）	预估零售价（美元）	目标加价	预估加价	价格类别	出口	提出报价	2016.8.14
28.00	28.00美元	35.00%	33.92%	报价需求	QR4000058	收到报价	2016.8.14
服装数量 单位	最少数量 单位	最少颜色 单位	最少款式 单位	报价单号#		报价阶段	其他
500.00 件	150.00 件	100.00 件	0.00 件	产品系列		外套	
说明	假设批量为500件，最少为100件			说明		最终成本	

报价信息 / 成本核算表—原始成本

		材料	使用	计量单位
报价变动 1	[Q2]-最终			
结构变化 1	[Q2]-基础	材料 3.75	1.50	码
物料清单变动 1	[Q2]-基础	材料 1.50	0.50	码
尺码类别	女士 (001XS—4XL)	目标成本	预估成本	预估国家
BOL 变化		原始：预估-美元；不确定@1		加拿大 CAN@135
预计交货期	实际交货期 2012.1.15			

成本项目	目标成本	预估成本	预估国家
面料成本	6.38	1.91	2.58
辅料成本	4.00	5.55	7.43
标签成本	0.55	0.55	0.74
包装成本	1.00	0.75	1.01
劳动力成本	1.55	2.00	2.70
后整理	1.16	0.75	1.01
成本核算	1.00	0.55	0.74
免税港7	0.00	1.00	1.35
离岸价格	16.75	13.01	17.57
税费%	0.08	0.06	0.08
运费（装卸费）	0.94	3.50	4.73
佣金	1.94	1.43	1.93
报价费	0.45	0.50	0.68
免税港8	0.00	0.00	0.00
免税港9	0.00	0.00	0.00
上岸成本	18.20	18.50	24.98
加价%	35.00%	33.92%	34.92%
零售价	28.00	28.00	37.80
超预算	-1.85		

说明：12月中旬需要交货

供应商及工厂信息

办事处/机构	Excellent Clothing	佣金%	11.00%
联系人	Robert		
供应商	Knits & Wovens 4 U		
联系人	Donnie		
加工厂			
联系人			
交货地	USA		
商品原产地	USA		
执行标准（HTS）	100.1938.47657	税费%	0.45%
税费类别		税率1	

储运信息

空运/海运/陆运	空运		
费用	0.25	每计量单位	盎司
说明	14.00	计量单1.25位	盎司
公司			
联系人			

实际成本（Actual Cost）：实际成本的监控和计算发生在生产阶段，以确保不超过最终的估算成本。

原文参考文献（References）

Agility Logistics. (2009). *CIF: Cost, Insurance and Freight. . .(named port of destination)*. Retrieved December 23, 2015, from http://www.agil-itylogistics.com.au/CIF.aspx

Glock, R. E., & Kunz, G. I. (2005). *Apparel manufacturing: Sewn product analysis*. Upper Saddle River, NJ: Pearson Prentice Hall.

Keiser, S. J., & Garner, M. A. (2012). *Beyond design: The synergy of apparel product development* (3rd ed.). New York: Bloomsbury Publishing.

Rosenau, J. A., & Wilson, D. L. (2014). *Apparel merchandising: The line starts here*. (3rd ed.). New York: Bloomsbury Publishing.

第二十四章

产品规范
Product Specifications

因材料特性、设计要求和生产加工的不同，会使服装制作标准和工艺有所差异。因此，制定材料和服装部件标准，对最终产品能达到预期质量水平和性能非常重要。

材料的标准规范，提供了用于服装款式设计所有材料所需的性能要求。这些规范包括：

· 颜色标准（见第六章）；

· 纱线标准（见第八章）；

· 织物、裁剪和装饰规范（见第七、十一、十二章）。

服装产品的造型细节、设计特征和与审美情趣有关的特征称为设计规范。设计规范帮助制板师创建原型，以保持设计师或产品开发人员对服装款式准确、完整地呈现。产品规范提供了完整的产品内部组件的标准，例如：

· 尺寸与合体度的规范；　　· 服装缝纫规范；

· 后整理规范；　　　　　　· 标签规范；

· 包装规范；　　　　· 质量和性能规范。

这些产品规范包含在生产工艺中，也称技术包（tech pack），其中包括以下有关信息：

· 带标注的正面、背面、局部视图的技术图纸；

· 推板规则；

· 所有服装部件的材料清单（材料和装饰）；

· 结构细节；　　　· 包装和标签；

· 试衣流程和合体度评价。

材料清单（Bill of Materials）：描述所有服装部件的清单，包括纤维含量、在服装内的位置、尺寸、宽度、重量、后整理、所需数量和配色信息。

XYZ产品开发公司
材料清单

原型 # MWB1720	号型范围：女装4~18
款式 #	样衣尺寸：8
季节：2017秋季	设计师：Moni van Deusenberg
名称：女式机织裤	
合体类型：自然	首次发送日期：2016.7.1
品牌：XYZ女士休闲装	修订日期：
状态：原型 -1	材料：9盎司牛仔布

项目描述	纤维含量	位置	供应商	宽度、重量、尺寸	后整理	数量
靛蓝牛仔布 32/2x32/2, 116x62	96%棉 4%氨纶	主体	Luen Mills UFTD-9002	58英寸可切割, 9盎司	酶洗, 30分钟	—
做口袋的布料	65%聚酯 35%棉 45dx45d, 10x76	手袋	K. Obrien公司	58英寸	预缩	—
无纺黏合衬	100%聚酯纤维	腰头、门襟	PCC	款式246	—	—
拉链3CC（CH）, F型拉头	不可见	侧缝	东京YKK	$6\frac{1}{2}$英寸	见下文	1
缝纫线 -DTM 主体	100%涤纶	平缝和锁边	A & E	30特克斯	—	—
缝纫线 -DTM 标签	100%涤纶	后袋	A & E	30特克斯	—	—
缝纫线 对比线		装饰明线	A & E	90特克斯		—

供应商				
色号#	主体色	拉链带	拉链整理	明线
477	洗黑—酶	580	卷	A-448
344B	深色牛仔—酶	560	卷	R-783

服装制造规范（APPAREL MANUFACTURING SPECIFICATIONS）

注记（Callout）：在技术草图中对服装细节的描述，以提供更多信息或属性说明。

注解（Comment）：用于生产的规格表上的重要标记。

组件表（Component Sheet）：列出构成服装的所有部件，如裁片、衬里和装饰。服装中每个部件的批次或样式编号以及位置都应标出，以避免在生产过程中造成混淆。这些部件的规格可在组件表上找到。

结构细节（Construction Details）：服装的裁剪和缝纫说明。结构细节包括针迹类型、每英寸针数（SPI）以及允差、接缝类型和表面整理、下摆类型、明线细节、衬里类型和要附着的服装部位、与织物匹配的说明（如织物图案、格子布、条纹布）、封口细节和缝纫方法，以及标签位置和缝制到衣服上的说明。

XYZ产品开发公司 结构说明					
原型＃ MWB1720 款式＃ 季节：2017秋季 名称：女式机织裤 合体类型：自然 品牌：XYZ女士休闲装 状态：原型-1			号型范围：女装4-18 样衣尺寸：8 设计师：Moni van Deusenberg 首次发送日期：2016.7.1 修订日期： 材料：9盎司牛仔布		
裁剪信息：单向，纵向					
横向匹配：NA					
纵向匹配：NA					
其他匹配：NA					
每英寸针数（SPI）：接缝11±1，明线8±1					
部位	描述	接缝	接缝整理	明线	衬布
后裆弧线、前裆弧线	接缝和明线	5T	5T	$\frac{1}{16}$	—
后育克	接缝和明线	5T	5T	$\frac{1}{4}$	
前腰头	接缝和明线	SN-L	2N-L	$\frac{1}{4}$	
侧缝	接缝	5T	5T	$\frac{1}{16}$（局部）	—
套结	见细节图	—	—	—	—
侧插袋	见技术包	$\frac{1}{4}$英寸2N-T&B-CvS		—	—
手袋布	底边法式缝	SN-L	—	$\frac{1}{4}$英寸	—
裤脚开口	边缘	暗缝		$1\frac{1}{2}$英寸	
闭合					
侧边拉链	接缝	SN-L			

整理规范（Finishing Specifications）：有关形成产品最终完整外观过程的详细信息，如：

· 压烫或蒸汽熨烫；　　　· 修剪线头；

· 湿法处理会改变产品外观。湿法处理的整理规范包括颜色标准、耐磨性、设备设置以及化合物的使用。

测量值修改记录（Fit History）：记录样衣制作过程中与规范指定的测量值相关的数量的修改。

推板规则（Grade Rules）：在服装板型的指定位置按比例增加或减少尺寸以形成生产范围内所有服装尺寸的说明。

包装规范（Packaging Specifications）：产品运输和商品包装的详细信息。包装标准包括如下内容：

· 吊牌的位置和附着方法；

· 服装的放置、折叠和悬挂说明；

· 包装材料和尺寸；

· 每个集装箱的服装数量；

· 装运纸箱或集装箱的标签。

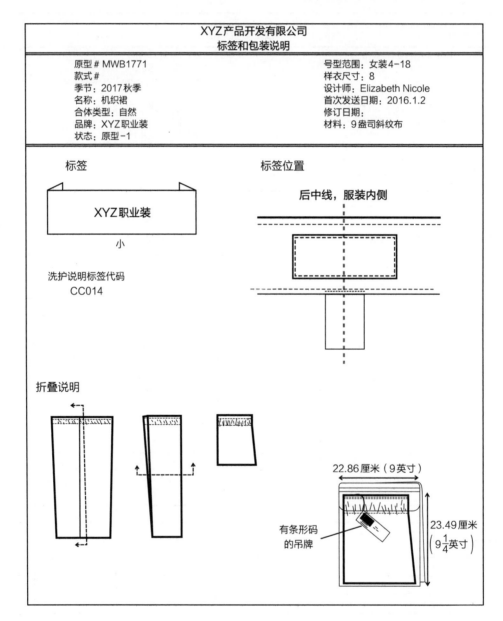

服装制造规范（APPAREL MANUFACTURING SPECIFICATIONS）

产品表或设计表（Product Lead Sheet or Design Sheet）：技术包的封面，其中提供有关生产服装样式的介绍信息，如：

- ·品牌；　·公司名称及联系方式；
- ·服装款号；　·季节或年；　·颜色分类；
- ·服装图片（平面款式图）；
- ·所用材料的特定信息；
- ·尺码范围；
- ·针迹和接缝类型，SPI/SPC，位置；
- ·交货日期及详情。

产品表的信息将被转移到技术包中的所有其他表中。

规范库（Specification Library）：为过去和现在产品开发公司的规范数据库或文件归档系统，可用于新产品的设计。

细节表（Trim Sheet）：服装生产的细节和规格要求，是技术包的一部分。根据特定服装的构成，可含以下信息：

- ·纤维含量；
- ·辅料类型（如纽扣、按扣、拉链等）；
- ·结构图；
- ·规格尺寸；
- ·数量单位；
- ·在服装中的位置及附着方法；
- ·生产制造和匹配的颜色标准；
- ·性能要求；
- ·衬料适当黏合方法和规范。

尺寸规范（SIZE SPECIFICATIONS）

购买规格或订购规格（Specification Buying or Specification Ordering）：提供给制造商的关于产品规格、性能要求、允差和质量的书面材料。

服装尺寸的规范是服装设计和生产的一个重要方面。尺寸规范是在各个测量点对服装进行的标准尺寸测量。人体测量数据是通过研究人体尺寸、大小和形状进行比较得出的。ASTM 国际标准公布了基于人体测量学的男性、女性和儿童的标准身体测量表，如表24.1所示。

表24.1　基于人体测量法的ASTM标准尺寸表

名称	ASTM标准身体测量表
ASTM D 4910–078	儿童，婴儿尺寸——早产婴儿~24个月
ASTM D 5585–95	女性未成年人体型尺寸，2~20码（2001年重新批准） 该标准于2010年撤销，无替代规定
ASTM D 5586M–10	55岁及以上女性所有体型
ASTM D 6192–11	女孩，2~20码，正常、苗条和微胖体型
ASTM D 6240–98	男子，34~60码，常规体型（2006年重新批准）
ASTM D 6458–99	男孩，8~14码瘦体和8~20码常规体型（2006年重新批准）
ASTM D 6829–02	青少年，0~19码（2008年重新批准）
ASTM D 6860M–09	男孩，6~24码，强壮体
ASTM D 6960–04	女子加大码，14~32码
ASTM D 7179–06	孕妇，2~22码

（ASTM，2011）

尺寸规范（SIZE SPECIFICATIONS）

ASTM国际标准尺寸表可供品牌、制造商和零售商使用。由[TC]^{2}开发的美国尺码库Size USA（专为改善供应链管理和技术开发提供解决方案）也可以使用，它是人体测量数据的汇编，通过扫描美国11000名成年人的身体确定的正常体型的规格尺寸。

尺寸规范包含在规格表中，也称规范表。规格表包括以下信息：

· 服装款式（包括描述说明、款式编号、季节、尺码范围、尺码类别、样衣尺寸、制作工艺、颜色、线迹、修剪、配件）；

· 范围内所有尺寸的推板信息；

· 服装款式正面、背面详细视图的技术图纸；

· 技术图纸比例；

· 具体的测量点和服装尺寸。

技术人员根据服装款式设计、合体度、制造商或品牌的尺寸要求以及推板规则、提供的尺寸和生产需求编写尺寸规格。

本章定义了基本的规范术语。如需进一步阅读有关特定服装规格及其测量方法的详细信息，请参考以下资料：Lee和Steen的《设计师技术资料手册》、Myers-McDevitt的《尺寸规格完整指南：技术设计》、Bryant和DeMers的《规格手册》。

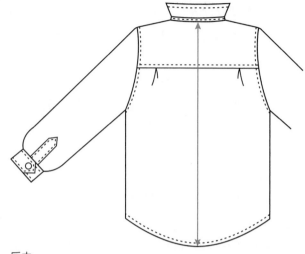

后中

前中

■ 尺寸规范术语（Size Specification Terms）

后中［Center Back(CB)］：服装后片中点引出的垂线。

前中［Center Front(CF)］：服装前片中点引出的垂线。

编号（Code）：规格表和技术草图上的与公司测量手册中的测量说明相对应的编号，是数字或数字和字母的组合。

拉伸测量（Extended Measurement）：通过拉伸至最大限度来测量指定服装区域的尺寸。

完全尺码规范（Fully Graded Specification）：产品规格表包含该范围内所有号型的测量数据。

肩高点［High Point of Shoulder（HPS）］：肩膀的最高点，肩膀和颈根围的交点。

测量手册（Measurement Manual）：有关准确测量服装特定区域的指南，并附有相应的说明。

测量方法（Method of Measurement）：简要说明如何进行测量。

测量点［Point of Measure（POM）］：指示进行测量的确切位置。

自然状态测量（Relaxed Measurement）：在不施加外力的情况下，测量指定服装部位的尺寸。

侧缝［Side Seam（SS）］：服装的制作工艺，其前片和后片在侧缝处连接。

肩高点

侧缝

尺寸类别（Size Category）：男装、女装、童装尺寸的分类。

尺寸范围（Size Range）：一套服装所包含的全部尺码。

下摆围（Sweep）：衣服底边开口或下摆尺寸。

技术设计（Technical Design）：分析和评估服装设计、板型开发、合体度和生产。

允差（Tolerance）：与指定的精确测量值的可接受偏差量。

整体测量［Total Measurement（TM）］：测量围度，各个测量点，包括指定服装部位的正面和背面的各测量值。

下摆围

原文参考文献（References）

ASTM International. (2016). *ASTM International standards* (Vol. 07.02). West Conshohocken, PA: Author.

Bryant, M. W., & DeMers, D. (2006). *The spec manual* (2nd ed.). New York: Fairchild Publications, Inc.

Johnson, M. J., & Moore, E. C. (2001). *Apparel product development* (2nd ed.). Upper Saddle River, NJ: Prentice Hall.

Keiser, S. J., & Garner, M. A. (2012). *Beyond design: The synergy of apparel product development* (3rd ed.). New York: Fairchild Books.

Lee, J., & Steen, C. (2010). *Technical sourcebook for designers*. New York: Fairchild Publications, Inc.

Myers-McDevitt, P. J. (2009). *Complete guide to size specification and technical design* (2nd ed.). New York: Fairchild Publications, Inc.

[TC]2 (2016). *SizeUSA*. Retrieved January 10, 2016, from http://www.tc2.com/size-usa.html

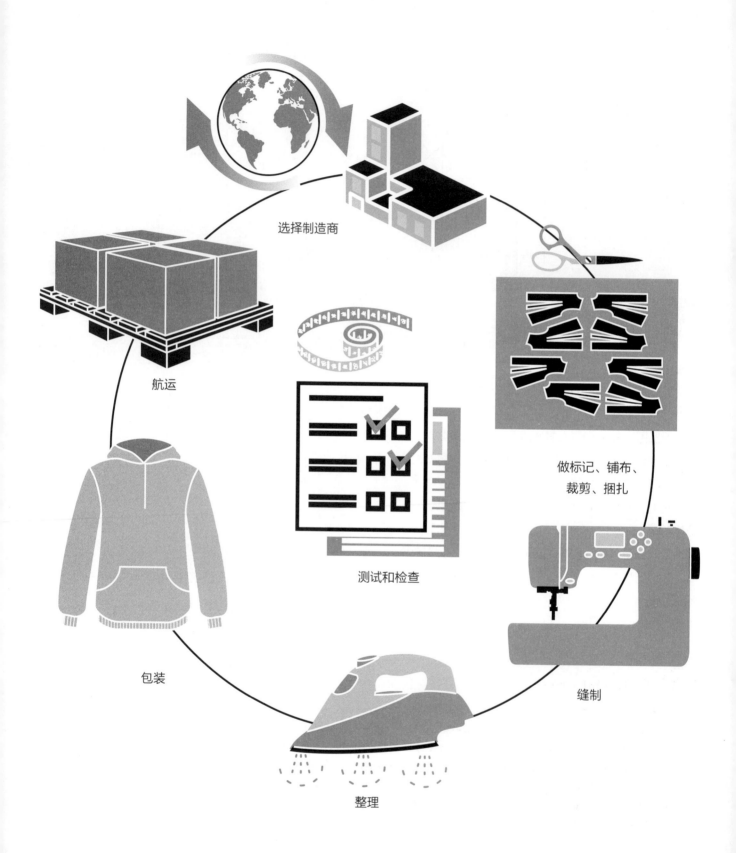

选择制造商

做标记、铺布、
裁剪、捆扎

缝制

整理

包装

航运

测试和检查

生产及质量控制
Production and Quality Control

　　一旦产品设计完成，生产纸样、工艺单、材料采购和生产厂确定，就可以进入生产环节。生产前的准备工作包括标记、裁剪和捆扎等，以方便缝制。所选择的制造商和生产系统的类型取决于服装的数量、款式和质量要求。从设计开始，到缝制、整理、包装、分发到销售场所，整个工序都应保持所需的质量水平。质量控制、测试和检验贯穿始终，以验证规格标准是否满足要求，消除安全隐患，减少瑕疵数量和返工数量，并为客户提供符合或超过质量要求的产品。本书的第四部分讲述服装缝制、整理、质量保证、产品测试和检验等整个生产制造系统，以及用于批量生产的服装包装材料。

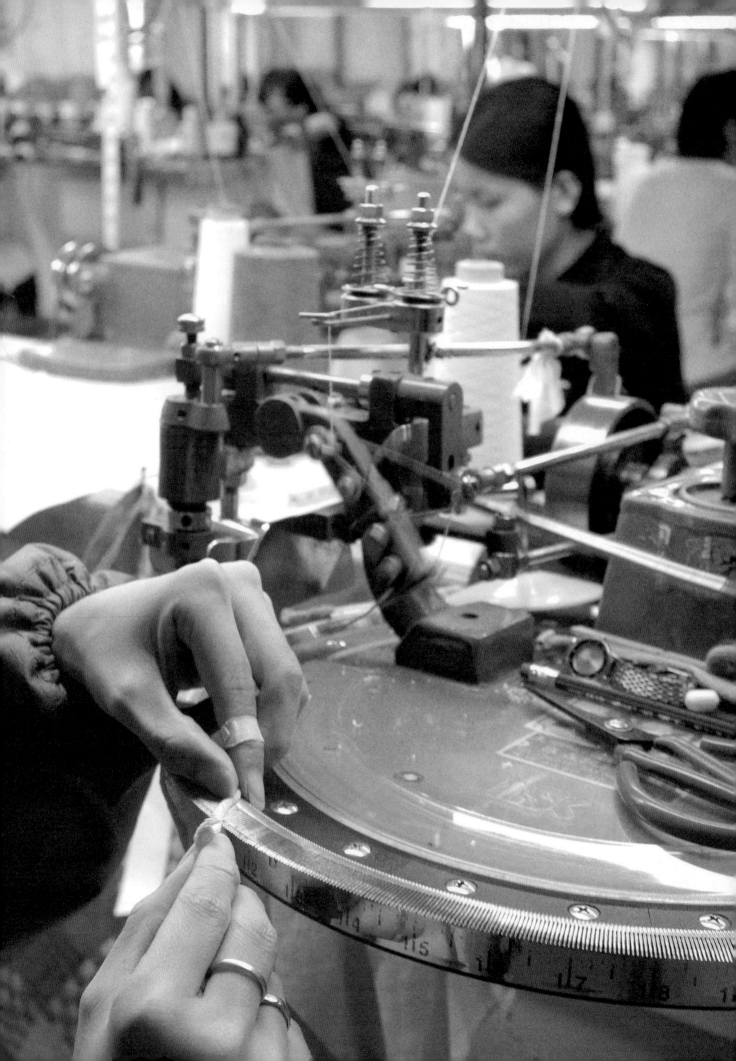

第二十五章

生产及采购

Product and Sourcing

生产，也称制造，是将原材料转化为产品
出售给最终消费者的过程。生产计划要求工厂
根据可用的资源和需求，包括预期或预计的数
量、工厂的产能、产品要求以及交货日期，来
协调和安排货物的生产制造。

加工厂选择是生产的重要组成部分。服装可以在世界各地生产，采购部总监面临的挑战是确定在哪里生产的服装能以理想的价格达到满意的质量水平。在国际上采购商品时，这些产品会被征收关税，必须在入境口岸通过海关清关。

生产运作管理（APPROACHES TO PRODUCTION）

制造商根据消费者需求进行预测生产商品的模式，称为拉动式生产系统。拉动式生产系统是基于消费者需求和期望，公司尽可能简化设计、生产和分销流程，以更快速度的供应链体系运送产品，满足消费者对时尚求新求变求快的消费需求。根据福布斯网站（2006）Kristine Miller 所说，"Topshop 每周会推出 300 款新设计，这些零售商每周会向终端店铺推出 2~3 次新设计，而传统服装商店每年只会推出 10~12 次新设计。"

快时尚，快速上市以及快速响应（Fast Fashion, Speed to Market, or Quick Response）：减少了从工厂到制造商，再到零售商，最后到消费者的整个供应链中处理货物的时间。通过提高设计沟通、制造和商品物流的效率，缩短了市场响应时间。这一过程通过限制产量或停止生产滞销商品，以快速销售的产品取而代之，为生产提供了灵活性。Topshop 和 Zara 等公司专注于提供限量、有价值的时尚商品，以满足目标客户不断变化的需求。伦敦工业论坛的负责人肯·沃森（Ken Watson）在一个快速时尚研讨会上解释说，Zara 训练其设计师以更快的速度开发产品，快速做出设计决策并最小化修改，以加快开发过程，从而可以尽快投入生产。这种垂直一体化的公司与工厂紧密合作，颜色标准匹配无误，使面料准备和裁剪生产的速度快得多。

柔性制造（Flexible Manufacturing）：能够在短时间内生产少量的各类产品。柔性制造通过为小批量订单提供短的交货周期，使快时尚成为可能。

长期生产（Long-Term Production）：根据项目的预期需求或预计销售量生产的产品数量。

短期生产（Short-Term Production）：根据消费者需求生产的产品数量。

生产标准（Production Standard）：制造特定款式产品所需的具体时间。

标准完成分钟［Standard Allowed Minutes（SAM）］：工人用特定机器和技术完成一项操作所需的时间，以分钟和秒为单位。标准制作时间通常在北美和南美使用。

标准完成小时［Standard Allowed Minutes（SAH）］：从标准完成分钟（SAM）到小时的转换，表示工人完成一打产品所需的小时数。当公司以一打而不是一件来计算成本时，使用标准完成小时。

标准分钟值（SMV）或标准时间［Standard Minute Value (SMV) or Standard Time］：为完成一项特定任务分配的相同时间，而不是仅仅根据分钟和秒来衡量完成时间。标准分钟值是基于完成任务的预定时间测量，同时考虑到了处理物料和零件所需的手工动作以及缝制顺序。标准分钟值通常在欧洲和亚洲使用。

工厂产能（Factory Capacity）：工厂能够在特定时间段内以特定质量级别生产的预期商品量。产能由以下因素决定：

· 可用的机械；
· 工厂布局；
· 所生产产品的劳动强度；
· 特定产品的缝制和后整理需求；
· 生产系统；
· 工厂设施和分配的空间；
· 工人的技能和生产力；
· 时间；
· 订单量。

可用的工厂产能（Available Factory Capacity）：在特定的时间范围内，可用于安排产品生产的总小时数。

计划的工厂产能（Committed Factory Capacity）：在特定的时间范围内，用于列入生产计划的产品生产的总小时数。

现有的工厂产能（Demonstrated Factory Capacity）：在一定的时间内，工厂或一台机器能够以一定质量水平生产的部件或成品的总数量。

要求的工厂产能（Required Factory Capacity）：在特定时间段内，要求工厂或一台机器以特定质量水平生产的零件或成品的总产量。

产出时间（Throughput Time）：产品在生产过程中的实际时间，以小时、分钟和秒计算，从剪裁开始，到发货结束。

产出量（Throughput Volume）：在特定时间内实际生产的产品数量。

进行中或在制品（WIP）[Work in Progress or Work in Process（WIP）]：在生产过程中未完成的原材料数量或服装数量。

直接劳工（Direct Labor）：工厂内直接负责生产成品的工人，为产品的制作做出贡献的个人。直接劳工包括：

· 一线主管；

· 铺布工和裁剪工；

· 标记员和捆扎员；

· 物料搬运员；

· 缝纫工；

· 后整理员工。

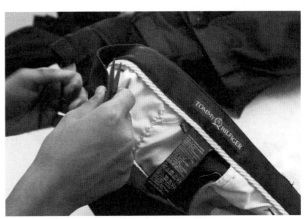

工厂负责人

工厂负责人（Factory Managers）：负责组织管理工人，为工厂的运作和设施运转提供指导的领导。工厂负责人包括：

· 工程师；

· 工厂经理；

· 生产线主管；

· 生产经理。

生产运作管理（APPROACHES TO PRODUCTION）

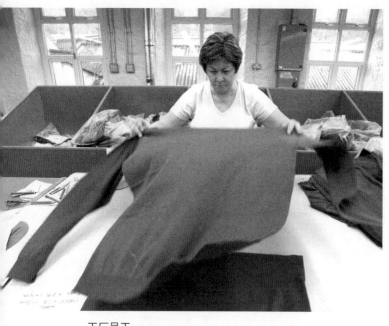

工厂员工

工厂员工（Factory Staff）：为经理提供支持或与直接劳工一起工作的工人。工厂员工包括：

· 行政管理人员；

· 机械维护人员；

· 质量检查人员。

产品增值（Value-Added）：在生产过程中，加工产品的每个缝纫工通过精简生产流程增加产品的价值。例如，当缝纫工完成绱袖工序或将纽扣钉在衬衫门襟上，就为产品进行了增值。为提高效率，服装各部件由各个缝纫工逐步加工，从而完成整件产品。

采购（SOURCING）

采购资源以获取国内外工厂生产的材料或服装产品的过程称为采购。采购包括公司用来生产给定产品的所有资源。为了满足快速流通货物的需求，许多公司都遵循多源战略，这意味着他们将生产外包给几个不同的工厂。公司制定一个时间表，即采购日历，指定最后期限，并跟踪设计、产品开发、生产、分销和交付到销售产品的零售场所的进程。

物流（Logistics）：供应链中的分配和仓储过程。

国内采购（Domestic Sourcing）：雇佣同一国家的制造商来生产产品。

离岸（Off Shore）：服装产品的生产与货物的分销和销售所在的国家、地区不同。

近岸（Near Shore）：制造国的地理位置与货物将被分销和销售的国家距离非常近。

进口商（Importer）：从国外进口产品到国内销售、加工或再出口的公司。

自有品牌进口商（Private Brand Importer）：在国外采购并保留个人品牌的产品，将其进口到国内的零售公司。

国际采购（International Sourcing）：雇佣海外制造商生产产品。

采购代理（Sourcing Agent）：被雇佣的就离岸贸易法规、工厂生产能力和产品质量提供咨询服务的人员，并充当制造工厂和采购经理之间的联络人。

现场检验员（Field Inspector）：被雇佣的监督国内生产和产品质量的人员。

采购日历

序号	流程安排	主要所属部门（使用团队）	XYZ男装品牌秋季/假日（7、8、9、10、11、12）2018		XYZ男装品牌春季/夏季（1、2、3、4、5、6）2019	
			起始日期	终止日期	起始日期	终止日期
1	与设计部门的初始研发会议	设计	4/24/17	4/24/17	8/28/17	8/28/17
2	创意趋势和色彩方向	创意服务	6/19/17	6/19/17	10/23/17	10/23/17
3	初始财务计划	财务	6/26/17	7/3/17	10/30/17	11/3/17
4	创建BDD	设计	6/26/17	6/30/17	10/30/17	11/3/17
5	初始生产线计划	跟单	7/7/17	7/7/17	11/6/17	11/6/17
6	生产线计划批准	跟单	7/7/17	7/7/17	11/10/17	11/10/17
7	初步生产线计划定稿	跟单	7/10/17	7/10/17	11/13/17	11/13/17
8	按季节执行生产线计划	跟单	7/10/17	7/10/17	11/13/17	11/13/17
9	色彩师确定调色板	设计	7/12/17	7/13/17	11/15/17	11/16/17
10	设计部门的会议	设计	7/14/17	7/14/17	11/16/17	11/16/17
11	调色板转移到代理商处	产品开发	7/14/17	7/14/17	11/16/17	11/16/17
12	采购核签	设计	8/7/17	8/7/17	12/11/17	12/11/17
13	原材料签收	设计	8/11/17	8/11/17	12/15/17	12/15/17
14	订购样品材料	原料	8/11/17	8/14/17	12/15/17	12/18/17
15	采购策略	生产开发	8/14/17	8/14/17	12/18/17	12/18/17
16	工厂发送样衣（供董事会审核）	生产开发	8/21/17	8/21/17	12/26/17	12/27/17
17	董事会审核	跟单	8/28/17	8/30/17	1/2/18	1/3/18
18	发布董事会审核结果	跟单	8/31/17	8/31/17	1/4/18	1/4/18
19	设计周	设计	8/28/17	9/1/17	1/2/18	1/5/18
20	开发协作	设计	9/6/17	9/14/17	1/8/18	1/19/18
21	发送服装开发技术包（原型样衣）	产品开发	9/11/17	9/29/17	1/15/18	2/9/18
22	与供应商协商原型样衣技术包	产品开发	9/13/17	10/2/17	1/17/18	2/13/18
23	品牌新创意	跟单	10/31/17	10/31/17	3/18/18	3/18/18
24	首件样衣/成本/最小应付订单数量（成本/最小起订量，原型样衣）	产品开发	10/31/17	11/3/17	3/12/18	3/16/18
25	与跟单一起进行样衣成本评估	产品开发	11/6/17	11/10/17	3/17/18	3/22/18
26	采购会议	跟单	11/13/17	11/17/17	3/26/18	3/30/18
31	采购后会议	跟单	11/14/17	11/17/17	4/18/18	4/20/18
27	项目设置	跟单	11/14/17	12/1/17	3/28/18	4/16/18
28	采购会议准备工作	跟单	11/20/17	12/1/17	4/4/18	4/16/18
29	检查生产线	跟单	12/1/17	12/1/17	4/16/18	4/16/18
30	发布采购会议结果	跟单	12/4/17	12/8/17	4/16/18	4/20/18
32	采购材料发送至生产商	生产开发	12/6/17	12/11/17	4/23/18	4/23/18
33	第一次试衣评价	技术设计	12/13/17	12/20/17	4/27/18	5/2/18
34	更新完成	生产开发	12/15/17	12/15/17	4/27/18	4/27/18
35	新品牌创意签发	跟单	12/11/17	12/11/17	4/23/18	4/23/18
36	预生产技术包发放	生产开发	12/11/17	1/12/18	4/23/18	5/18/18
37	订单接收、评审	销售	12/15/17	12/15/17	4/27/18	4/27/18
38	向代理商、工厂更新生产计划	生产计划	12/17/17	12/19/17	4/30/18	4/30/18
39	系统中的物料（如果需要）、定单标注	销售	12/18/17	12/20/17	4/30/18	5/2/18
40	最终订单（款式、颜色、尺寸）确定	销售	12/22/17	12/22/17	5/4/18	5/4/18
41	向代理商、制造商下达最终需求计划（款式、颜色、尺寸）	生产计划	12/27/17	12/27/17	5/8/18	5/8/18
42	最终采购会议结果公布	销售	12/29/17	12/29/17	5/11/18	5/11/18
43	索取样衣图片供销售参考	生产开发	1/5/18	1/5/18	5/14/18	5/14/18
44	从代理商、生产商接收最终成本核算	生产开发	1/23/18	1/23/18	5/28/18	5/28/18
45	最终成本评估	生产开发	1/24/18	1/29/18	5/30/18	6/1/18
46	第二次样衣到货	生产开发	2/5/18	2/5/18	6/4/18	6/4/18
47	审核最终成本	生产开发	2/5/18	2/7/18	6/4/18	6/6/18
48	新品牌创意产品更新	创意服务	2/12/18	2/12/18	6/11/18	6/11/18
49	将最终成本移交至制造部	生产开发	2/12/18	2/12/18	6/11/18	6/12/18
50	最终成本移交完成	生产开发	2/14/18	2/14/18	6/13/18	6/13/18
51	最终试衣完成	生产开发	3/5/18	3/5/18	7/2/18	7/2/18
52	批准生产订单	生产计划	3/12/18	3/12/18	7/9/18	7/9/18
53	生产样衣到货	生产开发	3/26/18	3/26/18	7/23/18	7/23/18
54	产品技术包发送	生产开发	4/9/18	4/13/18	8/6/18	8/10/18
55	开始生产	生产计划	4/23/18	4/27/18	8/20/18	8/24/18
56	工厂接收	生产开发	5/7/18	5/11/18	9/3/18	9/7/18
57	商品在制	生产计划	6/18/18	6/22/18	10/15/18	10/19/18
58	承运人提货	生产计划	8/20/18	8/24/18	12/17/18	12/21/18
59	第一批商品到店	生产计划	9/7/18	9/7/18	1/4/19	1/4/19

采购（SOURCING）

外发加工安排［Outward Processing Arrangement（OPA）］：暂时进出口，境内货物运往境外加工、制造，再进口到境内并免征部分关税或者免征全部关税的海关手续。

世界贸易组织［World Trade Organization（WTO）］：管理全球贸易规则的组织。

关税（Tariff）：进口产品的税款。

配额（Quota）：国际贸易数量的管制。纺织品配额于2005年1月1日被取消。

美国统一关税表（HARMONIZED TARIFF SCHEDULE OF THE UNITED STATES）

美国统一关税表（HTSUS）：是美国国际贸易委员会发布的文档，按纤维类型、产品类型和消费者（婴儿、妇女、女童、男人、男孩）对进口产品进行分类，而评定的税率或税金（表25.1）。美国海关总署是通过美国统一关税管理国际贸易法规的机构。美国统一关税表分为22个部分，共99章。第11部分适用于纺织品，包括第50~61章。

表25.1　美国统一关税表，第11部分 纺织品

章	分类
50	丝
51	羊毛、细的或粗的动物毛；骆马毛纱线和机织物
52	棉
53	其他植物纤维；木浆纤维纱线和木浆纱线构成的机织物
54	人造丝
55	人造短纤维
56	填料、毛毡和无纺布；特种纱线、麻线、绳索、绳带及其制品
57	地毯和其他覆盖地板的纺织物
58	特种机织面料；簇绒纺织面料；花边、挂毯；饰物；刺绣
59	浸渍（注入）、涂层、覆盖或层压的纺织织物；适用于工业的纺织品
60	针织物及钩编织物
61	其他纺织制成品；二手衣物和纺织品；边角料

（美国国际贸易委员会，2016）

美国统一关税表（HARMONIZED TARIFF SCHEDULE OF THE UNITED STATES）

海关经纪人（Customs Broker）：受雇协助进口商、出口商、货运公司或贸易机构通过海关清关的人员。美国海关经纪人须得到美国海关和边境保护局的许可，必须确保进出美国的货物符合联邦规定。经纪人有责任了解：

- 入境手续；
- 关税税率；
- 货物入境要求；
- 货物的分类和估价。

海关（Customs）：负责监督入境口岸进出口货物流通的政府机构。海关人员收取关税，监督非纺织品的配额，检查货物和文书是否符合贸易法规。

清关［Customs Clearance（CCL）］：海关代理人检查进出口货物的装运文件是否符合美国联邦法规的过程。一旦获得许可，货物可以继续驶向目的地。

原文参考文献（Reference）

Fiber2fashion.com. (2009, September 17). *Fast fashion: Fast thinking and fast changing*. Retrieved January 21, 2016, from http://www.fibre-2fashion.com/industry-article/22/2114/fast-fashion-fast-thinking-and-fast-changing1.asp

Glock, R. E., & Kunz, G. I. (2005). *Apparel manufacturing: Sewn product analysis* (4th ed.). Upper Saddle River, NJ: Pearson Prentice Hall.

Jana, P. and Collyer, P. (2008, October 1). Operator skill: Single or multi? *Stitch World*.

Keiser, S. J., & Garner, M. B. (2012). *Beyond design: The synergy of apparel product development* (3rd ed.). New York: Fairchild Books, Inc.

Lezama, M., Webber, B., & Dagher, C. (2005). *Sourcing practices in the apparel industry: Implications for garment exporters in commonwealth developing countries*. London, UK: The Commonwealth Secretariat.

Miller, K. (2006, August 12). Fashion's fast lane. Retrieved January 21, 2016, from http://www.forbes.com/2006/09/13/leadership-fashion-retail-lead-innovation-cx_ag_0913fashion_print.html

United Nations. (2004). *International merchandise trade statistics: Compilers Manual, Annex B*. New York: Author.

United States International Trade Commission. (2016). Harmonized tariff schedule of the United States (2016 HTSA Basic Edition). Retrieved January 21, 2016, from https://hts.usitc.gov/current

U.S. Customs and Border Protection (2016). Becoming a customs broker. Retrieved January 21, 2016, from http://www.cbp.gov/trade/programs-administration/customs-brokers/becoming-customs-broker

第二十六章

制造商、工厂布局及生产线组装系统

Manufacturers, Factory Layouts, and Production Systems for Assembly

服装生产是将购买的面料裁剪、缝制出成衣的过程，是手工和机械生产的结合。

制造商（MANUFACTURERS）

　　服装或纺织生产企业或工厂也称传统制造商，其拥有或在内部能运营完成服装设计和加工生产所有步骤的公司。不是所有公司都能设计、制造它们销售的产品，有些会外包给承包商。承包商是独立企业，共受雇提供制造整件服装或服装某些完整部件的生产服务。服装制造商、政府机构以及零售制造商都会雇佣承包商。零售制造商开发由承包商生产的自有品牌商品，在其线下零售店铺、邮寄点或网上分销和销售。采购方案可考虑的范围很广，包括从承包简单服装的制作，到设计复杂的部件及整件服装生产。目前有三种直接的工厂采购模式，即CMT、OEM和ODM。其他承包商类别，包括批发商和专业承包商，也称分包商。

　　CMT即裁剪（Cut）、缝合（Make）、修整（Trim）：承包商完成服装生产的所有环节。这类承包商收到的是未经裁剪的原材料，通过裁剪、缝纫及修整加工出成品。

　　专业承包商（分包商）（Specialty Contractor/Subcontractor）：受雇于某制造商的独立承包商，其具有专业技术和设备，从而可以完成其他承包商不能提供的服装某些部分的生产。专业承包商可提供的一些服务：

　　·印花；　·包扣；　·绗缝；　·打褶。

　　内设工厂型（Inside Shop）：在自己拥有的工厂内设计生产服装的传统制造商。

　　外部合作型（Outside Shop）：受雇于某制造商外包一种或多种服装部件生产的独立承包商。外部合作型包括CMT、批发商以及专业承包商（外包商）。

　　原始设备制造商（OEM）或全包型制造商［Original Equipment Manufacturing (OEM) / Full- Package Manufacturing］：承包商根据设计师、产品开发人员和零售制造商的产品工艺单合同，提供采购服装产品原材料和零部件、流水线加工、整烫包装，并将产品发送到零售目的地的一系列服务。

　　批发商（Jobber）：受雇于某制造商外包生产整件服装或服装某些完整部件的独立承包商。批发商购买原材料并将其直接发给CMT承包商进行生产，或将服装部件发给承包商生产。

　　原始设计制造商（OEM）或全包型供应商［Original Design Manufacturing (ODM) or Full Package Supplier］：有能力完成服装设计、制板、裁剪、流水线加工、包装等所有环节，并能在财务上承担材料采购和生产成本的独立承包商。如果ODM承包商负责服装产品的分销，则被称为已付关税的供应商。

工厂布局的类型（TYPES OF FACTORY LAYOUTS）

生产厂也称加工厂，是从准备服装各种零部件到将其制作成可销售的服装商品场所。在生产厂内安排工作的空间就是工厂布局，包含生产作业、管理、原材料存储以及员工服务等所需要的空间。物料运送和作业流程的有效性，对于加工厂的生产效率和盈利能力十分重要。在生产厂，大多有两种生产线布局方式，尽管许多加工厂往往依赖于一种方式，但通常还是会备有产品布局和工序布局两种方式。

产品布局（线形布局）[Product Layout (Line Layout)]：根据服装制作的顺序而不是按某些服装款式来排列生产设备。产品布局，也被称为装配流水线，对于品种单一且大批量的产品生产很有效。

工序布局（以工艺为中心布局）[Process Layout (Skill Center Layout)]：生产设备根据特定服装款式所需的操作工艺，按功能分组放置在工作区域。成捆的服装部件分组按工艺流程装配加工，生产设备按所要完成的工序进行排列。工序布局对各种小批量款式的服装生产是有效的。

生产系统（PRODUCTION SYSTEMS）

生产系统是按生产可销售的服装成品所需的各种物料、设备等资源与作业工序进行组合排列。作业流水线是指安排服装零部件和各种材料从开始到结束的生产过程的专业操作流程。在制品是指在流水作业过程中未完成的产品数量，服装加工厂必须注意在制品的处理，即在生产过程中材料和服装部件的有效传递。一个生产系统包含：

· 材料、服装零部件及附件的处理；

· 劳动力；　　　· 服装生产加工工具及设备；

· 材料和服装部件在组装过程中符合逻辑的传递顺序。

服装加工厂的四种生产系统包括：整件服装生产系统(make-through or whole garment production system)、渐进捆扎式生产系统(progressive bundle system)、单元式生产系统（unit production system）、模块生产系统（modular production system）。

■ 整件服装生产系统（Make-Through Production System or Whole Garment Production System）

由具备熟练技能的作业员完成从开始到结束所有服装零部件组装的一种生产方式。这个系统能提高作业的灵活性，用于生产高价格、高质量、小批量的高级时装产品。

生产系统（PRODUCTION SYSTEMS）

■ 渐进捆扎式生产系统（Progressive Bundle System）

一种将服装部件捆扎成束，按规定的顺序将服装组装而成的生产方式。工厂的工人每天完成相同的操作，效率会逐渐提高。

将服装部件分组捆扎在一起，以便对已完成某一特定工序的服装衣片或服装某一部件进行加工，捆扎的衣片由人工从一个工位运送到下一个工位。产品布局（线型布局）或工序布局（以工艺为中心布局）的工厂通常使用这种生产系统。渐进扎束式生产系统分为按服装捆扎和按作业捆扎两种类型。

- 按服装捆扎（Garment Bundle）——将单件服装的所有零部件捆成一扎，从一个工位运送到下一个工位；

- 按作业性质捆扎（Job Bundle）——服装零部件根据两个或多个连续组装的作业工序进行捆扎。服装各种部件在生产加工过程中，会在经

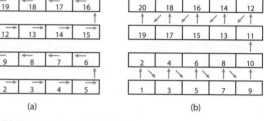

两种渐进捆扎式系统工厂布局示例

过工位时，将其他部件组装到这些部件上，直到整件服装加工完成。

渐进捆扎式系统通过以下方式进行管控：

- 捆扎单（Bundle Tickets）——某扎服装作业的主列表，包含捆扎流转单，或每个组装作业的标识卡：含有运送信息、计件工资以及与款式号、尺寸和色号相关的标识；

- 捆扎流转单（Bundle Coupons）——工厂工人的报酬通常是根据他们在一个班次内完成的件数来计算的，这种支付方式称为计件工资。员工会在一天结束时上交捆扎流转单，并保留其中一部分，工厂管理者根据此单计算应支付的工资；

- 智能卡或电子捆扎单（Smart Cards or Electronic Bundle Tickets）——缝纫操作员通过与计算机系统相连的读卡器刷卡，以电子方式掌握他们所完成的工作。这种方式取代了个人捆扎流转单和纸质捆扎单，这些与提供信息的身份证一起都包含在捆扎单中。

渐进捆扎式系统

■ 单元生产系统（Unit Production System）

与渐进捆扎式较为相似的一种生产方式，只是将一整件服装零部件捆成一扎，从一个工作站运送到下一个工作站，通过与吊挂传输系统（一种提供电力的轨道式传输服装零部件扎的装置）相连的运输装置或传送带。单位生产系统不再需要人工来传送服装衣片扎，提高了货物在工厂内的传输效率。工厂的工人每

天完成相同的操作，从而提高了工作效率。这种方式在采用生产布局（线型布局）或工序布局（以工艺为中心布局）的工厂中应用较为普遍。单元生产系统的管控借助计算机系统完成以下工作：

- 控制衣片扎的传送；
- 监控作业流程；
- 记录作业员生产工资单和库存控制。

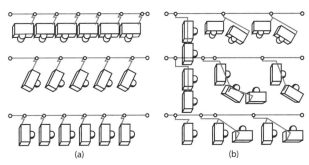

两种单元生产系统示例

单元生产式工厂

　　直联和串联是吊挂传输系统连接缝纫工的两种排列方式。直联方式的吊挂传输可在每个缝纫工的操作站停留，而串联方式既可以与单个也可以与两个或三个设备组成的工作站相连接。排列方式的选择取决于所加工服装的类型、服装的款式结构与细节、所用设备以及工厂规模。

■ 模块式生产系统 [Modular Production System (Modular Manufacturing)]

　　是一种由多个单独的作业员组成一个团队，共同完成一件服装组装的生产方式。小组内的团队成员经过多技能交叉训练，可完成几种不同的作业。员工是作为一个团队而不是个人得到报酬，因此，要求所有成员的工作流程和成品服装的产出必须保持一致。模块式生产系统提供了其他生产系统所不能提供的灵活性，适用于各种款式和服装的小批量生产。这种类型的生产系统的设备通常采用马蹄形排列，而不是线形的布局。

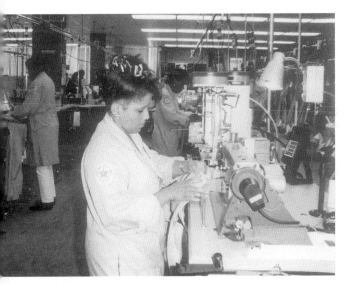

模块式生产工厂

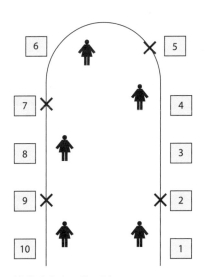

模块式生产系统示例

组装作业（ASSEMBLY OPERATIONS）

服装制造需要经过一系列专业步骤生产出成品，这一过程称为组装作业。这些基于生产工艺单的步骤，对加工服装产品十分重要。无论工厂采用哪种生产系统，在生产过程中，所有的步骤安排都应基于对材料和服装部件进行有效的传输。

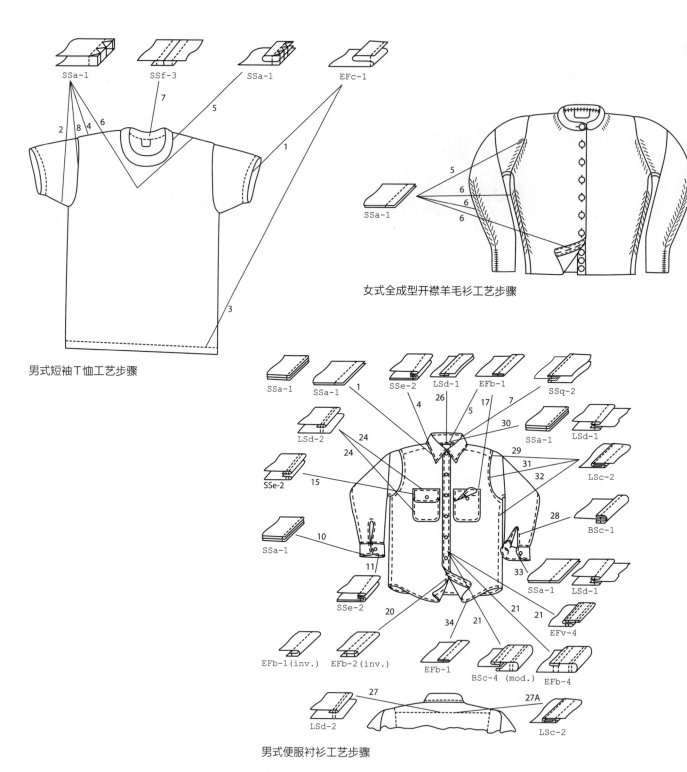

男式短袖T恤工艺步骤

女式全成型开襟羊毛衫工艺步骤

男式便服衬衫工艺步骤

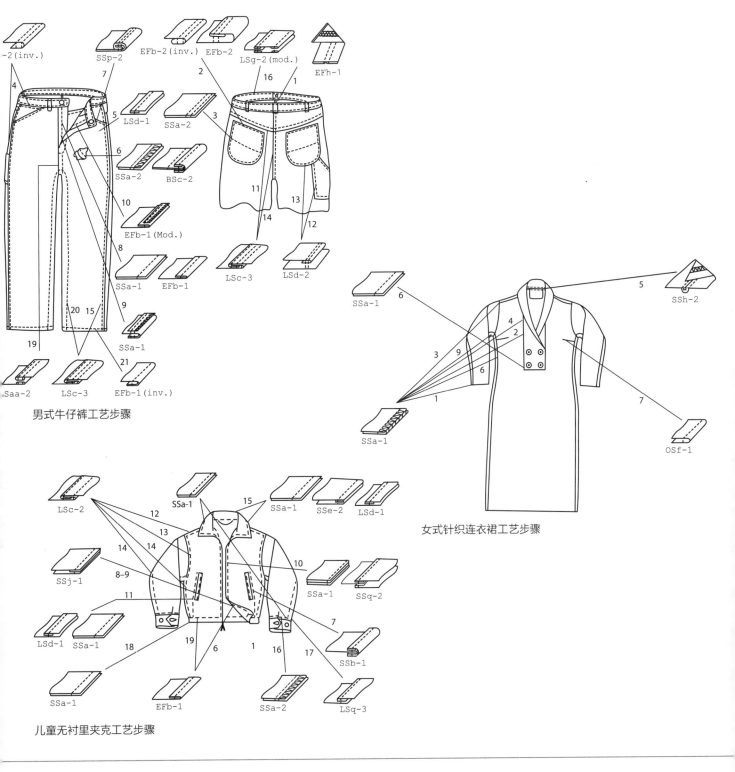

-2(inv.) SSp-2 EFb-2(inv.) EFb-2 LSg-2(mod.) EFh-1

4 7 2 16 1

LSd-1 SSa-2 3

SSa-2 BSc-2 5

6

EFb-1(Mod.) 11 13

10 14 12

SSa-1 EFb-1 LSc-3 LSd-2

8

9

20 15 SSa-1

21

19 LSaa-2 LSc-3 EFb-1(inv.)

男式牛仔裤工艺步骤

SSa-1 6

5 SSh-2

4 2

3 9

6

1

SSa-1 7

OSf-1

女式针织连衣裙工艺步骤

LSc-2 12 SSa-1 15 SSa-1 SSe-2 LSd-1

13

14 14

SSj-1 8-9 10

11 SSa-1 SSq-2

LSd-1 SSa-1 18 7

19 6 1 16 17 SSb-1

SSa-1 EFb-1 SSa-2 LSq-3

儿童无衬里夹克工艺步骤

原文参考文献（References）

Bubonia, J. E. (2014). *Apparel quality: A guide to evaluating sewn products*. New York: Bloomsbury Publishing, Inc.

Glock, R. E., & Kunz, G. I. (2005). *Apparel manufacturing: Sewn product analysis* (4th ed.). Upper Saddle River, NJ: Pearson Education, Inc.

Solinger, J. (1988). *Apparel manufacturing handbook: Analysis, principles, and practice* (2nd ed.). Columbia, SC: Bobbin Blenheim Media Corporation.

第二十七章

排料、裁剪和捆扎

Marker Making, Cutting, and Bundling

在生产前的准备工作中，需要进行样板缩放（即推板）、裁剪纺织材料、捆扎以及组装。在裁剪不同尺寸衣片时，衣片样板需要有计划地进行铺排（即排料），以便裁剪加工。绘制排料图时，需要考虑很多因素。

排料图绘制需考虑的因素（MARKER LAYOUT CONSIDERATIONS）

排料图就是将衣片样板进行排列，作为生产过程中对服装面料进行裁剪的依据。排料可通过计算机或人工方式，将某款服装一件或所有尺寸的衣片进行排列。排料图也用于样衣的原型裁剪。制板和推板集成软件可绘制排料图，并发送到自动裁剪机，以简化生产前的操作。衣片样板的排列也称排料，是在纸上或虚拟在计算机上将衣片样板进行铺放排列，为裁剪做准备。衣片样板铺排，有助于估算服装款式所需面料的数量。衣片样板铺排时，需要考虑服装结构、设计以及面料的宽度（即幅宽）。排料是为了最大限度地使用面料以减少浪费，即减少废料，废料是指拿走服装零部件后，留在裁床上的材料。为确定生产所需面料的数量，在铺排衣片样板的排料图中，工艺设计师（或称技术员）必须考虑到面料的幅宽。

各个衣片样板上的织物纱线方向标示出经纬纱向（横纱、斜纱或交织的纱向）。服装设计时织物纱线的方向，以及排料时衣片样板摆放位置的影响因素包括：

- 均衡性；
- 织物设计的花型或结构方向；
- 起绒、拉毛或圈绒的方向；
- 机织或针织物的反光性。

当准备裁剪用排料图时，排料员需沿织物纵向放置衣片样板，并与每片衣片样板上做出的标识保持一致。衣片样板上的纵向纹理，是在最初的设计开发和样板绘制阶段确定的。

当排料员利用计算机软件进行排料（即数字化排料）时，会设置缓冲带或无形的屏障，避免衣片样板在排料图中出现过于贴近的情况。数字化排料的另一种功能是挡块。与刀片宽度相近的挡块，可保护衣片，避免被意外裁切。如果需要数字化排料的纸质板，可在连续卷纸上复制打印出排料图，卷纸的宽度与被切割织物的尺寸相同，长度即为排料图的长度。

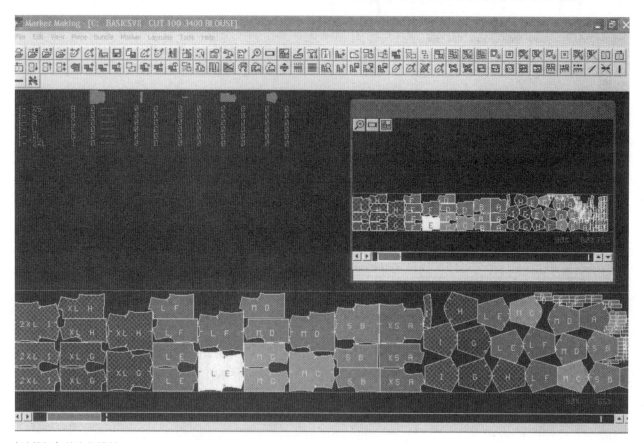

（计算机）数字化排料

特殊材料裁剪的排料图绘制（MARKER LAYOUTS FOR CUTTING SPECIFIC FABRICS）

排料图绘制人员会根据织物在裁剪台上的铺布方式，考虑如何进行合理的排料。排料图定位（Marker Placement）是指衣片样板在织物上的铺排位置，即确保排料图边缘与布边平行，以便裁剪出的所有衣片都是完整的。铺料（Fabric Spread）是指如何将材料进行多层铺排，以备裁剪。当每层织物以上下一层一层的方式铺排时，称为单层铺料（Single-ply Spread）。单层铺料在每层铺料完成时须剪断织物，以确保所有织物层的正面朝向保持一致。往返折叠铺料（Face-to-face Spread）是像手风琴风箱一样地折叠铺料，每次新铺排的织物层都在前一层的基础上折叠，从而使相邻层的织物正面相对。管状铺料（Tubular Spread）的衣片是从管状织物上裁剪下来的，这种方式裁剪制

作出的衣服没有侧缝。

具有特殊结构、图案或需进行后处理的织物统称为方向性织物，在进行排料图绘制时需要特别考虑。这类织物包含：

- ·拉绒织物；　　　　·编织织物；
- ·成圈织物；　　　　·拉毛织物；
- ·单向织物；　　　　·绒毛织物；
- ·缎面织物。

单向或有方向性织物翻转后，会显示出不同的色调或设计感。从有方向性织物上裁剪衣片时，所有样板需按同一方向进行放置排料。因此，裁剪有方向性织物时会比较费料。

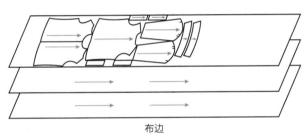

单层铺料

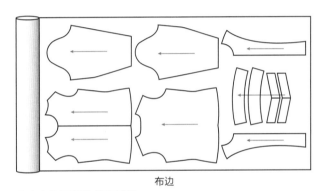

有方向性面料的单向铺料

具有几何图案设计的织物，如格纹、条纹、棋盘式格纹，以及饰边图案设计，需要采用特殊的排料方式，以确保被裁剪的织物衣片缝合后，图案能够按要求相匹配。

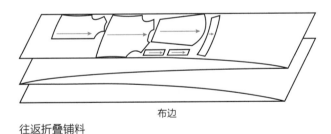

往返折叠铺料

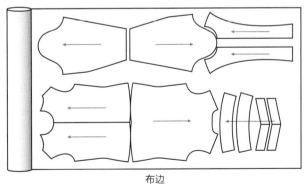

双向铺料

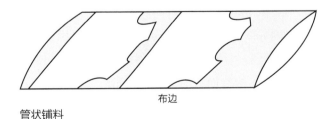

管状铺料

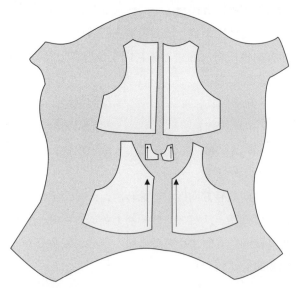

从一张动物毛皮上裁剪服装衣片样板铺排

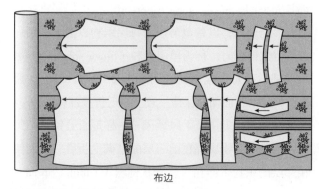

布边

裁剪带有饰边图案的织物衣片样板铺排

动物毛皮的排料：动物毛皮属于有绒毛材料，需要采用沿一个方向进行单面排料的方式。动物毛皮按平方厘米（或平方英尺）测量，每块毛皮的形状、尺寸、色泽以及表面状态各有差异。对于较大的衣片样板，可通过拼接扩大或拉长毛皮。

有饰边织物图案的排料：衣片样板沿有饰边织物的长度（经纱）方向或横向（纬纱）铺排，目的在于强调织物饰边设计在服装上的应用。

成品饰边织物设计的排料：衣片样板在成品饰边织物长度（经纱）方向或横向（纬纱）铺排，以便在服装上应用织物的饰边设计。这些织物经过装饰整理加工，沿长度方向的一边或双边形成贝壳状纹理边缘。成品饰边织物包括网眼花边和蕾丝。

格纹设计织物或格纹图案织物的排料：排料过程中，遇到印有条纹、几何图案或从一个布边到另一个布边构成对角线结构的织物，所有衣片样板须沿同一个方向（单向）铺排。

斜纹交织或斜纹类织物的排料：在沿同一个方向铺排衣片样板时，斜纹交织物的纹理线（纱向）须平行于布边，以避免制成服装后因光线折射引起色差。

有方向性设计的织物或单向图案设计织物的排料：单向设计的织物排料时需要所有衣片样板沿同一个方向（单向）铺排。

针织物的排料：在沿同一个方向铺排衣片样板

时，管状织物、编织物以及其他针织物的纹理须平行于布边，以避免成品因光线折射引起的色差。

反光织物的排料：沿同一个方向铺排衣片样板时，织物的纹理须平行于布边，以避免成品因光线折射引起的色差。

起毛、起绒织物的排料：沿同一个方向铺排衣片样板时，织物的纹理须平行于布边，以避免成品因光线折射引起的色差。通常，服装设计时采用织物表面绒毛向下刷过的形式。

绒面织物的排料：沿同一个方向铺排衣片样板时，织物的纹理须平行于布边，以避免成品因光线折射引起的色差。裁剪衣片时，沿织物向下的方向铺排样板，成品服装面料的绒毛质地光滑，面料色调较浅，有镀银的光泽。也有一些天鹅绒或丝绒织物在裁剪时，衣片样板是沿绒毛向上的方向铺排。这样可让服装外观显得更华丽。

特殊材料裁剪的排料图绘制（MARKER LAYOUTS FOR CUTTING SPECIFIC FABRICS）

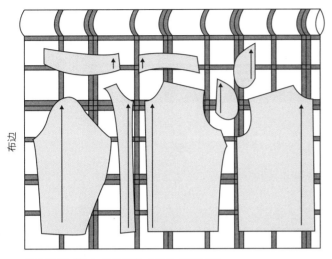

布边

裁剪平衡或均匀格纹织物衣片的样板铺排

平衡格纹（对称格纹）或均匀格纹织物的排料：排料时，衣片样板在衣片缝合处须按设计的几何图案相匹配（俗称"对格"），或以V形对接的方式进行排列。平衡格纹是一系列彩色纱线构成的镜像图案的重复，在织物的纵向（经向）、横向（纬向）或两个方向上都形成线性图案。

不平衡格纹（不对称格纹）织物的排料：排料时须要沿一个方向进行样板排列。不平衡格纹在织物的纵向（经向）、横向（纬向）或两个方向都有变化，彩色纱线形成不对称几何图案的设计。在设计服装时，几何图案在身体上的位置只能沿一个方向。

不均匀格纹织物的排料：排料时，衣片样板须沿一个方向排列，以便格纹在衣片缝合处能匹配上（俗称"对格"）。不均匀格纹是彩色纱线在织物纵向（经向）和横向（纬向）形成重复但有变化的几何图案。

平衡条纹织物的排料：排料时，衣片样板在衣片缝合处须按设计的几何条纹相对应（俗称"对条"），或以V形对接的方式进行排列。平衡条纹是在中心条纹的左侧和右侧形成一系列颜色和宽度镜像重复的设计。

均匀条纹织物的排料：排料时，衣片样板在衣片缝合处须按设计的几何条纹相对应或以V形对接的方式进行排列。均匀条纹是在织物纵向（经向）和横向（纬向）都形成两种颜色均匀交替或宽度均匀的系列线条的设计。

不均匀条纹或不平衡条纹织物的排料：排料时，为使衣片在缝合处的条纹能连续排列，须沿一个方向进行衣片样板的排列。在条纹设计过程中，宽度和颜色混合的线条被连续地重复，形成了单向的条纹。在设计服装时，几何图案在身体上的位置只能沿一个方向。

铺料（FABRIC SPREADING）

加工后的织物以成卷的方式运输，成衣工厂需要测量、检验并重新卷装以备裁剪使用。将成卷的织物放在裁剪台可前后往返移动的铺料设备上，按预设的长度（如排料图所确定的长度），将织物铺放。铺料设备和裁剪台宽度依商品的宽度需要而定，裁剪台长度由样板种类、考虑织物延展性需加的缝份量，以及设备类型而定。

织物铺放的层数称为铺料层数（Ply Count），铺料层数也称铺料层，是一层一层铺放织物总的数量。在单向或面对面铺料时，为实现批量生产，很多情况下需要同时裁剪多个相同的服装部件。每铺完一层织物都需要统计铺料的层数，以确保数量精准。在铺料过程中发现残次品时，需要将残次部位的织物剪切掉并在此处进行搭接。搭接部位（Splice Lap）是指剪切掉的织物边缘相互重叠的部位，在该部位需要核实确保搭接的上下层都能延伸至衣片样板边缘不少于1.27厘米（$\frac{1}{2}$英寸）且不超过2.54厘米（1英寸）。绘制好的排料图放置在铺好的织物层最上端，以备人工裁剪。当使用计算机辅助设备裁剪铺料时，会将数码样板发送至裁剪设备。裁剪工具裁切时，在织物层上先绘制排料图。设计元素、织物类型决定了如何进行排料以及织物层如何铺放。

铺料时必须在材料完全没有张力的状态下进行。当铺料时材料被拉伸，称为张紧铺料；反之，称为松弛铺料，织物在铺料时织物两端之间纵向铺放得太

铺料（FABRIC SPREADING）

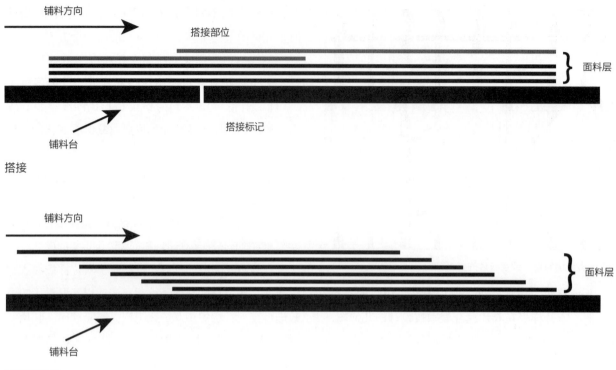

铺料方向

搭接部位

面料层

铺料台

搭接标记

搭接

铺料方向

面料层

铺料台

面料层倾斜

松，会导致在面料层中产生波纹或褶皱。铺料时，织物层的布边与织物的中心部位或边缘对齐均可。以中心对齐的铺料方式（Center-aligned Spread）是将每层织物的垂直中心对齐，以纵向（经纱方向）为中心，横向（纬纱方向）两边等距完成织物的铺放。布边垂直对齐的铺料方式（Straight-edgealigned Spread）是将织物一侧的布边精确地对齐，形成垂直的布边，此

时另一侧可能会也可能不会形成垂直平行的布边。当铺放的织物层边缘与台面不呈直角时，面料层会倾斜，必须调整，以避免裁切时出现问题。

裁剪台（Cutting Table）：裁剪台高度位于人体腰部，有固定的平面工作区域，其宽度和长度依据工厂布局、织物类型、铺料设备或裁剪程序而设计。裁剪工作台是进行铺料和裁切作业必备的工作台面。

裁剪台

织物层（Plies）：为了能一次裁剪出多件服装衣片及其相应的零部件，织物需要多层铺放。

拖铺织物（也称铺料或铺布）（Spreading Fabric）：采用手工或铺布机将预定数量的织物层铺放在裁剪台上的过程。铺放的最终结果被称为铺料、铺布或拉布。

裁断机或端部裁刀（Cut-Off Machine or End Cutter）：电动端部裁刀或裁断机上设计有可控制开关的长手柄，配备的圆形刀片可沿安装在裁剪台上的刀槽完成裁切操作。设备的宽度尺寸为1.2~2米（48~78英寸）。裁断机与铺布机一起可用于单向铺布的端部织物裁切。

织物层裁剪

铺料

裁断机

铺料方式的工业化裁剪程序指南

织物		服装		铺料方式
不对称（有方向性）	⇐	不对称		正面单向—绒毛单向
对称的	⇌	不对称		正面单向—绒毛双向
不对称	⇐	对称的		正面单向—绒毛单向
对称的	⇉	对称的		正面单向—绒毛双向

铺料（FABRIC SPREADING）

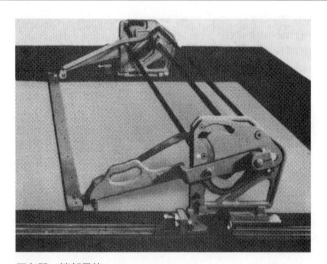

压布器、端部导轨

端部压布器或端部导轨（End Catcher or End Guide Rail）：有一定重量、横跨安装在裁剪台上的横梁装置，以便提供安全稳定的作业基础。压布器或端部导轨可放置并固定在铺料台上的任何位置。横梁上的锯齿状橡胶表面可抚平物料上的齿痕和针孔。设计的压布杆在裁剪作业时，可移动到其他位置。压布器或端部导轨用于：

· 当铺料机前后移动时，在某个位置压住织物；
· 压住端部对折织物；
· 固定织物端部不移动。

面对面铺料机

面对面铺料机（Face-to-Face Spreader）：自动铺料机可将每一层织物铺在裁剪台上并对齐。压布器在每一层铺料结束时，启动换向装置。依据织物类型设置并固定铺料机的铺料速度和裁断时间。典型的铺料机宽度为1.2~2.1米（48~84英寸）。当单向拖铺织物时，闭合开关允许铺料机空程返回。铺料时，随时统计所铺放的每层织物。

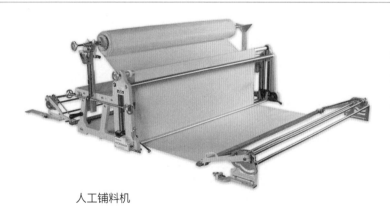

人工铺料机

人工铺料机（Manual Spreader）：手动操作的铺料设备，其上有导轨可让操作者在裁剪台上拖铺多层织物时，能保持织物边缘对齐。这类铺料机可完成面对面单向的织物铺料。

单向（单程）铺料机（One-Way Spreader）：在装有齿轮轨道上运行的自动铺布机，铺料两端的端部导轨和裁断机配合其同步完成铺料及织物裁断作业。铺料机的铺料速度依织物类型设置并固定。通常的铺料机宽度为1.2~2.1米（48~84英寸）。铺料时，随时统计所铺放的每层织物。铺料端部采用整幅装置消除织物的折痕。

单向（单程）铺料机

管状针织物铺料机（Tubular Knit Spreader）：带有可将各种宽度的管状织物固定在合适位置的可调电磁装置的自动铺料机。设备由压布器控制，在每一层铺料的端部反转方向。依据织物类型设置并固定铺料机的铺料速度和裁断时间。典型的铺料机宽度在1.7米（66英寸）或以上。当单向拖铺织物时，闭合开关允许铺料机空程返回。铺料时，随时统计所铺放的每层织物。管状针织物铺料机可处理不同重量和种类的管状针织物或平铺折叠织物。

管状针织物铺料机

织物层剪切（CUTTING FABRIC LAYUPS）

在裁剪织物准备过程中，生产商需要购买各种不同类型的机器设备，包括大型的固定设备和手工操作工具。各种不同尺寸的固定及便携式裁剪设备，可用于从工装到女式内衣各类厚重至轻薄织物的裁剪操作。裁剪刀片的设计有直刀型、锯齿型、波浪型或犬牙边型，以适应各种类型织物和铺料层高度的裁剪。此外，还有专门用来裁剪合成材料、泡沫材料以及橡胶材料的刀具。

依裁剪织物类型所需的刀刃。刀具可用光滑的、中等或粗大颗粒的砂石或皮带打磨。用于裁剪合成材料织物的刀具需要加润滑液(不具腐蚀性的液体会自动沿刀片喷洒)，以减少热量在织物层积聚，避免因刀具升温过高导致物料熔化。

为确保作业员的安全以及沿铺料布边和端部的裁剪加工质量，由人工移动操作的裁剪设备，如带刀或裁刀，在裁剪台和织物层边缘之间需要留出至少10厘米（4英寸）的空间。

固定裁剪设备是由计算机软件控制的，有包含自动磨刀装置的垂直裁刀、喷水裁剪、激光裁剪已铺放好的织物层。织物层在带有鬃毛垫的裁剪台上铺放

织物层剪切（CUTTING FABRIC LAYUPS）

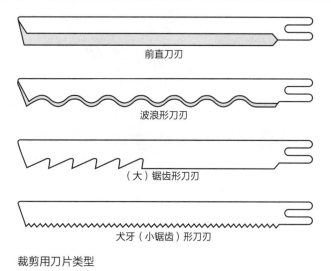

前直刀刃

波浪形刀刃

（大）锯齿形刀刃

犬牙（小锯齿）形刀刃

裁剪用刀片类型

后，由可垂直往复裁剪的自动裁剪机进行裁剪加工。织物层用塑料薄膜覆盖，而后由真空吸气装置从鬃毛垫表面抽走空气，形成紧密压缩的块状织物层，以便裁剪加工。裁剪台表面的鬃毛垫可让刀片完全经过所有铺放的织物层。

布料测量及检验设备（验布机）（Cloth Measuring and Inspection Machine）：由电动机驱动的固定设备，包括用于支撑织物卷的装置以及当织物通过检验台后重新卷绕织物的卷轴。设备可通过脚踏板或手工控制，宽度为1.2~3.25米（48~120英寸）。所有设备配备变速电机，织物可根据需要面朝内或面朝外卷绕。像针织品这类弹性较大的织物，需要以最小的张力展开并重新卷绕。设备配有照明检验台，便于肉眼检查织物疵点。布料测量及检验设备用于：

·卷绕及展开织物；

·测量及检查织物；

·包装和裁断织物卷；

·清点库存。

布料测量及检验设备（验布机）

裁剪夹（Clamp）：夹紧装置，由两个相对的金属臂组成，在中心枢轴点连接，形成把手和夹紧端。裁剪夹借助弹簧的外力，使夹紧端保持闭合状态。裁剪夹用于：

· 保持织物层不错位；

· 保持样板与织物层不错位。

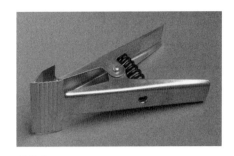

裁剪夹

剪切线（Cutting Line）：在排料图上用于裁剪时指引裁剪工具沿衣片样板边缘作业的设计线。

钻孔机（Drill）：便携式电动钻孔机，配有控制开关和把手，安装在支架和底座上的金属钻针工作时做垂直运动。通常使用的钻针尖有两种类型：锥形和注射器形：

· 锥形针尖（Awl drill point）为实心钻针，可在织物上切开一个洞，也可在指定的位置上切断纱线。锥形针尖会在织物上形成可以看见的永久针孔，在制成的服装上需要隐藏起来；

· 注射器形针尖（Hypodermic drill point）为空心钻针，其中充满有标志性的液体，既可在熨烫时消除，也可永久保留，在制作服装时将其隐藏。

与所有种类织物相匹配，从轻薄型到重型钻孔机均可选用。选用低速电机带动的钻孔机，可避免合成纤维在操作过程中因高速引起的熔融。

所用钻针类型取决于织物类型。细小针尖用于紧密的织物；粗大针尖用于稀松或粗糙的机织物。设备尺寸有15.24厘米、20.32厘米、25.4厘米（6英寸、8英寸、10英寸）可供选用，针尖范围为直径1.6~12.7毫米$\left(\frac{1}{16} \sim \frac{1}{2}$ 英寸$\right)$。对于稀松的机织物，为加工出永久针孔，针尖温度可调节。钻孔机用于：

· 为样板打孔作标记；

· 给多层织物衣片打孔，便于后续缝纫加工；

· 给样板上的省尖点或活省尖作标记；

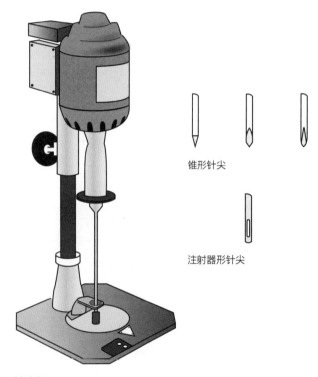

锥形针尖

注射器形针尖

钻孔机

· 为口袋、饰边、纽扣、扣眼、褶裥以及装饰位置作标记；

· 为设计细节点或位置，如衣袖、围巾、腰带等作标记。

织物层剪切（CUTTING FABRIC LAYUPS）

切口（Notching）：在衣片样板周边将所有织物层切割出一个深达0.48厘米 $\left(\dfrac{3}{16}英寸\right)$ 的切口。

剪切后的织物切口

电动衣片切口机

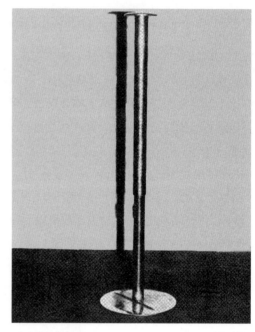

手工衣片切口机

电动衣片切口机（Electrical Cloth Notcher）：防脱线刀片与加热装置相连，控制开关和操作手柄安装在机器框架上。加热刀片的作用是为形成一个类似烧伤痕迹且有一定深度的切口。加热和冷切口类型的切口机均可选用。机器框架尺寸有10.16厘米、15.24厘米、20.32厘米（4英寸、6英寸、8英寸）可供选择，刀片尺寸可选用（3.2毫米、6.4毫米、9.5毫米、12.7毫米、15.9毫米 $\left(\dfrac{1}{8}英寸、\dfrac{1}{4}英寸、\dfrac{3}{8}英寸、\dfrac{1}{2}英寸、\dfrac{5}{8}英寸\right)$。电动衣片切口机用于加工：

· 针织物、软羊毛、稀松机织物和厚重织物层上的切口；

· 带刀片宽度受限热切口。

手工衣片切口机（Manual Cloth Notcher）：直刀片固定在弹簧反冲活塞上并固定于基座上。机器框架尺寸有10.16厘米、15.24厘米、20.32厘米（4英寸、6英寸、8英寸）可供选择，刀片尺寸可选用3.2毫米、6.4毫米、9.5毫米、12.7毫米、15.9毫米 $\left(\dfrac{1}{8}英寸、\dfrac{1}{4}英寸、\dfrac{3}{8}英寸、\dfrac{1}{2}英寸、\dfrac{5}{8}英寸\right)$。手工衣片切口机可用于：

· 织物层铺放有限制的衣片切口加工；

· 在坚固的机织物材料上加工。

直刃裁剪机（刀片裁剪机）（Straight Knife Cutter or Knife Blade Cutter）：便携式电动裁剪机，安装的直刀片通过上下运动或冲程裁切织物层。操作人员裁切时，机器底座放在裁剪台上，以防机身倾斜或摆动。重型电机驱动的裁剪机用于难度大的裁剪加工；中型裁剪机用于铺料层数较多的柔软织物剪切；小型裁剪机用于裁剪轻薄材料。铺料层数较多的粗厚织物需要特殊的重型裁剪机使用加长刀片进行裁剪加工。设备尺寸有12.7厘米、15.24厘米、20.32厘米、25.4厘米、35.56厘米（5英寸、6英寸、8英寸、10英寸、14英寸）可供选择，刀片长度与设备尺寸应相匹配。磨刀轮或磨刀带可保持裁刀始终处于锋利的状态。这类裁剪机配备有减速装置，当剪切合成材料时，可将刀片的速度降至一半，以防材料出现熔融现象。直刃裁剪机用于：

· 直线、复杂曲线及锐角的裁剪加工；
· 从厚重到轻薄各类织物的剪切；
· 铺料层数较多的织物层剪切。

直刀裁剪机（刀片裁剪机）

立式旋转刀片裁剪机（Standup Rotary Cutter）：便携式电动圆刃裁剪机。重型电机驱动的裁剪机用于难度大的裁剪加工；中型裁剪机用于铺料层数较多的柔软织物剪切；小型裁剪机用于裁剪轻薄材料；超轻型裁剪机可提供6.35厘米$\left(2\frac{1}{2}英寸\right)$的刀片，用于裁剪厚度小于1.905厘米$\left(\frac{3}{4}英寸\right)$的铺料层。设备尺寸为直径6.35~25.4厘米$\left(2\frac{1}{2}\sim10英寸\right)$，刀片直径与设备尺寸相匹配。裁剪机配有减速装置，当剪切合成材料时，可将刀片的速度降至一半，以防材料出现熔融现象。立式旋转刀片裁剪机用于：

· 直线、较宽或平缓曲线的裁剪；
· 铺料高度有限的织物层剪切。

立式旋转刀片裁剪机

织物层剪切（CUTTING FABRIC LAYUPS）

冲压机（模压裁剪机）

冲压模

冲压机（模压裁剪机）（Clicker Press or Die Cutting Press）：固定式单臂和双臂电动或液压裁剪设备，配有按服装某部位精确尺寸制作的钢制裁剪模板。模压裁剪对铺料层厚度有一定的限制，主要用于：

· 精确地裁剪领子、袖头、门襟以及口袋；
· 裁剪较小的服装零部件，如带、标签、滚条、里衬和肩带；
· 经常重复用到的服装零部件。

计算机激光裁剪机（Computerized Laser Cutting Machine）：由计算机控制，利用激光束沿衣片样板裁剪线灼烧或熔解多层织物，但不会将多层织物融合在一起的裁剪机。

计算机激光裁剪机

计算机喷水式裁剪机（Computerized Water Jet Cutting Machine）：计算机控制的裁剪机。利用高强度喷水流，以不会让织物层变湿的高速率穿过并撕裂多层织物。

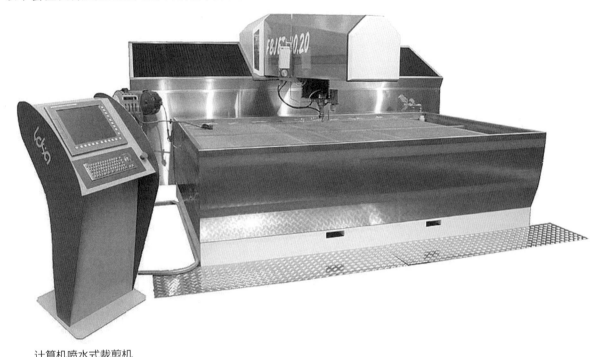

计算机喷水式裁剪机

计算机垂直往复式直刀裁剪机（Computerized Vertical Reciprocating Blade Cutting Machine）：利用垂直往复运动的刀片切割多层织物的计算机控制的裁剪机。

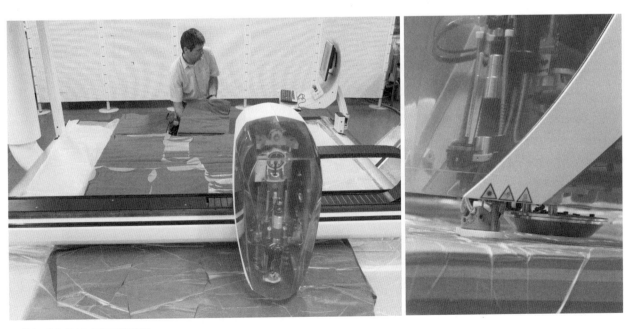

计算机垂直往复式直刀裁剪机

捆扎（BUNDLING）

拾取衣片样板

衣片裁剪完成后，工人将衣片层从裁剪台上拾取，这些衣片将按事先设定的工艺流程进行计数、配色准备、分组和捆扎。一扎是从铺放的织物层中已完成裁剪工序且折叠或捆绑在一起的一捆服装零部件。捆扎是根据图案尺寸、衣片颜色标记进行分类和分组。如果服装某些零部件需要黏合衬里，这一工序通常在裁剪车间完成。一些工厂进行黏合衬里可能：

·将裁剪好的服装衣片送出去黏合；
·在裁剪前，将预定数量的织物进行整片黏合；
·将需要黏衬的衣片与衬里一起进行模压裁剪；
·整卷黏合织物。

参见第二十六章在渐进捆扎式生产系统中，与捆扎相关的名词定义，如按服装捆扎、按作业捆扎、捆扎单、捆扎流转单、智能卡和电子捆扎单。

色泽标记（Shade Marking）：在每个铺料层内，通过对比每个衣片样板确保色泽匹配适当。一件衣服的所有零部件都应该来自同一裁剪层，以保证色泽匹配。

色泽标记单（打单）

色泽标记机（打单机）

黏衬（Fusing）：采用规定的温度、时间和压力的工艺过程，以实现黏合衬和面料之间安全的黏合。

整片黏合（Block Fusing）：相对较小的正方形或长方形织物片与衬里黏合在一起。

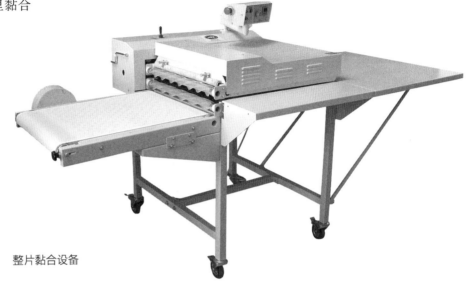

片状黏合材料样本　　　　整片黏合设备

整卷黏合（Roll-to-Roll Fusing）：整个织物卷的长度与衬里黏合。织物卷被送入黏合机通过加压将衬里黏合，再重新绕到另一边的轧辊上，形成新的织物卷，以备铺料和裁剪。

整卷黏合

第二十八章
CHAPTER 28

整烫
Finishing

服装经缝纫工序之后，多余的缝线需进行修剪。此外，服装还要经过检验和疵点修复，而后进行熨烫、折叠或悬挂、包装运输。这些过程统称为整烫工序。

修剪缝线（剪线头）（Thread Trimming）：剪掉服装缝合处多余的线头，保持服装干净整洁的外观。

吸线头（Thread Sucking）：吸走或真空抽走浮在服装表面的缝线，去除不想要的线头。

水洗工序（Wet Processing）：一些成品服装需要进行水洗或干洗工序，以便增加服装的功能属性或提高外观的审美需求。水洗工序用于各类休闲针织和机织服装，通过水洗工序能够达到：

· 使织物柔软；

· 采用漂白剂、浮石、酶或酸等助剂，通过水洗改变颜色；

· 预缩服装；

· 为增色而再次染色。

干洗工序（Dry Processing）：用于增添牛仔服装年代感、破旧、磨损的外观。干洗工序包含：采用磨刷、砂洗或激光等方法，降低服装色泽；通过砂洗，在服装某些部位将织物磨损；通过激光，将织物做旧。

磨刷（Brushing）：干洗工序的一种工艺技术手段。用含有芳纶、尼龙或金属丝刷毛的刷子磨擦衣服表面，使其看起来很旧。磨刷工艺采用手控电刷或自动电刷设备，与砂洗工艺相比，对服装的损伤较小，但工序完成速度较快。磨刷工艺可完成的形状包含：

· 扁平的；

· 凹的；

· 凸的。

激光蚀刻（Laser Etching）：干洗工序的一种工艺技术手段。采用CAD/CAM驱动的激光蚀刻机将染色层表面烧去一层，将服装色泽降低或烧出洞。这一技术可用于在服装上做出任何类型的破旧感或年代感，较多地用于模仿砂洗效果。

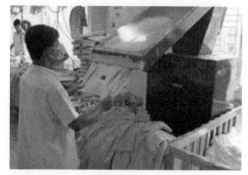

吸线头工序

磨刷工艺效果

激光整理效果

砂洗（Sanding）：干洗工序的一种工艺技术手段。采用砂纸将服装表面的色泽磨掉，获得破旧的外观效果。砂洗曾经非常流行，但现在许多国家禁止砂洗，因工艺过程中会产生纤维颗粒和灰尘，工人吸入后会对健康造成伤害。通常使用的砂洗工具包括：

·手持磨砂块；　·德雷梅尔工具；　·研磨机。

暂缝（Tacking）：一种临时缝合服装某部位的工序，在进行磨损加工时，为保护特定区域而采用的技术措施。

触须线或折痕（Whiskers, Hige, or Creases）：干洗工序的一种工艺技术手段，用于牛仔服装的做旧工艺。通过人为做出褪色的折痕或类似猫触须的不规则折线，将服装穿着时的某些部位做旧，如裤腿根部、裤腿前片、裤腿后片的膝盖处、裤子内外侧缝、裤下摆。

用于做出触须线或折痕效果的工艺技术包括：

·涂松香后，用手工熨烫或热压；

·手工砂洗或德雷梅尔工具。

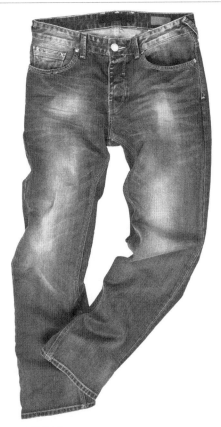

砂洗效果

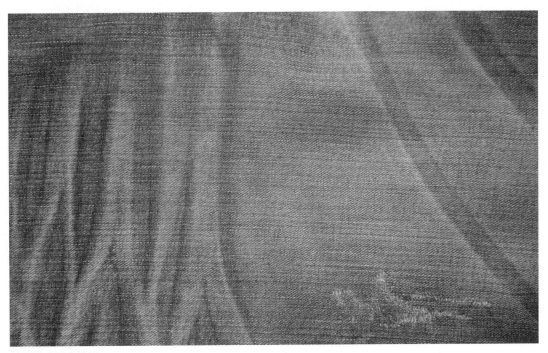

触须线或折痕效果

整烫工序（FINISHING PROCESSES）

熨烫使织物表面光滑也可将织物烫出折痕、丰满造型，塑造省道、曲线处缝口以及袖山处织物形态。熨烫工具的温度高低依据织物纤维成分而定，织物在熨烫过程中的处理方式由纤维组织结构而定。熨烫工具选择取决于：织物类型、织物整理的方式、服装类别、服装结构、熨烫工艺技术。

- 熨压（Pressing），熨斗在布料上或新完成的缝口处、省道和衣服的其他部位，下压和抬起交替熨烫的过程；
- 熨制（Ironing），用蒸汽熨斗或普通电熨斗在起皱的织物或衣服表面，进行往复熨烫的过程；
- 压制（Setting），借助蒸汽或不使用蒸汽压平织物和服装某些部位的过程；

- 蒸汽压制（Steaming），借助蒸汽熨斗、袖烫馒、成型烫馒或潮湿的水布等工具，让蒸汽向下经过织物，达到熨烫服装的过程。另一种方法是让蒸汽从织物下面向上升起经过织物；
- 收缩（Shrinking），通过蒸汽使服装或织物的某一区域在尺寸上回缩（收缩）的蒸制过程；
- 中间熨烫（Underpressing），在服装加工过程中，熨烫已缝制加工好的领子、袖头、口袋、过肩、缝口、省道以及褶裥等小部件的过程；
- 指压（Finger Pressing），用手指代替熨斗劈开缝口或压出折痕的过程；
- 浸湿（Sponging），用湿海绵蘸湿织物或衣服表面的过程。

熨烫加工设备（PRODUCTION PRESSING EQUIPMENT）

熨烫加工设备对整烫服装十分重要。熨烫设备的类型有很多，有些用于基础熨烫，有些具有特定用途。

吊挂水斗式熨斗（Gravity Feed Iron）：该熨斗有一定重量，底部是长约20厘米（8英寸）、宽13厘米（5英寸）的金属底盘，底盘前端逐渐变细成锥状。熨斗配有把手和释放蒸汽量的控制旋钮，可产生蒸汽，所用的水是由悬挂在水箱上的软管提供。熨斗产生的加热蒸汽可调节。吊挂水斗式熨斗可用于织物的平整或折痕熨烫，能提供稳定的蒸汽源，以完成连续的熨烫作业。

吊挂水斗式熨斗

熨斗架（Iron Rest）：扁平、长方形、防热、其表面涂柔软的橡胶或硅胶的金属盘，用于熨斗空闲时搁置。工业用熨斗的设计是将铁质的熨烫面朝下放置，熨斗架用于防止熨烫表面被烧焦。

熨斗架

熨烫加工设备（PRODUCTION PRESSING EQUIPMENT）

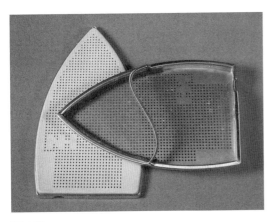

熨斗靴

熨斗靴（Iron Shoe）：一种底部表面带孔的有聚四氟乙烯涂层的金属配件，其形状可以固定在蒸汽熨斗的底板上。熨斗靴在熨烫衣服时的作用：

·避免织物表面因温度过热而产生"极光"；
·可将从熨斗中喷出的蒸汽均匀地分布在整个熨斗底板表面；
·熨烫合成纤维或混纺织物制成的服装正面。

工业用真空熨烫台（Industrial Vacuum Ironing Board）：圆锥状的烫台板支撑于桌子高度，烫台板长约1.4米（54英寸）、一端宽38厘米（15英寸），另一端宽15厘米（6英寸），烫台上穿有孔洞和填充物并覆盖织物，永久固定在一个支架上。当服装经过蒸汽熨烫时，多余的水分通过烫台表面从服装上吸走。一些配备真空装置的熨烫台，在熨烫服装时可经过烫台向上吹气形成气垫。向上吹气的真空烫台对于熨烫服装某些标志性区域很有用且方便，如口袋、前门襟；也可用于防止绒毛类织物表面的绒毛倒伏。

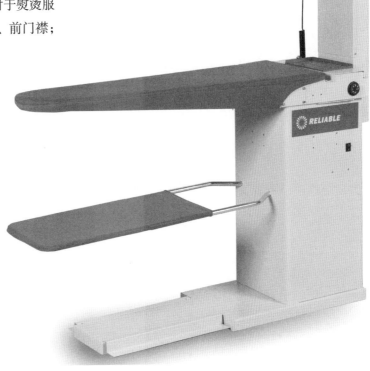

工业用真空熨烫台

熨烫加工设备（PRODUCTION PRESSING EQUIPMENT）

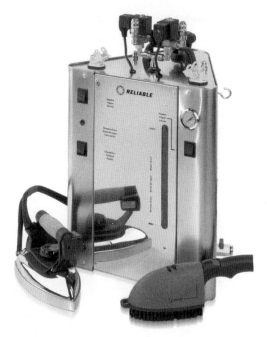

蒸汽熨斗和锅炉（Steam Iron and Boiler）：熨斗长约20厘米（8英寸）、宽13厘米（5英寸），底部是有一定重量的金属盘，底盘前端呈圆锥状，配有手柄和蒸汽释放量控制钮。熨斗工作时所用蒸汽，是由一个将水经过加热后变成蒸汽的独立容器产生，再通过软管引出提供。从锅炉中产生的蒸汽温度和压力可调节。蒸汽熨斗和锅炉可用于织物的平整及折痕熨烫，能够提供稳定的蒸汽源，以便完成持续熨烫作业。

蒸汽熨斗和锅炉

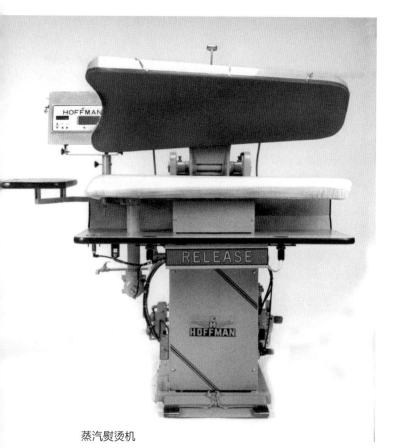

蒸汽熨烫机（Steam Press）：熨烫台由上、下两个平板或带有曲度的台板构成，当通过脚踏板或手动操作上压板与下压板合模时，可提供湿、热及压力。熨烫台板表面覆盖经过硅胶处理的织物、厚帆布或卡其布。外部生成的蒸汽可穿过上面、下面或上下两面。蒸汽熨烫机用于：

· 服装特殊部位，如大衣外套的领子、肩部和衣身的熨烫；

· 服装成品的塑型和平整；

· 平整和压烫服装部件，对于机械作业人员而言，完成服装组装后的一系列后续作业成为可能；

· 在缝合服装之前收缩织物；

· 在服装上压褶或裥；

· 同时熨烫服装的正面和里子。

蒸汽熨烫机

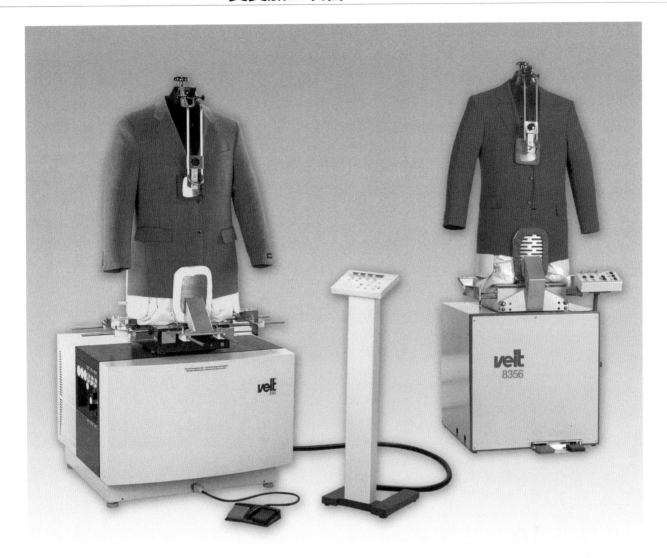

人形模整烫机

　　人形模整烫机（Form Finisher）：人形模是模拟服装外形、可折叠的织物结构，人形模整烫机工作时，人形模可膨胀并喷射加热的蒸汽。人形模形状的设计与服装类别相吻合，如衬衫、晚礼服或针织服装等。人形模由天然纤维或合成纤维织物制成，在预先设定的某些部位设计有拉链，以便增加或减小人形模的直径，改变其外形尺寸。人形模整烫机用于一次性熨烫整件服装，以及在不能破坏服装整体外形或损坏织物情况下的整烫加工。

熨烫加工设备（PRODUCTION PRESSING EQUIPMENT）

烫馒（Puff Iron）：一种固定在熨烫台上的卵形金属熨烫头，其上有包覆层。装填垫料的表面用硅胶处理的织物、厚帆布或卡其布包覆。烫馒用于：

· 波浪状缝口的熨烫或压烫；

· 泡泡袖、褶边或口袋装饰的熨烫；

· 女帽类的成型或压烫。

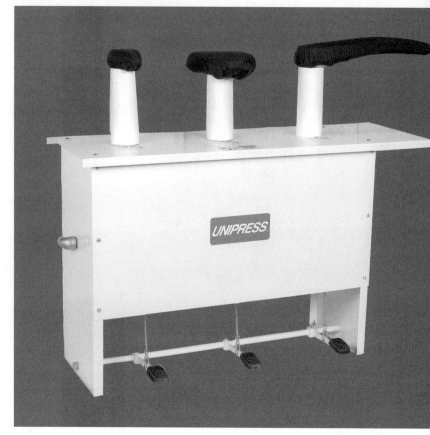

烫馒

袖撑（Sleeve Former）：一种在蒸汽熨烫机或人形模整烫机上，用于熨烫夹克和外套袖子成型的、可调节的硬木和金属模型。袖撑尺寸可调节，可从60.9厘米（24英寸）长增加33厘米（13英寸），从60.9厘米（24英寸）长增加27.9厘米（11英寸），从38.4厘米（12英寸）长增加19厘米（7英寸）。袖撑是成对销售的。

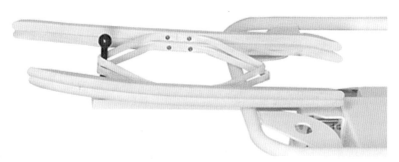

袖撑

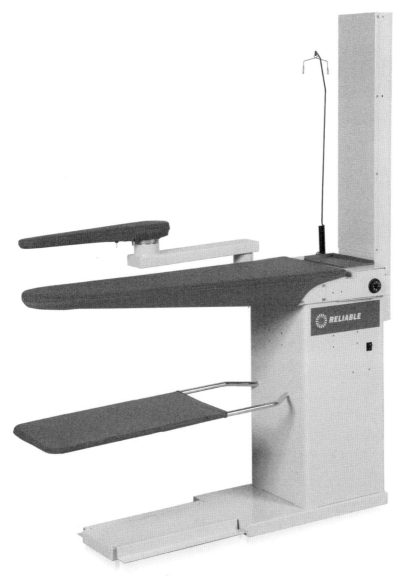

袖烫模

袖烫模（Sleeve Buck）：一种安装在熨烫台或熨烫机上，形状扁平、两端呈圆形、有垫料和覆盖层的金属台板，长约53厘米（21英寸），宽为6.4~12.7厘米（2.5~5英寸）逐渐变细呈锥状。袖烫模用于袖子、短缝口的熨烫，以及难以熨烫到的服装部位。

原文参考文献（Reference）

WAWAK, Inc. (2015). Pressing and spotting. Retrieved January 28, 2016, from http://www.wawak.com/Pressing-Spotting

第二十九章
CHAPTER 29

质量保证、产品测试和检验
Quality Assurance, Product Testing, and Inspection

在服装产品开发和制造过程中进行的测试可确保质量并符合安全法规。产品测试可保证服装质量并提高客户满意度。

测试是纤维、纱线、织物和成衣生产的一个组成部分，使公司能够保证产品始终如一的质量水平。测试涉及评估材料和成品的方法，包括：

· 准备样本；

· 进行试验；

· 评估和分析数据，以确定与最终用途相关的材料或产品是否符合外观、性能和质量要求。

质量控制是通过在生产的不同阶段进行连续测试，并且频繁检查，以确保正确使用设备和规范操作程序来维持指定质量水平的过程。当材料或产品不符合质量标准时，必须采取行动纠正任何影响产品外观、性能和安全的问题，以保证客户满意度和保护品牌的声誉。供应商合规性作为合同协议的一部分，对于满足性能标准和产品规格至关重要。

测试方法开发 (TEST METHOD DEVELOPMENT)

为了提供可靠的、重复的结果，必须严格遵守正确的测试程序。可靠性是指测试方法和测试过程中获得的数据和结果的一致性、稳定性和重复性。对同一材料进行重复检验时，应收集一致的数据，以确保重复性。国际、美国国内和联邦组织机构已经为纺织材料和产品制定了具体的检查和评价程序，即标准化测试方法。制定和维护标准化测试方法以确保质量一致的组织和机构包括：

· 国际标准化组织 [International Organization for Standardization (ISO)] ——作为同类组织中公认的最大组织，这个非政府组织由163个国家的国家标准协会成员组成；

· 美国国家标准协会 [American National Standards Institute (ANSI)] ——这是一个国际公认的组织，重点关注美国的私营部门。ANSI也认可使用ISO标准的公司；

· ASTM国际标准（ASTM International）——国际认可的全球组织；

· 美国纺织化学师与印染师协会 [Association of Textile, Apparel & Materials Professionals (AATCC)] ——国际公认的全球组织，特别关注染色或化学处理的材料和产品；

· 欧洲标准化委员会 [European Committee for Standardization (CEN)] ——欧洲组织，专注于自愿性国家标准；

· 国家标准与技术研究所 [National Institute of Standards and Technology (NIST)] ——美国联邦机构，是美国商务部（DOC）的非监管部门；

· 美国消费品安全委员会 [U.S. Consumer Products Safety Commission (CPSC)] ——美国联邦监管机构，致力于保护消费者免受易燃品和化学品危害以及可能对儿童造成的伤害；

· 美国国防部单独存货点 [U.S. Department of Defense Single Stock Point (U.S. DODSSP)] ——由美国国防部任命的美国联邦机构，负责监督军服的国家标准；

· 非织造布行业协会 [Association of the Nonwoven Fabrics Industry (INDA)] ——美国贸易协会，专注于非织造材料和产品；

· 欧洲一次性用品和非织造布协会 [European Disposables and Nonwovens Association (EDANA)] ——国际认可的组织，致力于非织造材料和产品的自愿性标准。该组织最初成立时是为欧洲的非织造布行业提供服务的，但后来在国际范围内进行了扩展，重点是欧洲、中东和非洲。

测试方法框架（FRAMEWORK OF A TEST METHOD）

对于开发的所有类型的测试，标准化测试方法均遵循特定的格式。每种测试方法均标有名称和编号。命名和编号系统以及信息的格式因组织而异。ASTM使用的标准格式，根据具体的方法可能略有不同，如下所示。

范围（Scope）：测试方法的目的和所涵盖的材料。

参考文件（Referenced Documents）：其他拥有与测试方法有关信息的标准。引用的文档可以包括测试方法、规范、术语的其他标准。

术语（Terminology）：测试方法中使用的专业词语的定义。

测试方法概述（Summary of Test Method）：简要说明测试方法是如何执行的。

意义和用途（Significance and Use）：关于验收测试结果以及如何使用测试方法和收集数据的信息。

验收测试（Acceptance Testing）：评估材料或产品是否符合批准的规定标准。

仪器设备（Apparatus）：进行测试所需的设备、装置、仪器和材料。

危害性（Hazards）：进行测试时应采取预防措施，以确保人身安全。

采样（Sampling）：制备和准备试样的程序，包括：
- 确定样品的尺寸；
- 确定所需的样本数量；
- 制备测试样品的方法。

调节（Conditioning）：将样品和材料暴露在标准大气条件下，准备进行测试。调节用于控制测试实验室的大气条件，以提供重复性的结果。用于测试纺织品的标准大气条件是 $70 \pm 2°$ F（$21 \pm 1℃$）和 $65\% \pm 2\%$ 的相对湿度。并非总是需要调节试验条件。

ASTM D1776标准规范中规定的建议最短调节时间如下：
- 8小时，动物纤维和人造丝纤维；
- 6小时，天然纤维素纤维；
- 4小时，醋酸纤维；
- 2小时，其他人造纤维。

步骤（Procedure）：指示如何执行测试的分步说明。

准备设备及校准设备（Preparation of Equipment or Equipment Calibration）：准备测试和验证结果准确性时，对设备标准和校准的说明。

标准校准织物（Standard Calibration Fabric）：用于验证测试设备性能的材料。特定类型织物的纤维性能由国际标准校准程序确定。

计算（Calculation）：获得结果的程序。说明书可能包括公式或量表。

报告（Report）：用于说明测试程序的文档，包括数据是如何计算的，以及对结果的陈述。

精度和偏差（Precision and Bias）：关于测试结果的准确性和任何可能影响结果因素的统计信息。

关键词（Key Words）：测试方法中使用的重要术语。

实验室样本（Lab Sample）：从大量样本中挑选出的用于获取测试样品的材料或服装。

抽样（Lot Sample）：随机选择个别材料或服装作为实验室样品进行验收测试。

样本（Specimen）：从实验室样品中提取的用于检测的部分。

控制组（Control）：为了进行比较，在测试和评估过程中作为标准的材料或服装。

测试的类型（TYPES OF TESTING）

测试主要分为两类，即破坏性测试和非破坏性测试。破坏性测试要求从实验室样品中切割样品，而非破坏性试验允许在不造成破坏的情况下对材料或成品进行测量。测试可以在实验室环境中完成，对服装的各种成分材料以及成衣进行测试，以评估与最终用途相关的性能。磨损测试允许设计人员、制造商、产品开发人员在消费者使用产品的环境（也称为磨损条件）中评估产品的性能。ASTM D3181对纺织品进行磨损试验的标准提供了具体的指南。

美学和功能性特征是客户是否对产品满意的关键因素。美学性能特征是指产品的外观、吸引力。功能性特征是与产品期望达到的最终用途相关的耐用性和实用性。在服装产品上进行的常规测试会评估美学或功能性特征，因为它们与耐磨性、外观、色牢度、尺寸稳定性、安全性、强度和结构特性有关。特性测试用于验证纤维、纱线和织物等材料的结构特性是否符合要求规格。常用的材料特性测试包括：

- ·纤维鉴别； ·织物厚度；
- ·纱线结构； ·织物重量；
- ·织物密度。

■ 磨损（Abrasion）

磨损指一种材料与自身或另一物体表面摩擦，会影响服装的外观和强度。两个平整的织物表面相互摩擦或与另一个物体摩擦会导致平面磨损。当织物被反复折叠和展开时，纱线发生折叠磨损。边缘磨损会影响服装产品的边缘外观，织物边缘与另一个表面摩擦，从而导致磨损。ASTM国际标准和AATCC推荐多种测试纺织产品磨损的方法。

耐磨性测试方法包括：

- ·促进剂法；
- ·折叠磨损法；
- ·充气隔膜法；
- ·马丁代尔法；
- ·振荡缸法；
- ·六角棒法；
- ·毛绒织物磨损法；
- ·旋转平台，双头法；
- ·均匀磨损法。

抗起球性和表面变化测试方法包括：

- ·毛刷起球测试法；
- ·弹性垫测试法；
- ·马丁代尔法；
- ·随机翻滚法。

抗电阻测试方法包括：

- ·多冲击阻尼法； ·锤击法。

这些磨损试验方法和具体测试程序可以在ASTM国际标准年鉴、AATCC技术手册或ISO标准中找到。

■ 外观和刚度（Appearance and Stiffness）

外观指一件服装的整体外表和吸引力。外观保持性是指材料或服装在穿着、翻新和存放期间保持其美学外观的能力。起皱是纺织材料常见的问题。抗皱材料具有抵抗折叠或弯曲引起的变形能力。当织物在压缩或变形后具有回弹性时，就称其具有折皱恢复性能。刚度是织物抵抗弯曲的能力。纺织品的外观和刚度测试如下。

外观测试包括：

- ·反复经家庭洗涤后织物的外观；
- ·反复经家庭洗涤后服装的外观；
- ·折皱后恢复到原始外观；
- ·折皱后恢复到原始折角。

刚度测试包括：

- ·织物刚度测试；
- ·无纺布悬臂刚度法；
- ·测试织物刚度的刀槽法；
- ·测试织物刚度的圆形弯曲法。

这些外观测试方法和具体测试程序可在ASTM国际标准年鉴、AATCC技术手册和ISO标准中找到。

■ 色牢度（Colorfastness）

色彩在纺织服装产品的美学外观中起着举足轻重的作用。色牢度是纺织品抵抗颜色变化或损失的能力。纺织品在磨损、翻新或储存过程中，与另外的材料接触或暴露在环境条件下，都可能发生颜色损失或变化。纺织品的色牢度和变色测试如下。

色牢度测试包括色彩在以下物质或条件中的变化：

- ·酸和碱；
- ·氯和过氧化氢漂白剂；
- ·燃烧的烟气；
- ·摩擦；
- ·织物与织物之间的染料转移；
- ·干洗；
- ·非热压的干热；
- ·热压产生的热量；
- ·家用活性氧化漂白剂洗涤；
- ·洗涤；
- ·灯光；
- ·高温照明；
- ·光照和湿度；
- ·家用非氯漂白剂洗涤；
- ·高湿度大气中的氮氧化物；
- ·低湿度大气中的臭氧；
- ·高湿度大气中的臭氧；
- ·汗渍；
- ·汗渍和光照；
- ·蒸汽打褶；
- ·海水；
- ·家用次氯酸钠漂白剂洗涤；
- ·全氯乙烯溶剂斑点；
- ·水渍；
- ·含氯泳池水。

色彩变化测试包括：

- ·表面摩擦引起的颜色变化；
- ·纤维颜色测定；
- ·纺织品的白度。

色牢度测试方法和具体测试程序可在ASTM国际标准年度手册、AATCC技术手册和ISO标准中找到。

色彩变化灰度样卡（Gray Scale for Evaluating Color Change）：用于评价颜色变化的评估表，由标准灰色的五个数值等级组成。每对灰度条提供视觉比较，显示颜色或对比度与色牢度等级的逐级变化。

染色灰度样卡（Gray Scale for Staining）：用于评价颜色转移的评估表，由标准白色和灰色的五个数值等级组成。每对色彩条提供视觉比较，显示颜色或对比度对应于色牢度等级的逐级变化。

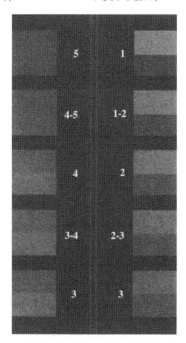

色彩变化灰度样卡

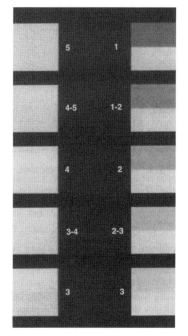

染色灰度样卡

测试的类型（TYPES OF TESTING）

色彩转移表（Chromatic Transfer Scale）：用于评估颜色转移的评分表，由蒙塞尔®色卡的红色、黄色、绿色、蓝色和紫色五个数值等级组成。每一种颜色都按行对齐，形成纵向颜色层次（由浅到深），为对应等级的色彩对比或颜色变化提供视觉比较。一个9阶色彩转移表包含60个色彩块。

脱色（Crocking）：纺织材料表面染料过多造成的脱色。

白斑（Frosting）：由于磨损和染料渗透性差导致的颜色损失，在纺织材料表面出现白色斑渍。有些染料不能渗透到纤维内部，所以染料只停留在表面。

串色（Staining）：在穿着、翻新或存储过程中发生了颜色从一种材料转移到另一种材料上。

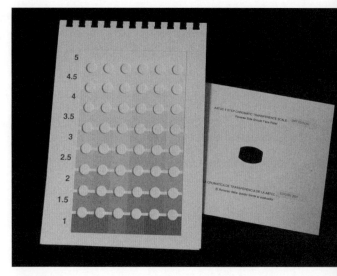

色彩转移表

■ 尺寸稳定性（Dimensional Stability）

当纺织品受到与温度和湿度有关的特定条件作用时，其尺寸会发生变化。翻新服装时，尺寸会以收缩或增长的形式发生变化。收缩是纺织材料长度或宽度的损失，而增长是纺织材料长度或宽度的增加。材料或产品的尺寸稳定性是指在与温度和湿度有关的特定条件下保持其形状和尺寸的能力。纺织品尺寸稳定性的测试包括：

· 织物在湿度和温度变化时尺寸的稳定性；

· 机织物和针织物（羊毛产品除外）清洗时尺寸变化；

· 家庭洗涤后织物的尺寸变化；

· 使用机器进行全氯乙烯干洗的尺寸变化；

· 使用加速测试法织物的尺寸变化；

· 反复洗涤后织物的外观。

尺寸稳定性测试方法和具体测试程序可在ASTM国际标准年度手册、AATCC技术手册和ISO标准中找到。

■ 安全性（Safety）

安全性是纺织服装行业的主要关注点。人们主要关注的三个方面是：童装的易燃性、毒性和被拉绳勒死的危险性。可燃性是指任何具有在火焰中燃烧能力的纺织材料的性能。易燃性是指纺织品具有易于燃烧和能够持续燃烧的特性。在美国，消费品安全委员会（CPSC）监督制造商是否遵守与可燃产品有关的美国联邦法规（CFR）。CFR概括了纺织品的三种可燃性等级：

· 1级——正常可燃性。点燃时间超过7秒的材料，允许用于服装；

· 2级——中度可燃性。花费4~7秒可点燃的纤维表面凸起的材料，可用于服装；

· 3级——快速而强烈的燃烧。在不到4秒的时间内可点燃的材料，不允许用于服装。

由于其易燃性，被归类为3级可燃性的材料不能在美国合法销售。

用于确定纺织品易燃性的测试包括：

·纺织品的阻燃性；

·服装、纺织品的易燃性；

·儿童睡衣的可燃性：0~6号；

·儿童睡衣的可燃性：7~14号；

·用于儿童睡衣的纺织品的易燃性。

非易燃性（Nonflammable）：无火焰燃烧的纺织品。

不燃性（Noncombustible）：不会燃烧的纺织品。

阻燃性（Flame Resistant）：纺织品在点燃后自行熄灭的能力。

阻燃剂（Flame Retardant）：用于纺织品的化学整理剂，可为纺织品提供阻燃性能。

另一个对健康造成威胁的安全问题是毒性。某些染料、纤维、整理剂可能是有毒的，有些物质是致癌的。皮肤敏感的人更容易因穿着含有特定纤维、染料、整理剂的衣服而受到影响。用于测定一般服装纺织产品毒性的试验包括：

·纺织品整理剂的鉴定；

·使用密封罐法从织物上释放甲醛；

·织物上的抗菌整理剂；

·染料转移；

·湿法加工的纺织品中的碱。

特种偶氮染料（Certain Azo Dyes）：在某些国家禁止使用氮基合成染料，因为在某些条件下，它们会产生致癌、致敏的芳香胺。

特种阻燃剂（Certain Flame Retardants）：由于存在与癌症、甲状腺疾病和器官损坏相关的健康风险，某些国家禁止使用化学整理剂。

含氟有机化合物（Fluorinated Organic Compounds）：一些国家禁止使用人造化合物来为织物提供防水、防油和抗油脂污染性能，因为它们会被人体吸收，积累在肾脏、血清和肝脏中，从而带来健康风险。

甲醛（Formaldehyde）：一种可以用作染料和颜料的黏合剂或作为抗皱整理剂的化合物，一些国家禁止使用这种化合物，因为当它释放到空气中时，会刺激黏膜和呼吸道，从而带来健康风险。

铅（Lead）：在一些由金属或塑料制成的服装配件中使用的天然化学元素，由于其可能引发癌症和接触性皮炎有关的健康风险而在一些国家被禁止使用。

镍（Nickel）：在某些由金属制成的服装配件中使用的天然化学元素，由于其可能引发接触性皮炎相关的健康风险，在某些国家、地区被禁止使用。

第三大安全风险是被童装的绳带勒死的风险。一些国家已经制定了自愿性标准，禁止在18个月到10岁的童装的兜帽和领口上使用绳带。

安全相关的试验方法和具体测试程序可在ASTM国际标准年鉴、AATCC技术手册和ISO标准中找到。如表29.1所示。

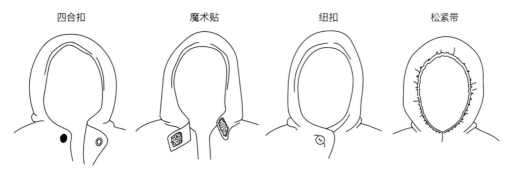

消费品安全委员会（CPSC）推荐的童装兜帽和领口封闭件替代品

测试的类型（TYPES OF TESTING）

表 29.1　各国或地区安全法规摘要

法规	国家或地区			
	加拿大	欧盟	日本	美国
特种偶氮染料	N	R	N	N
特种阻燃剂	R	R	R	R
可燃性：通用服装	R	R	N	R
可燃性：儿童睡衣	N	N	R	R
含氟有机化合物	R	R	N	V，P
甲醛	N	N	R	R
铅	N	N	N	R
镍	N	R	N	N
童装上的绳带	V	R	N	V

注　R=规定的法规
V=自愿性法规
N=没有规定
P=建议禁用

■ 强度（Strength）

服装部件的强度直接关系到织物的接缝，是评估服装功能和最终用途的重要指标。材料的抗张强度是指织物在断裂之前抵抗张力的能力。以下是对纺织品和服装进行的六类拉伸试验：

· 断裂强度；

· 撕裂强度；

· 弹性模量；

· 顶破强度；

· 接缝强度；

· 织物损坏；

· 缝口错位。

断裂强度（Breaking Strength）：在经纱或纬纱方向上使织物试样中的多根纱线断裂所需的力，即撕裂织物所需的力量。可对机织物和非织造布进行断裂强度测试。

撕裂强度（Tearing Strength）：沿经纱或纬纱方向撕裂纺织样品中一根或几根纱线所需的力，即持续撕裂所需的力量。可对机织物进行撕裂强度测试。

弹性模量（Modulus）：在造成永久变形或损坏之前，为了检验阻力极值，施加于纺织样品上的引起纺织品反复伸长和恢复的方向力。可对低弹和高弹针织物进行弹性模量试验。

顶破强度（Bursting Strength）：在织物样品中使纱线破裂所需要的多方向的力。可对机织物、针织物和非织造布进行顶破强度试验。

接缝强度（Seam Strength）：使接缝处断裂所需的力。接缝强度测试可导致接缝损坏、织物损坏或接缝滑移。

织物破坏（Fabric Failure）：施加到服装接缝上的力导致织物撕裂。当接缝的构造强度大于服装产品的材料强度时，可能会导致织物损坏。

缝口错位（Seam Slippage）：施加到服装接缝上的张力导致织物的纱线滑离接缝处。

对服装进行相关测试，可以提供有关织物强度、接缝结构以及两者结合的有价值的信息。测定纺织产品强度的测试包括：

- 织物的断裂强度、强力和伸长率；
- 弹性织物的伸长率；

- 机织纺织品的拉伸性能；
- 针织纺织品的拉伸性能；
- 弹力纱织造的机织物的拉伸性能；
- 接缝强度；
- 织物的张力和伸长率；
- 弹性织物的张力和伸长率；
- 织物撕裂强度。

强度试验方法和具体测试程序可在ASTM国际标准年鉴、AATCC技术手册和ISO标准中找到。

■ 结构特性（Structural Properties）

纤维、纱线、织物在服装生产和最终产品的客户满意度方面起着重要作用。公司对纤维、纱线、面料和成品进行测试，以确保在整个开发和生产过程中材料品质的一致性，从而使最终产品性能达到客户的要求。确定纺织品结构性能的测试包括：

- 机织物和针织物中的屈曲纱线和斜缕；
- 机织物中纱线的变形；

- 纤维分析；
- 纤维细度；
- 纱线线密度；
- 非织造布的厚度；
- 纱线支数；
- 织物密度；
- 纺织纤维的线密度；
- 织物单位面积的质量；
- 纱线结构；
- 纱线捻度。

结构特性测试方法和具体测试程序可以在ASTM国际标准年鉴、AATCC技术手册和ISO标准中找到。

性能规格（PERFORMANCE SPECIFICATIONS）

标准性能规格是由许多开发标准测试方法的组织以及希望设定性能评级高于最低行业预期的各个公司或机构制定的。这些性能规格用于根据收集的测试结果确定材料或成品的可接受性要求。性能规格遵循特定的格式，如测试方法。每个性能规格都有一个名称和编号。命名和编号系统以及信息格式因组织而异。ASTM国际标准中所使用的标准格式可能会根据性能规格稍有不同，其内容包括：

- 范围；
- 参考文献；
- 术语；
- 规格要求；
- 意义和用途；

- 抽样；
- 测试方法；
- 关键词。

规范要求（Specification Requirements）：有关最低或最高额定值、百分比和数字的列表或表格，用以确定与最终用途有关的特定测试的可接受性能水平。

服装产品的性能规格按以下类别分类：

- 男装和少男装，女装和少女装，男装，女装，童装；
- 机织或针织（如适用）；
- 织物类型或服装类型；
- 织物后整理（如适用）。

检验（INSPECTION）

　　检验是对服装零部件和服装产品在不同完成阶段进行视觉检验的过程，并根据要求的标准和容差测量服装尺寸，以确定其是否符合规定的要求，或识别瑕疵并采取纠正措施。各公司自行决定对产品开发、制造和分销的哪个阶段进行评估和检查，以确保符合规定。

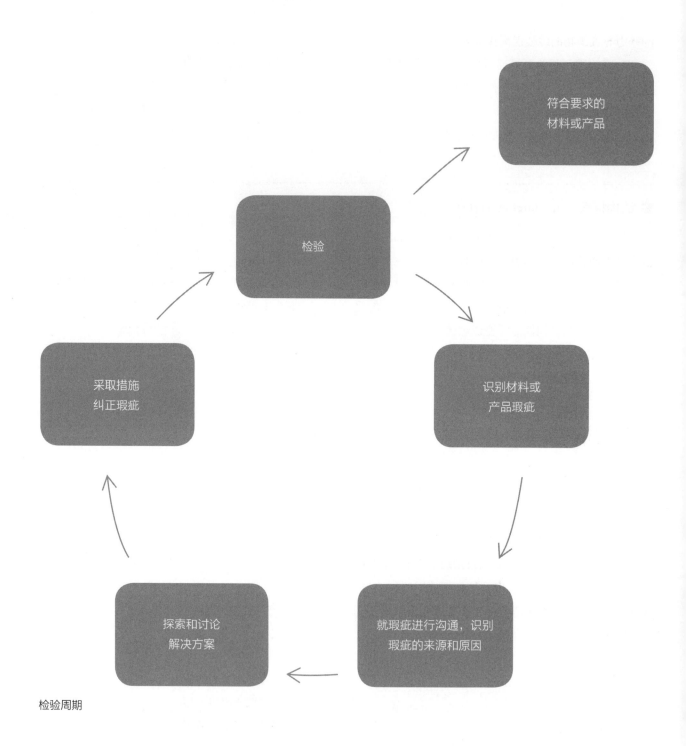

检验周期

测量说明

1. 胸围
· 服装正面朝上平铺，在袖窿下方水平围绕一周
· 在带有褶皱的服装上，完全伸展褶皱而不拉伸织物

2. 前胸宽
· 服装正面朝上平铺，从肩颈点向下12.7厘米（5英寸）水平测量
· 从一侧袖窿到另一侧袖窿水平测量
· 在带有褶皱的服装上，完全伸展褶皱而不拉伸织物

3. 圆弧形下摆围
· 服装闭合后平铺
· 水平测量衬衫弧形下摆与侧缝线两个交点之间的距离

4. 直线形下摆围
· 服装闭合后平铺，沿服装下摆水平测量一周

6. 肩宽
· 服装背面朝上平铺，确定两侧肩端点的位置（肩缝与袖窿顶部的交点或肩部自然隆起处与袖窿顶部的交点）
· 从一侧肩端点水平测量到另一侧肩端点
· 对于无袖服装，测量时直接从袖窿边缘测量

7. 后背宽
· 服装背面朝上平铺，从肩颈点向下10.2厘米（4英寸）处，从一侧袖窿到另一侧袖窿水平测量

8. 后中衣长
· 从后领与后片接缝处中心开始测量，沿后中线垂直向下直到下摆

9. 肩斜度
· 从肩端点画一条与下摆平行的辅助线，长度超过肩宽，测量该线与肩线之间的角度

12. 插肩袖袖长
· 服装背面朝上平铺，从领座中心开始，沿直线测量到袖子边缘

13. 后袖窿长
· 服装背面朝上平铺（袖窿处没有褶皱），从领座沿后袖窿接缝测量到袖窿与侧缝的交点

15. 袖窿长（绱袖或无袖）
· 服装正面朝上平铺（袖窿处没有褶皱），沿着袖窿弧线，从袖窿的底部到顶部进行测量，并保持软尺在袖窿靠近身体一侧
· 必须小心旋转软尺，使软尺测量边缘能沿袖窿接缝保持绝对平整

16. 上臂围
· 从腋下2.5厘米（1英寸）处开始，沿垂直于袖中线的围度测量一周

5. 前衣长
· 从肩颈点垂直向下测量至下摆处

前

测量说明：
· 裁缝使用玻璃纤维涂层的测量仪进行测量（需定期用金属尺检查以确保精确度）
· 服装以放松的状态放在平坦的表面上
· 将皱纹尽可能抚平
· 除非另有说明，否则纽扣或拉链应完全闭合

后

10. 绱袖袖长
· 服装背面朝上平铺，从颈后中心开始到袖窿顶部的肩端点测量肩宽的一半，然后沿着袖中心线测量到袖口边缘

11. 开衩高
· 从服装的下摆边缘测量到开衩顶部

前

后

14. 前袖窿长
· 服装正面朝上平铺（袖窿处没有褶皱），从领座底沿前袖窿接缝测量到袖窿与侧缝的交点

17. 肘围
· 对折袖子，使袖口的边缘与袖窿对齐，沿着对折线测量一周

18. 袖头宽
· 沿袖头底部从袖子的腋下侧缝测量至袖中折叠线
· 测量袖头时，应保证袖口闭合，扣合第一粒纽扣

19. 袖头高
· 沿袖子的侧缝测量袖头的高度

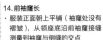

20. 领宽
· 将服装平铺，沿领底部，从一侧肩颈点水平测量到另一侧肩颈点
· 如果没有衣领或饰边，则从一侧肩颈点到另一侧肩颈点进行水平测量

前

21. 前领深
· 将服装正面朝上平铺，沿领座底部从一侧肩颈点至另一侧肩颈点水平画一条辅助线，从辅助线中点垂直向下测量至前衣领或饰边底部

前

22. 后领深
· 将服装背面朝上平铺，沿领座底部从一侧肩颈点至另一侧肩颈点水平画一条辅助线，从辅助线中点垂直向下测量至后衣领或饰边底部

前

23. 领高
· 从领座部底部中心垂直测量至领片外缘中心

24. 领面外缘长
· 解开所有纽扣，将领子放平，使衣服内部朝上，沿领片外缘从一侧领尖点测量至另一侧领尖点

25. 领尖长
· 将领子放平，沿领尖外缘从领底测量至领尖点
· 如果没有领座，则从领口接缝测量至领尖点

26. 领座高
· 从领口接缝的后中心线垂直向上测量至领座顶部

27. 领底边缘——有领座或无领座
· 解开所有纽扣，将领子放平，使衣服内部朝上，沿着领底从一侧到另一侧测量
· 如果衣服有拉链，测量时应将拉链的量去除

28. 颈围
· 解开所有纽扣，将领子放平，使衣服内部朝上，沿领座内侧从纽扣中心测量至另一端的纽扣孔

29. 门襟宽
· 门襟宽度测量从接缝或缝合的边缘到服装门襟的开口边缘

30. 门襟长
· 沿门襟的接缝从门襟的顶部测量到底部

31. 袋宽——口袋上部的宽度
· 沿袋口从一侧测量到另一侧

32. 袋深——口袋最深处的测量值
· 从袋口到口袋底边的最深点处垂直测量

前

缺陷是指材料或服装存在瑕疵不符合规定的质量水平。有的产品会被标记为不合格，这表示该产品不符合指定的质量要求，但可能并没有缺陷。一个被判定为有缺陷的产品，必须有足够的瑕疵，使其不再满足产品最终用途所要求的外观和功能特征。缺陷分类的三个评级类别为：

严重缺陷——一级缺陷，会伤害着装者，最坏的情况甚至会导致死亡。严重缺陷包括：

· 留在衣服上的断针会割伤或刺伤着装者的皮肤；

· 遗失标签或不遵守标签规定，导致烧伤或接触性皮炎，使穿着者受伤；

· 扣针或扣环安装不当，叉脚的末端暴露在外，会割伤或刺伤着装者的皮肤。

重大缺陷——二级缺陷，影响服装的功能性，在使用过程中可能导致产品失效。重大缺陷包括：

· 损坏的拉链；

· 漏针；

· 开缝。

轻微缺陷——三级缺陷，仅影响服装的外观，而不影响性能或功能。轻微缺陷包括：

· 色差；

· 油渍；

· 接缝扭曲。

这些缺陷级别可进一步细分为两组：

· 材料缺陷；

· 服装缺陷。

■ 材料缺陷（Material Defects）

服装面料中发现的缺陷会影响针织物和机织物的外观和结构。这些缺陷可能是由于纱线瑕疵、断针、针织机或织造设备故障引起的。织物后整理也会导致材料缺陷，这些缺陷会影响织物外观和性能。织物检测机可以检测织物缺陷并进行标记，这样可以避免疵点和缺陷混入成品中。

织物检测机

横档疵（Barre）：由于纱线、织物结构、染料的差异而造成针织物横向上的多余条纹。

横档疵

鸟眼洞（Birdseye）：在针织物上连续的两个针迹形成的孔洞。

断纬（Broken Pick）：由于纱线在纬纱方向上断裂而引起的织物上的空隙。

断线

屈曲纱（Bow）：由于纬纱在后整理过程中发生位移，在针织物或机织物的纬纱方向上形成的屈曲纱。

脱浆（Color Out）：在印刷过程中，由于颜色不足或丝网堵塞，使针织物或机织物的部分区域缺少颜色。

颜色污迹（Color Smear）：由于印刷浆料或印刷机器的问题造成的织物上的颜色污迹。

色纱或粗纱（Color Yarn or Thick Yarn）：织入织物的纱线，其尺寸明显比周围的纱线大。

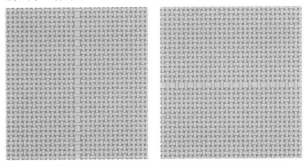
色纱或粗纱

折痕（Crease Mark）：被无意中折叠和定型的部分织物，或在整理过程中没有去除不能压平的部分织物。

折痕

双纬纱疵（Double Pick）：织造时，将两根纬纱插入同一梭口（上下纱之间的临时间隙）。

双纬纱疵

检验（INSPECTION）

缺经（End Out）：由于经纱断裂或滑脱，在机织物中形成的空隙。

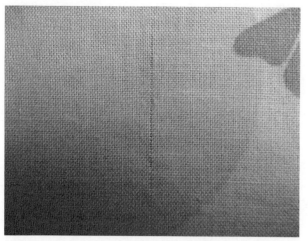

缺经

细纱（稀纱）（Fine Yarn or Thin Yarn）：织入织物的纱线，其尺寸明显小于周围的纱线。

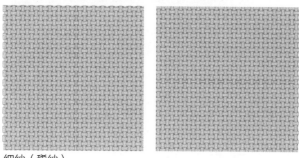

细纱（稀纱）

浮纱（Float）：在经纱和纬纱交织方向上，纱线越过多根纱线，而不是与每根纱线都交织。

浮纱

破洞（Hole）：由于纱线损坏或断裂，导致针织物或机织物上产生不必要的孔洞。

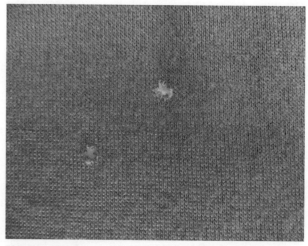

针织物上的破洞

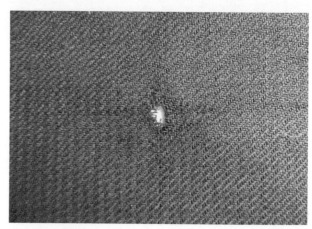

机织物上的破洞

拉入疵（Jerk-in）：织造过程中被梭子错误地拉入织物的多余的纬纱，且该纬纱没有延伸到整个幅宽。

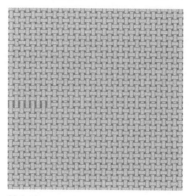

拉入疵

线圈未成型或脱线（Ladder or Run）：漏针或纱线断裂造成的线圈未成型。

线圈未成形

套印不准（Misregister）：在印刷过程中，由于印刷辊之间不同步而引起的颜色失调。

变形线（Needle Line）：因织针弯曲，造成针织物上扭曲的线迹。

针孔（Pinholes）：织物在整理过程中保持绷紧而导致沿织物边缘形成穿孔。

针孔

印花裂痕（Scrimp）：在印刷过程中形成的折痕造成了织物有未染色的部分。

色差（Shaded）：从布边到布边意外出现明显的颜色差异。

粗节纱疵（Slub）：比周围的纱线粗得多的一段纱线。

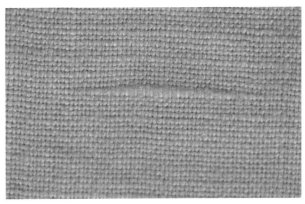

粗节纱疵

歪斜（Skew）：在针织物或机织物中，由于纱线移位引起的歪斜现象。横列和纵行或经纱和纬纱彼此不垂直。

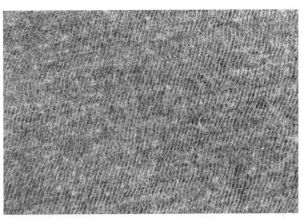

针织物的歪斜现象

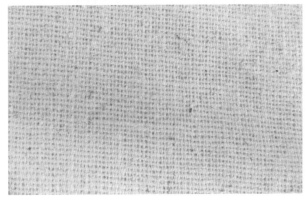

机织物的歪斜现象

污渍纱（Soiled Yarn）：纱线中脏的或被染色的部分。

薄段（Thin Place）：机织物中局部出现有较细的纱线区域，与其他区域相比，纱线间距更大。

水渍（Water Spots）：因染色不当或染色过程中使用受污染的水，导致织物变色。

■ 服装缺陷（Garment Defects）

服装缺陷会发生在生产制造的不同阶段，如裁剪、黏合和缝制阶段。服装缺陷会影响最终产品的外观、合体性、功能等性能。裁剪疵点发生在织物被裁剪成裁片进行缝制时，这些疵点通常无法修复。如果未正确黏合，衬里也可能会出现问题。黏合缺陷会影响最终产品的外观，并且可能会在最终检查时被拒收，或者直到产品多次磨损或客户对产品进行洗涤等处理后才会发现疵点，从而导致客户不满意。在加工过程中，缝纫缺陷会影响最终产品的外观、合体性、功能性等。有些生产缺陷可以修复，而有些则无法修复。

起泡或冒泡（Blistering or Bubbling）：因黏合不当造成衣服表面起泡。造成起泡的原因如下：

· 过度黏合；

· 黏合不足；

· 黏合时压力不均匀；

· 黏合时温度不均匀。

断线（Broken Stitch）：在湿处理过程中被切断的缝线或接缝线被针穿过而切断。

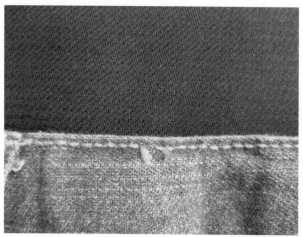

断线

破裂缝（Burst Seam）：因张力或材料连接不当而引起的机织服装的接缝破裂。

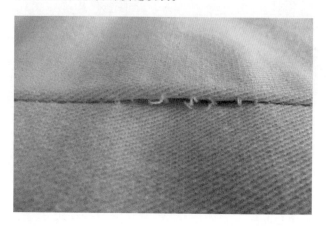

破裂缝

缝线破裂或针迹破裂（Cracked Seam or Cracked Stitches）：由于织物拉伸到超出缝线的弹性能力而导致的针织服装中的缝线破裂或针迹断裂。

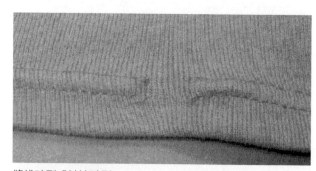

缝线破裂或针迹破裂

钻孔（Drill Hole）：在裁切过程中，钻痕是在服装上标记省道和口袋的位置，由于钻孔标记错位，使服装面料出现明显的刺孔。

缺口（Deep Notch）：成品衣服上明显的过长的切口。

丧失功能的拉链（Faulty Zipper）：损坏或缺少部件的拉链，使其不能正常使用。

磨损的边缘（Frayed edges）：在裁切过程中，刀片钝会使服装边缘上的纱线移位。

熔融的边缘（Fused Edges）：由于刀片过快地切割合成面料，导致衣服裁片的边缘融化以及面料层黏合在一起。

分层（Delamination）：面料和里衬之间的黏合剂破裂，造成各层分开。

多层织物张力不平衡（Incorrect Ply Tension）：裁床上的面料层太松，导致不必要的褶皱或折痕；面料层太紧，导致裁剪时衣片扭曲。

单位长度内的针迹数量有误（Incorrect SPI or Incorrect SPC）：每英寸的针迹数(SPI)或每厘米的针迹数(SPC)不符合规定的数量，且不在允差范围内。当针数过少时，接缝会发生破裂。如果针数对于所选材料而言过多，则织物可能会在接缝处撕裂，而缝线却保持原样，这称为织物破损。

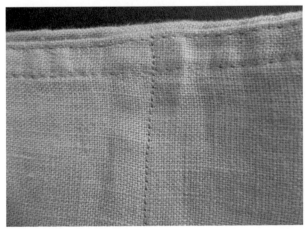

单位长度内的针迹数量有误

针迹不顺直（Irregular Stitching）：由于操作员工技术较差，在服装缝纫过程中不能缝制出顺直的针迹。

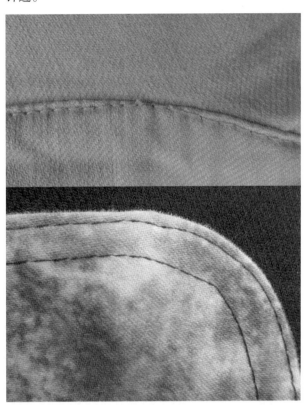

针迹不顺直

松动的纽扣（Loose Buttons）：由于线圈不足或操作员未能正确固定线端而导致纽扣缝制不牢固，使缝线被拉出。

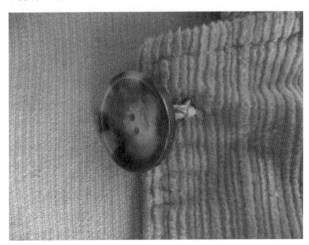

松动的纽扣

松散的线头（Loose Thread End）：未妥善修剪的接缝线或绣花区域末端的线尾。

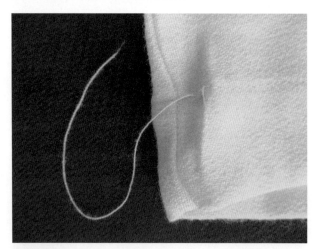

松散的线头

面料层错位（Misaligned Plies）：面料层的边缘没有对齐，导致裁剪过程中裁片的一小部分被裁剪掉。

织物图案未对齐（Mismatched Fabric Design）：格纹布或条纹布在成品服装的接缝处应对齐，没有对齐是铺布时面料层错位造成的。

织物图案未对齐

缺少零部件（Missing Component）：在缝纫过程中被忽略的服装配件，如小裁片或饰件。

云纹效应（Moiré Effect）：由于衬布的黏合点排列和面料的组织结构，在服装表面出现的水印或波浪形条纹图案。

针洞（Needle Damage）：在缝纫过程中，由于针刺造成织物上的孔洞。

针洞

开缝（Open Seam）：在缝纫过程中，由于操作人员的失误，面料层没有完全缝合在接缝中，形成了开缝。

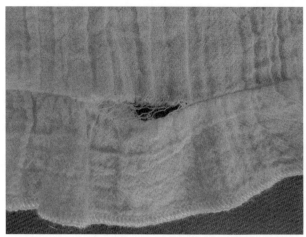

开缝

过度黏合（Over-fusing）：衬布与面料的黏合不当（由于过热、压力过大、黏合时间过长），黏合剂被吸收或转移到服装面料上，导致黏合强度变弱。

散口边缘（Raw Edges）：由于操作人员的失误，在服装的下摆或接缝处，织物的毛边裸露出来。因未妥善缝制裁片以覆盖边缘，或者织物在接缝处折叠不正确，而导致了散口边缘。

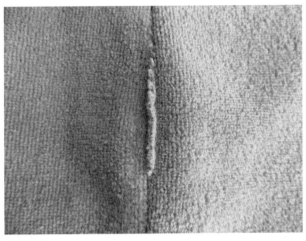

散口边缘

边缘不平服（Ropy Hem）：由于操作失误，造成服装边缘的布料歪斜或扭曲，不够平服。

边缘不平服

过度缝合（Run-off or Over-run Stitching）：由于操作人员的失误，使边缘缝合或顶部缝合超过指定的终点仍继续缝合。

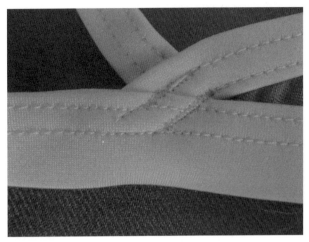

过度缝合

接缝疵裂（Seam Grin）：由于线张力不平衡，导致在衣服正面的接缝线处可见缝针针迹。

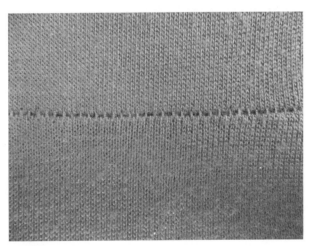

接缝疵裂

接缝起皱（Seam Pucker）：缝纫时织物张力沿缝线分布不平衡，导致织物沿缝线起皱。

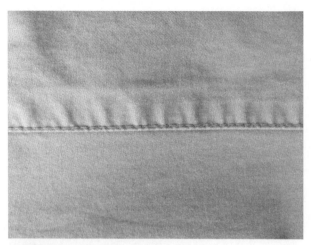

接缝起皱

接缝修复（Seam Repair）：重新缝制衣服的某个区域以修复断线或开缝。

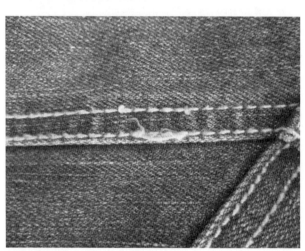

接缝修复

色差（Shading）：不同染色批次的服装裁片被缝制成一件服装，颜色明显不同并且看起来不匹配。

尺寸缺陷（Size Defects）：一片服装裁片与另一片服装裁片的尺寸有差异。这种类型的缺陷可能是由于不正确的分号或将不同尺寸的服装裁片捆扎在一起而导致的。

跳针（Skipped Stitch）：在形成针迹过程中，针可能会漏钩梭芯线，而未形成环形针迹。有时在两个接缝彼此交叉的最厚部分会出现跳针。

跳针

污渍（Soil）：缝纫过程中，由于标记未清除或设备上留下的污垢、画粉、墨水、油脂或油渍等污染织物。

针织服装上的污渍

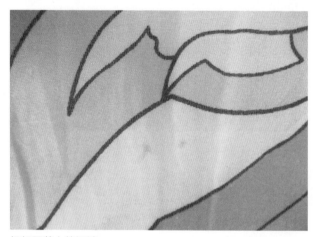

机织服装上的污渍

反面渗胶（Strike Back or Back-bleed）：黏合温度过高、压力过大、黏合时间过长，在服装衬布内部可见过度液化的黏合树脂。

正面渗胶（Strike Through or Bleed-through）：黏合温度过高、压力过大、黏合时间过长，在服装正面可见过度液化的黏合树脂。

缝纫线变色（Thread Discoloration）：在湿法处理过程中，由于从织物上蘸取过多的染料而引起的缝纫线颜色变化，使缝纫线看起来很脏。

服装扭曲（Twisted Garment）：服装的侧缝偏向前面或后面，造成服装外观的扭曲。造成这种缺陷的原因可能有多种，其中包括使用歪斜的织物，在缝制侧缝时前片和后片不匹配，或者缝纫机无法均匀地送入上层和下层裁片，从而导致一片比另一片更长。缝纫工人有时会剪掉较长的边，而不是重新缝合。在这种情况下，如果面料被裁剪，歪斜的接缝将无法修复。

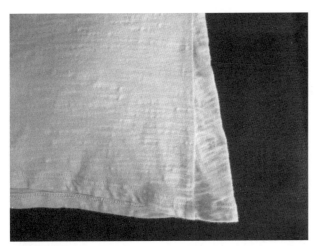

服装扭曲

缝线张力不平衡（Unbalanced Stitch Tension）：缝线太松或太紧，造成接缝露齿或起皱。

接缝线不均匀（Uneven Seams）：本应相同长度的接缝在测量时有差异，这是由缝纫过程中操作人员的错误引起的。

黏合不足（Under-fusing）：由于黏合过程中热量、时间、压力不足，衬里黏合剂未完全融化，导致衬里和面料之间的黏合力不足。

扣眼锁线脱散（Unraveling Buttonhole）：扣眼锁线的末端没有固定好，或者当切开扣眼时缝线也被切断，导致锁线脱散。

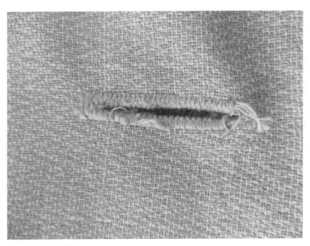

扣眼锁线脱散

错误接缝（Unrelated Seam）：由于操作失误而不小心卡在衣服缝里的部位。

可见假缝线迹（Visible Stay Stitch）：用于暂时固定织物的线迹，可防止织物在缝纫过程中发生拉伸或变形，而该线迹在成品完成后尚未被拆除或隐藏在衣服内。

可见假缝针迹

波浪缝（Wavy Seam）：在缝纫过程中由于织物被拉伸而不平服的接缝。

波浪缝

布纹线歪斜（Wrong Grain）：未按指定布纹线（即直纹或斜纹）裁剪。

错色线（Wrong Thread Color）：线色不匹配，而且不符合指定的颜色标准。

缝纫线类型和尺寸错误（Wrong Thread Type and Size）：服装缝纫中使用的缝纫线类型不符合规格。

缝纫线类型和尺寸错误

原文参考文献（References）

AATCC. (2008). *About AATCC*. Retrieved January 31, 2016, from http://www.aatcc.org/abt/

AATCC. (2016). 2016 *Technical manual of the American Association of Textile Chemists and Colorists*. (Vol. 91). Research Triangle Park, NC: Author.

ANSI. (2016). *Introduction to ANSI*. Retrieved January 31, 2016, from http://www.ansi.org/about_ansi/introduction/introduction.aspx?menuid=1

ASTM International. (2016a). *About ASTM International*. Retrieved January 29, 2016, from http://www.astm.org/ABOUT/aboutASTM.html

ASTM International. (2016b). 2016 *ASTM international standards*. (Vol. 07.01). West Conshohocken, PA: Author.

Bubonia, J. E. (2014) *Apparel quality: A guide to evaluating sewn products*. New York: Bloomsbury Publishing Inc.

Cobb, D. (2015, December 4). *Safety first: A closer look at environmentally-preferred DWRs*. IFAI Advanced Textiles Source. Retrieved January 29, 2016 from, http://advancedtextilessource.com/2015/12/safety-first-a-closer-look-at-environmentally-preferred-dwrs/

EDNANA. (2016). *EDNANA at a glance*. Retrieved January 29, 2016, from http://www.edana.org/industry-support/about-edana/edana-at-a-glance

European Committee for Standardization (CEN). (2016) *Who we are*. Retrieved January 29, 2016, from http://www.cen.eu/cenorm/aboutus /index.asp

INDA. (2015). *About INDA*. Retrieved January 29, 2016, from http://www.inda.org/about/index.html

ISO. (2016). *About ISO*. Retrieved January 29, 2016, from http://www.iso.org/iso/about.htm

NIST. (2016). *NIST general information*. Retrieved January 29, 2016, from http://www.nist.gov/index.html

U.S. Consumer Products Safety Commission. (2016). *About CPSC*. Retrieved January 29, 2016, from http://www.cpsc.gov/en/About-CPSC/

U.S. DODSSP. (2016). *About DODSSP*. Retrieved January 29, 2016, from http://www.defense.gov/About-DoD

U.S. Government Printing Office. (2016a). *Electronic code of federal regulations (e-CFR) Title 16 commercial practices, Part 1610 standard for the flammability of clothing textiles*. Retrieved January 29, 2016, from http://www.ecfr.gov/cgi-bin/text-idx?SID=d439c72a4dfcbb816fb6eb7b1be87512&mc=true&node=pt16.2.1610&rgn=div5

U.S. Government Printing Office. (2016b). *Electronic code of federal regulations (e-CFR) Title 16 commercial practices, Part 1615 Standard for the flammability of children's sleepwear: sizes 0 to 6x*. Retrieved January 29, 2016, from http://www.ecfr.gov/cgi-bin/text-idx?SID=d439c72a4dfcbb816fb6eb7b1be87512&mc=true&node=pt16.2.1615&rgn=div5

U.S. Government Printing Office. (2016c). *Electronic code of federal regulations (e-CFR) Title 16 commercial practices, Part 1616 Standard for the flammability of children's sleepwear: sizes 7 to 14*. Retrieved January 29, 2016, from http://www.ecfr.gov/cgi-bin/text-idx?SID=d439c72a4dfcbb816fb6eb7b1be87512&mc=true&node=pt16.2.1616&rgn=div5

第三十章
CHAPTER 30

包装
Packaging

包装可定义为在流通过程中包裹在商品外层的材料，或者是指存放和保护服装成品的容器和相关材料。对于商品而言，包装不仅是为运输和物流过程做准备，在产品销售过程中也起到重要的作用。

服装使用的包装在形式、材料、尺寸及质量上种类很多，包装的重要功能包含：

- 保持外形及存放服装；
- 为消费者提供一些信息，如品牌、尺寸、价格、款式及颜色；
- 协助销售部门销售商品；
- 吸引消费者关注产品；
- 防止因污垢、灰尘、光照、水分、折痕、碾压、撕裂、压力和皱缩造成的损坏。

运输包装（SHIPPING PACKAGING）

商品生产出来后，就会被包装并整批运送给零售商。终端消费者看不见工厂运输产品所用的包装容器。运输包装有板条箱、盒子、袋子，以及整批商品从工厂运送至零售商仓库所用的包装材料。包装种类包含：袋子、盒子、纸箱、板条箱。

运输包装不包含单个货品运输所使用的外包覆层和包装。

纸箱——刚性、整体式容器，纸质或塑料制成，用于存放需要折叠、悬挂或捆扎在一起成批运输的商品。

板条箱——结实的木质容器，用于运输过程中存放纸箱。

悬挂盒——配有架子的纸箱，可放置挂在衣架上的衣服。

运输盒——用于运输商品的瓦楞纸板或硬塑料容器。运输盒制成或折叠后由胶水、订书钉或胶带来固定。盒子的结构是一个整体或由两片构成。底部和盖子的尺寸、重量及容量有多种类型可供选择。

包装胶带（密封胶带）——纸质或塑料薄膜制成，一面含有长丝黏合剂，用于运输过程中封住和加固箱子。有些胶带自带黏合剂，而有些则需要用水分来激活胶带的表面。彩色或透明胶带宽度有2.54厘米（1英寸）、5.08厘米（2英寸）和7.62厘米（3英寸）可供选择，胶带长度每卷100.58米（110码）。

捆扎带——由钢、聚酯、尼龙或塑料（聚丙烯）材料制成的带子，用手工或机械缠绕在运输盒上并加热密封，以确保运输过程中的强度和稳定性。捆扎带可防止盒子在运输过程中破损开裂，带子宽度为0.48~1.59厘米 $\left(\dfrac{3}{16} \sim \dfrac{5}{8}\right.$ 英寸 $\left.\right)$ 可供选择。

商品包装（MERCHANDISE PACKAGING）

为方便运输或销售给终端用户，用于单个商品包装的材料统称为商品包装。大多数产品包装考虑的是在运输及销售点存放时易于传送。来自工厂的包装和运输的备售商品，存储并陈列在零售店铺中。各个独立的单元商品备有相应的吊牌、条码及价格标签、安全标签或装置（如果有提供的话），将商品挂在衣架上、折叠或用适当的方式包装，并将准备好的商品摆放在商店固定的陈列货架上。

■ 折叠或卷装商品的包装（Packaging for Flat Folded or Rolled Merchandise）

一些产品以折叠或卷装的形式，放在袋子或盒子里，外包装与商品同时进行销售。折叠的商品需要用紧固件将产品固定在一个包装部件上，以保持其形状的稳定和美感。一些折叠的服装产品使用大头针或回形针保持产品包装时的形态。大头针和回形针由金属或塑料制成，有几种类型和尺寸可供选择。大头针和回形针用于：

- 在衣服上固定吊牌，在运输过程中固定吊挂服装的袖子；
- 固定折叠包装的服装。

以折叠或卷装形式包装的服装产品包括：

・羊毛运动衫和运动裤；　　・男士和儿童内衣及保暖内衣裤；　　・毛衣；

・牛仔裤；　　　　　　　　・睡衣；　　　　　　　　　　　　・领带；

・针织外套；　　　　　　　・围巾；　　　　　　　　　　　　・T-恤；

・男士正装衬衫；　　　　　・袜子；　　　　　　　　　　　　・高领衫。

包装盒（Box）：厚纸、硬纸板或塑料制成的容器，包装盒结构可能是一体，也可能由底部和盖子两部分构成。有些包装盒会设计可视区域并插入透明材料，起到保护且展示商品的作用。包装盒有各种类型和尺寸可选用，成品可用于运输及商品包装。

胶带（Tape）：结实、透明、半透明或褐色的条状材料，一面或两面都附有黏合剂。成卷的胶带有不同宽度和强度可选择，用于固定卷装商品以及封装扁平包装袋。包装胶带的类型有：

・玻璃纸或透明带；　　・双面胶；　　・隐形带。

扁平包装袋（Flat Bag）：柔软的聚乙烯薄膜袋，底部密封，顶部开口，可采用热密封、捆绑、订书钉封口，或用双面胶黏合封口。包装袋上会留有透气孔。塑料袋厚度为1.0~1.5密尔（mil）各类规格可供选用。密耳是用于计量厚度的单位，1密尔=0.001英寸（千分之一英寸）=0.0254毫米。包装袋尺寸（宽×长）有以下规格：

・10英寸×13英寸（25.4厘米×33.02厘米）；

・11英寸×14英寸（27.94厘米×35.56厘米）；

・12英寸×18英寸（30.48厘米×45.72厘米）；

・14英寸×18.5英寸（35.56厘米×46.99厘米）；

・14英寸×20英寸（35.56厘米×50.80厘米）；

・18英寸×24英寸（30.48厘米×60.96厘米）；

・20英寸×30英寸（50.8厘米×76.2厘米）；

・24英寸×38英寸（60.96厘米×96.52厘米）。

喷气式回形夹（Jet Clip）：透明或白色有齿或没齿的塑料夹，长度为31.75~50.8毫米 $\left(1\frac{1}{4}\text{~}2\text{英寸}\right)$。喷气式回形夹用于折叠的外套、衬衫、休闲裤或牛仔服的固定，通常一个盒子里装1000个。

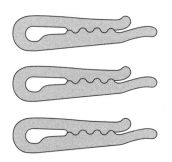

喷气式回形夹

捏夹（Pinch Clip）：哑光或有光泽的铝制C形可弯曲夹子，用于固定折叠的编织或针织服装，以及折叠或挂起的袜子。

包装袋

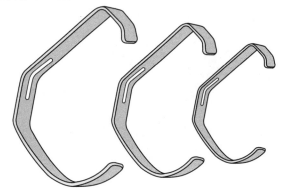

捏夹

珠针（缎面针）[Ball Point Pin (Satin Pin)]：一种直径非常细的大头针，圆形针尖，头部为扁平或圆形，用于精细或精致的织物固定。大头针长度为 12.7~38.1 毫米（$\frac{1}{2}$~$1\frac{1}{2}$ 英寸）可供选用。这种类型的大头针可将纱线分开，并在织物中滑动，而不会穿透和切断纱线。缎面针按重量或数量放在盒子中，如何包装取决于大头针的尺寸或供应商的差异。

尾针（Straight Pin）：一种很细的锥形针尖和扁平或圆形头部的大头针。大头针长度为 12.7~38.1 毫米（$\frac{1}{2}$~$1\frac{1}{2}$ 英寸）可供选用。尾针按重量或数量放在盒子中，包装取决于大头针的尺寸或供应商的差异。

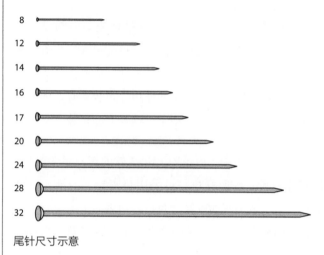

尾针尺寸示意

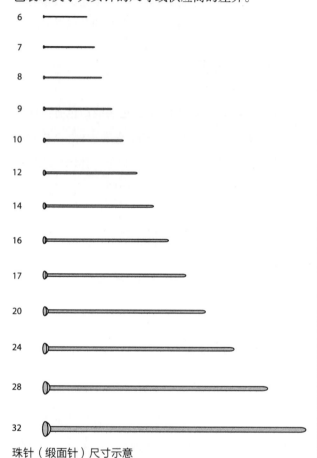

珠针（缎面针）尺寸示意

T 形针（T 头针）[T Pin (T-Head Pin)]：坚硬的金属丝，长度为 25.4~50.8 毫米（1~2 英寸），针尖锋利，T 形头部由金属丝弯成。

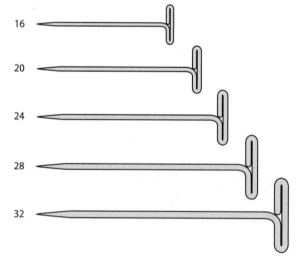

T 形针尺寸示意

珠针 1 缎面针

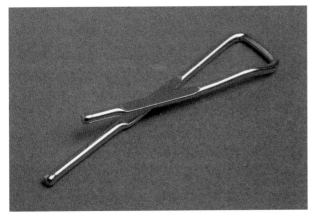

X形夹（金属夹、交叉衬衫夹）

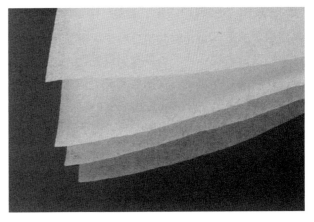

薄纸

X形夹（金属夹、交叉衬衫夹）[X Clip, Metal Clip (Crossover Shirt Clip)]：坚硬的金属丝，端部为光滑的圆形，一边闭合另一边开口呈X形。夹子用来替代大头针，以防损坏服装。X形夹不会像大头针那样刺入材料中，其原理与用回形针一样，使用时，它会在织物表面保护织物安全。

薄纸（Tissue Paper）：重量很轻的半透明纸。薄纸用于包装折叠的衬衫、外套及毛衣。

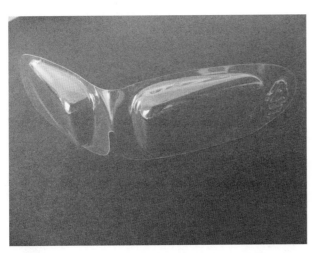

蝴蝶架

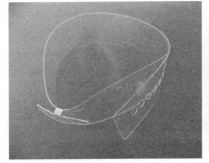 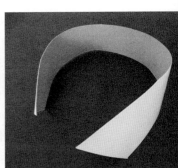

领插片板（领条板）

领插片板（领条板）[Neck Band Insert (Collar Strips)]：塑料或纸板条制成，宽为28.57~42.86毫米（$1\frac{1}{8}$~$1\frac{11}{16}$英寸）、长为40.32~57.15厘米（$15\frac{7}{8}$~$22\frac{1}{2}$英寸）不等。领条板插在衬衫领座和翻领之间，当在包装折叠衬衫时，为领子提供支撑并保持其造型。一些领插片板一端有凸出的部分，可插入插片板上的孔洞，以提供固定的调节环，使插片板适用的领围尺寸范围更广泛。

蝴蝶架（Butterfly）：由小塑料或纸板制成，有各种外形和尺寸可选择，用于支撑折叠的正式衬衫前领。当在包装折叠衬衫时，将蝴蝶架放入翻领的底部用以支撑并保持领子的造型。

商品包装（MERCHANDISE PACKAGING）

橡胶圈（Rubber Band）：柔软、可延伸的环，由天然或合成橡胶、乳胶和填料制成。橡胶圈测量尺寸为厚度、内径、铺平长度及切割宽度。橡胶圈用于捆扎商品、固定包装盒及包装袋。依据中心弹性（Central Elastic Corporation），橡胶圈的规格如下：

· 在放松状态测量，厚度范围为0.8毫米（$\frac{1}{32}$英寸）~3.0毫米（$\frac{1}{8}$英寸）；

· 在放松状态测量，内径范围为11毫米（$\frac{7}{16}$英寸）~306毫米（12英寸）；

· 橡胶圈压扁后测量，铺平长度范围为18毫米（$\frac{11}{16}$英寸）~480毫米（$18\frac{7}{8}$英寸）；

· 切割宽度范围为1毫米（$\frac{1}{24}$英寸）~10毫米（4英寸）。

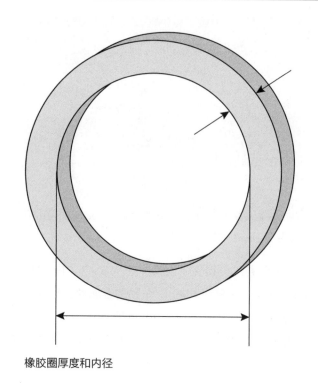

橡胶圈厚度和内径

橡胶圈铺平长度及切割宽度

衬衫纸板（衬衫垫板）[Shirt Board (Shirt Liner)]：支撑折叠衬衫的造型，用别针或夹子将折叠的衬衫固定在纸板上。衬衫纸板有不同形式，如：

· I形纸板；
· T形纸板；
· 长方形纸板；
· 方形纸板；
· 窗形纸板。

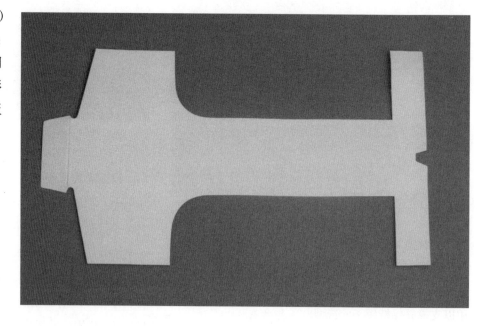

■ 悬挂商品的包装（Packaging for Hung Merchandise）

有些产品为便于销售需要悬挂陈列。以悬挂形式包装的服装产品包含：

- 西服套装；
- 大衣外套；
- 短裤；
- 连衣裙；
- 夹克衫；
- 袜子；
- 衬衫；
- 睡衣；
- 连裤袜。
- 外套；
- 裤子；
- 毛衣；
- 裙子；

双喷射式回形夹紧扣件：由弹性线连接在一起的两个透明或白色塑料夹，长38.1毫米（$1\frac{1}{2}$英寸）。双喷射式回形夹紧扣件用于固定悬挂的外套、衬衫和毛衫。

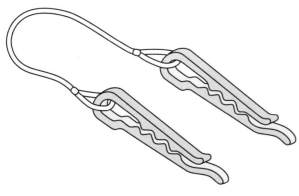

双喷射式回形夹紧扣件

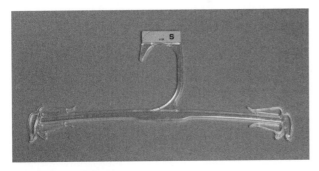

女士胸罩和内裤衣架

女士胸罩和内裤衣架（Bra and Panty Hanger）：长25.4厘米（10英寸）的透明塑料衣架，两边有固定挂钩和端部夹。女士胸罩和内裤衣架端部夹用于固定商品，使其不会从衣架上滑落。每500个这类衣架放置在一个纸箱中。

基础衣架、裤子和裙子衣架（Bottom Hanger, Pant Hanger, or Skirt Hanger）：透明、白色、黑色塑料或木质挂衣架，其上有一个可转动的铬合金挂钩，一根带乙烯垫金属夹的金属杆。乙烯垫金属夹可在金属杆上滑动，以便衣服保持在恰当的位置。价格实惠的基础衣架是由塑料模压制成，有环钩和夹子用来固定服装。童装用裤子衣架规格为20.32厘米（8英寸），男、女基础款用的25.4厘米、27.94厘米、30.48厘米、35.56厘米（10英寸、11英寸、12英寸、14英寸）可供选用。耐用型衣架每箱放置100个，经济型衣架每箱放置200或250个。

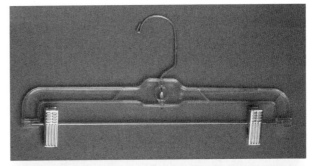

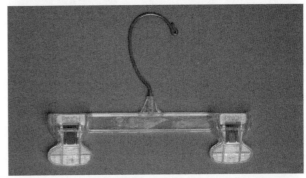

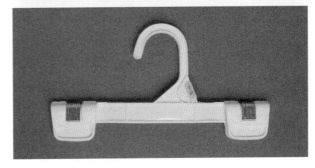

基础衣架、裤子和裙子衣架

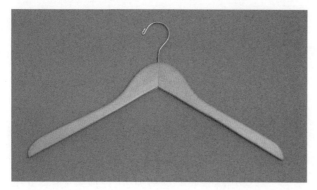

大衣外套衣架

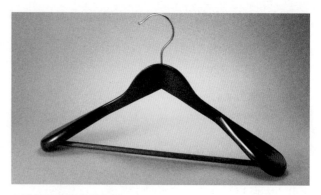

有横杆的西服套装衣架

大衣外套衣架（Coat Hanger）：透明、白色、黑色塑料或木质挂衣架，肩部略宽、光滑且倾斜，带有一个标准的加长可转动的铬合金挂钩。大衣外套衣架有43.18厘米和48.26厘米（17英寸和19英寸）供男、女服装选用。每100个衣架包装在一个纸箱中。

有横杆的西服套装衣架（Suit Hanger with Bar）：长43.18厘米和48.26厘米（17英寸和19英寸），光滑、轮廓清晰、肩部倾斜的黑色塑料衣架，带一个可旋转的铬合金挂钩和一根用于悬挂裤子的模压塑料棒。每100个衣架包装在一个纸箱中。

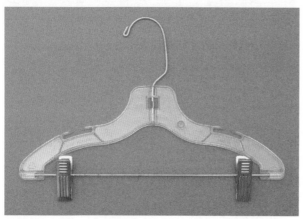

组合衣架

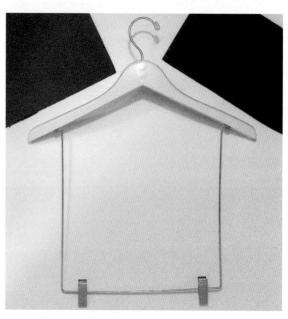

下垂式钩杆西服套装衣架

组合衣架（Combination Hanger）：透明、白色、黑色塑料或木质的肩部倾斜的衣架，带有一个可转动的铬合金挂钩和一根带乙烯垫金属或塑料夹的金属杆。一些组合衣架在肩部有槽口，方便有肩带的服装悬挂。经济型组合衣架是由塑料模压制成，有固定的挂钩和挂裤子杆，设有夹子。组合衣架的规格有童装使用的30.48厘米（12英寸），男装和女装使用的30.48厘米、40.64厘米、43.18厘米、45.72厘米（12英寸、16英寸、17英寸、18英寸）。耐用型衣架每100个包装在一个纸箱内，经济型衣架每箱放置500个。

下垂式钩杆西服套装衣架（Suit Hanger with Dropped Hook Bar）：白色、黑色塑料衣架，肩部宽大、光滑圆顺，一个可转动的挂钩，金属线杆从肩部下垂25.4厘米（10英寸），其上配有带乙烯垫的塑料或金属夹。下垂式钩杆西服套装衣架适用于女装。每100个衣架包装在一个纸箱中。

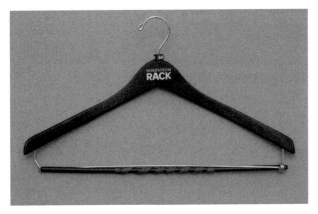

带锁闭杆的西服套装衣架

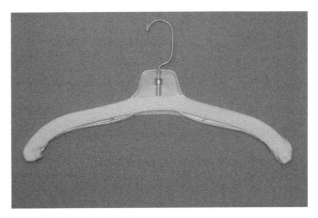

泡沫覆盖衣架

带锁闭杆的西服套装衣架（Suit Hanger with Locking Bar）：长43.18厘米（17英寸），黑色塑料或木质的，肩部弯曲、倾斜的衣架，有一个可转动的铬合金挂钩和一个木制或塑料的圆杆，其上增加一条粗金属丝杆。裤子挂在圆杆上，金属丝杆起固定作用，以防止服装从衣架上滑落。每100个带锁闭杆的西服套装衣架包装在一个纸箱中。

泡沫覆盖衣架（Hanger Foam Cover）：泡沫覆盖整个衣架防止服装滑落。泡沫覆盖衣架1000个一捆销售。

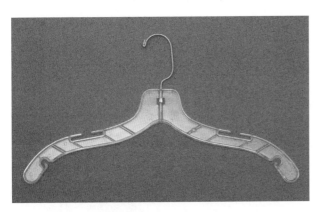

上衣、衬衫、连衣裙衣架

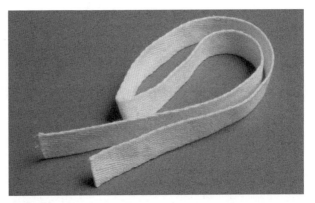

衣架绑带

上衣、衬衫、连衣裙衣架（Top Hanger, Shirt Hanger, or Dress Hanger）：透明、白色、黑色塑料或木质的，肩部倾斜、带有一个可转动的铬合金挂钩的衣架；或由塑料整体模压、带有固定挂钩的衣架。一些衣架在肩部有槽口，用于悬挂有肩带的服装。童装用衬衫衣架规格有30.48厘米和35.56厘米（12英寸和14英寸），男、女装用衬衫衣架规格有43.18厘米和45.72厘米（17英寸和18英寸）可选择。每箱放置100或200个衣架。

衣架绑带（Hanger Tape）：黑色和白色、棉质和聚酯材料，宽为6.35毫米（$\frac{1}{4}$英寸），是缝在衣架上的织带，用来确保服装挂在衣架上的安全性和稳定性。衣架绑带还有不同厚度，每卷衣架绑带通常731.52米（800码）。

商品包装（MERCHANDISE PACKAGING）

塑料袋（Poly Bag）：柔软的聚乙烯薄膜袋，类似干洗店使用的袋子，一端有开口和一个闭合的孔洞7.62厘米（3英寸），用于袋子的悬挂。这类塑料袋厚度有0.43~1.25密耳各类规格可选用。塑料袋有平肩或斜肩、有袖或无袖形式。

有袖塑料袋（Poly Bags with Gussets）尺寸有：

50.8厘米×7.62厘米×91.44厘米（20英寸×3英寸×36英寸）；

50.8厘米×7.62厘米×137.16厘米（20英寸×3英寸×54英寸）；

53.34厘米×10.16厘米×76.2厘米（21英寸×4英寸×30英寸）；

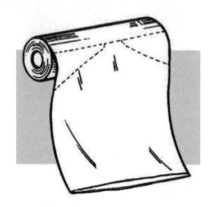

53.34厘米×10.16厘米×91.44厘米（21英寸×4英寸×36英寸）；

53.34厘米×10.16厘米×96.52厘米（21英寸×4英寸×38英寸）；

53.34厘米×10.16厘米×137.16厘米（21英寸×4英寸×54英寸）；

53.34厘米×10.16厘米×167.64厘米（21英寸×4英寸×66英寸）；

53.34厘米×10.16厘米×182.88厘米（21英寸×4英寸×72英寸）；

60.96厘米×20.32厘米×182.88厘米（24英寸×8英寸×72英寸）。

无袖塑料袋（Poly Bags without Gussets）尺寸有：

50.8厘米×60.96厘米（20英寸×24英寸）；

50.8厘米×76.2厘米（20英寸×30英寸）；

50.8厘米×91.44厘米（20英寸×36英寸）；

50.8厘米×106.68厘米（20英寸×42英寸）；

50.8厘米×121.92厘米（20英寸×48英寸）；

50.8厘米×137.16厘米（20英寸×54英寸）；

50.8厘米×152.4厘米（20英寸×60英寸）；

50.8厘米×162.56厘米（20英寸×64英寸）；

50.8厘米×182.88厘米（20英寸×72英寸）。

包装标签和紧固件（PACKAGING TAGS AND FASTENERS）

吊牌（hangtag）：商品包装上的一个重要标志是吊牌。吊牌是一种方形、长方形的模压卡片，由纸板、塑料、织物、木材、金属或其他材料制成，用塑料扣、编织绳、带丝带的安全别针固定在服装上。紧固件将吊牌固定在服装或产品包装上。吊牌的类型有基本的单色图形和文字以及多色图形和文字。吊牌上提供的信息包含：

- ·品牌；
- ·价格；
- ·SKU号；
- ·洗护信息；
- ·尺寸；
- ·原产地；
- ·条形码；
- ·织物信息；
- ·款式或类型；
- ·颜色；
- ·款号；
- ·经销商；

·服装的特性，如防缩、柔软预洗、防起球、防水。

当条形码和价格包含在一个吊牌上时，称为集成标签。

吊牌

条形码卡纸标签和条形码贴纸（Bar Code Ticket or Bar Code Sticker）：上面印有条形码和价格的卡纸标签和有不干胶条形码贴纸。条形码贴纸固定在吊牌上，而条形码卡纸标签与吊牌一起拴在服装上。

条形码卡纸、标签和条形码贴纸

腰牌标签（Joker Tag）：卡纸或纸板条，缝合或用塑料绳连接在休闲裤和牛仔裤腰带上。在清洗服装之前，腰牌标签能方便地移走，其上包含的信息如下：

- 尺寸；
- 品牌；
- 颜色；
- 价格；
- 条形码；
- 原产地。

腰牌标签

袋卡标签（Pocket Flasher）：口袋形状的卡纸或纸板，缝合或用塑料绳连接在休闲裤和牛仔裤后口袋上。袋卡标签有基本色或多色图案，在清洗服装之前能方便地移走。袋卡上的信息包含以下内容：

- 尺寸；
- 品牌；
- 颜色；
- 价格；
- 条形码；
- 原产地。

袋卡标签

袜板标签（Sock Band）：背面有胶和无胶的纸板或卡纸板。将袜类产品固定在一起，成对或成捆销售。袜板标签提供如下信息：

- 尺寸；
- 品牌；
- 颜色；
- 价格；
- 条形码；
- 原产地。

袜板标签

包装标签和紧固件（PACKAGING TAGS AND FASTENERS）

压敏式尺寸包装带（Pressure-Sensitive Size Wrapper）：其上会显示尺寸或尺码的不干胶贴纸或塑料薄膜。有些压敏式尺寸包装带或包装条也会标注品牌信息。

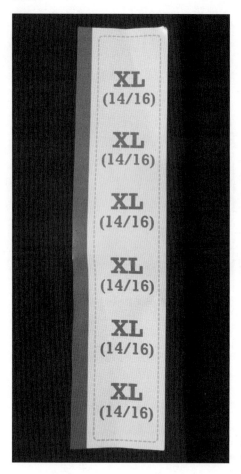

压敏式尺寸
包装带

带状紧固件（Bar Loc Fastener）：不透明的白色塑料紧固件，沿长度方向有成型的珠子，一端尖头另一端类似枪管形状。当尖头插入枪管部分，形成大小可调整的环形，紧固件即可闭合或锁紧，可用于固定服饰配件和鞋子的吊牌。这类紧固件一旦锁住便不能拆卸。安全锁环长度有7.62厘米、12.7厘米、17.78厘米、22.86厘米（3英寸、5英寸、7英寸、9英寸）可选用，每盒装1000或5000片。

带状紧固件

塑料紧固件（吊牌钩）[Plastic Fasteners (Tagging Barb)]：透明、白色或黑色塑料紧固件，整体丝滑、端部呈T形，用于吊牌和服装的绑定，通常借助于吊牌枪完成。吊牌钩长度有2.54厘米、5.08厘米、7.62厘米、12.7厘米（1英寸、2英寸、3英寸、5英寸）可选用，每盒装5000片，每片或每条可以容纳50个紧固件。

塑料紧固件（吊牌钩）

J形钩（钩扣式紧固件）[J-Hook (Hook-Tach Fastener)]：白色紧固件，顶部呈挂钩形，整体丝滑，底部T形用于拴住袜子和手套类的服饰品。塑料紧固件长度有3.81厘米和5.08厘米（1.5英寸和2英寸）可选用，每盒装5000片，每片或每条可以容纳50个紧固件。

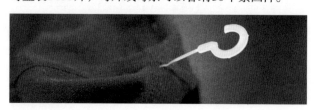

J形钩（钩扣式紧固件）

包装标签和紧固件（PACKAGING TAGS AND FASTENERS）

安全锁环（Security Loop Lock）：白色塑料紧固件。一端类似箭头的形状，另一端类似枪管形状，中间的连接部分是光滑的塑料线。头部的尖端插入枪管部分，形成环状且闭合或锁紧，用于固定服饰和鞋子的吊牌。安全锁环长度有12.7厘米、17.78厘米、22.86厘米（5英寸、7英寸、9英寸）可选用，每盒装1000片或5000片。

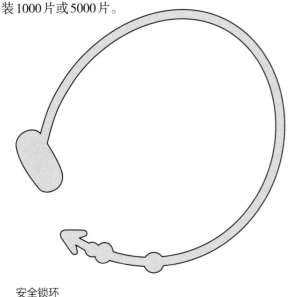

安全锁环

安全别针（Safety Pin）：一种黄铜或镀镍钢制成的封闭钢丝针，一端弯曲形成一个环，另一端有一个安全帽，可将锋利的针头夹住。安全别针长度有19.05~50.8毫米（$\frac{3}{4}$~2英寸）可选用。

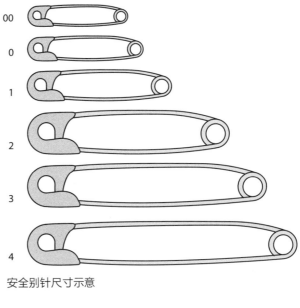

安全别针尺寸示意

安全别针

原文参考文献（References）

California Thread & Supply (CTS), Inc. (2015). *Poly bags/Garment bags/Cutwork bags*. Retrieved January 20, 2016, from http://www.ctsusa.com/_e/dept/05/Poly_Bags_Garment_Bags_Cutwork_Bags.htm

Central Elastic Corporation. (2016a). *CEC Standard size chart*. Retrieved January 20, 2016, from http://www.cec.com.my/technical-information

Central Elastic Corporation. (2016b). *Secret of rubber band*. Retrieved January 20, 2016, from http://www.cec.com.my/faq

Doran Manufacturing Corporation. (2016). *Shirt boards*. Retrieved January 20, 2016, from http://www.collarstays.com/page11.html

Focus Technology Co., Ltd. (2016). *Drycleaning poly bag*. Retrieved January 20, 2016, from http://www.made-in-china.com/showroom /pemaker/product-detailQqjmrfMvJgVp/China-Dry-Cleaning-Poly-Bag.html

Mulcahy, D. E. (1994). *Warehouse distribution and operations handbook*. New York: McGraw-Hill.

Palay Display Store Fixtures and Supplies. (2015–2016). *Poly bags*. Retrieved January 20, 2016, from http://www.palaydisplay.com/search.php?mode=search&page=1

Surendra Komar & Company. (n.d.). *Box strapping machine*. Retrieved January 20, 2016, from http://www.stitchingpackaging.com/box-strapping-machine.html

原文致谢

Thank you to everyone who made this new edition a reality. To the staff of Fairchild Books, including Senior Acquisitions Editor Amanda Breccia, Development Editor Amy Butler, Art Development Editor Edie Weinberg, and Photo Researcher Gail Henry.

Thank you to the following reviewers, selected by Fairchild Books, for your valuable comments: Anne Marie Allen, Fashion Institute of Design and Merchandising (FIDM); Desirae Allen, Johnson and Wales University; Su-Jeong Hwang Shin, Texas Tech University; Diane Limbaugh, Oklahoma State University; Luz Pascal, Fashion Institute of Technology (FIT); Emily Pascoe, Montclair State University; and Mary Simpson, Baylor University.

To companies and industry professionals, thank you for your willingness to provide material samples and images to reinforce the understanding of fashion production concepts and terms.

To the Dean of the College of Fine Arts and the faculty and staff in the Department of Interior Design and Fashion Merchandising, thank you for your encouragement and support during the preparation of this new edition.

Thank you to my loved ones and close friends for your inspiring words, unwavering support, and endless encouragement during the development of this book.

I would also like to convey my sincere appreciation to the readers of the past edition, whose support and acceptance led to this new edition.

The Publisher wishes to gratefully acknowledge and thank the editorial team involved in the publication of this book:

Senior Acquisitions Editor: Amanda Breccia
Development Editor: Amy Butler
Assistant Editor: Kiley Kudrna
Art Development Editor: Edie Weinberg
Photo Researcher: Gail Henry
Production Manager: Claire Cooper
Project Manager: Chris Black, Lachina

所有未署名的照片由 Janace Bubonia 提供。 所有未署名的插图由 Fairchild Books 提供。

ASTM线迹和缝口分类

索 引